工作型 PPT 设计思维

福甜文化 / 组编
崔波 等 / 编著

本书根据笔者多年的 PPT 实际设计经验编写而成，系统地介绍了工作型 PPT 设计的思维模式、常用方法以及布局手法和技巧，以帮助每一位读者建立一套真正属于自己的 PPT 设计体系和思维逻辑。

全书共 8 章，分别为掌握工作型 PPT 的基本思路，打造受众易记的 PPT，厘清 3 大内在关系，PPT 素材的绘制与搜索，PPT 视频、背景视频的处理与应用，在 PPT 中使用图表，PPT 版式布局的 3 块设计和页面细节设计的 14 个技巧。

本书适用于了解 PPT 软件操作的行业基础学员，如审计、会计、人事、部门主管、国企员工、学生、PPT 爱好者和 PPT 自学者等阅读。同时，也可以作为中、高级 PPT 设计人员的参考书和培训机构的培训手册。

图书在版编目（CIP）数据

工作型 PPT 设计思维 / 福甜文化组编；崔波等编著. —北京：机械工业出版社，2021.4

ISBN 978-7-111-67854-0

Ⅰ. ①工… Ⅱ. ①福… ②崔… Ⅲ. ①办公自动化—应用软件

Ⅳ. ①TP317.1

中国版本图书馆 CIP 数据核字（2021）第 054234 号

机械工业出版社（北京市百万庄大街 22 号　邮政编码 100037）

策划编辑：李晓波　　责任编辑：李晓波

责任校对：张艳霞　　责任印制：张　博

三河市宏达印刷有限公司印刷

2021 年 5 月第 1 版 • 第 1 次印刷

169mm×239mm • 12.5 印张 • 240 千字

0001－1900 册

标准书号：ISBN 978-7-111-67854-0

定价：89.00 元

电话服务

客服电话：010-88361066

010-88379833

010-68326294

网络服务

机　工　官　网：www.cmpbook.com

机　工　官　博：weibo.com/cmp1952

金　　书　　网：www.golden-book.com

机工教育服务网：www.cmpedu.com

前　言

PPT（PowerPoint）是办公三剑客之一，在日常工作的很多场合中都会用到，因此，越来越多的朋友开始学习如何制作设计 PPT（这也是 PPT 素材模板市场呈爆发式增长的原因之一）。

使用 PPT 有两个阶段：一是软件本身的操作（功能在哪里、怎么用、能实现什么效果），这是基本功；二是设计思维（如何布局、如何设计、如何深入内在内容）。由于计算机办公技术的普及，读者对第一阶段 PPT 软件的技术操作基本上都了解，或是通过一些自学可以轻松掌握，而第二阶段则需要读者经验的积累和专门的学习。如果单靠经验积累或时间沉淀，不仅是一个“苦涩”的过程（因为它需要一遍一遍地试错，一遍一遍地修改），而且容易误入“歧途”（一旦理解错误就容易出现风马牛不相及的情况）。因此，PPT 设计思维，特别是工作型 PPT 的设计思维，一定要通过多看书或是多向实战经验丰富的前辈学习的方式来提高。

PPT 设计难吗？说难也不难。为什么这么讲？难，是因为不懂设计方法（如布局、内在关系、说服理念等）时，做的每一张 PPT 都可能会被否定。不难，是因为只要遵循内在规律，PPT 设计只需画几个图示、设计几个字体、插入几张图片就能轻松搞定。这也是很多朋友会觉得自己的 PPT 与专业设计师的 PPT 差不多，但效果完全不一样的原因：前者用尽全力花费几个小时还是被嫌弃，后者只用几十分钟就被全盘接受（这也是高手和小白的区别）。

编者将在本书中和读者逐一分享 PPT 的设计方法或思维。本书共 8 章分别为掌握工作型 PPT 的基本思路，打造受众易记的 PPT，厘清 3 大内在关系，PPT 素材的绘制与搜索，PPT 视频、背景视频的处理与应用，在 PPT 中使用图表，PPT 版式布局的 3 块设计和页面细节设计的 14 个技巧。

这 8 章的知识，读者既可以一次性学完，也可以边用边学（甚至可以套用），因为这些都是实际工作中经常用到的知识技能和布局设计方法。

感谢读者选择本书，同时，请读者以轻松的心态“看”和“学”本书内容，因为它们都是有灵性的思维，而不是呆板的理论。

最后，希望读者设计的 PPT 越来越好看，越来越具有说服力。

编者

目　录

第 1 章

掌握工作型 PPT 的基本思路

笔者经常问自己：怎样才能算是一位成熟的 PPT 设计师？是不是懂得图文布局或懂得绘制好看的图示，又或是懂得酷炫的动画就可以了呢？

笔者对这个问题思考了很久也没有得到一个确定的答案，直到在一家汉服刺绣店看到店员按照图纸底布一针一线地描摹图案时，才豁然开朗。虽然那位店员描摹的刺绣十分精致美观，但那始终不是她自己的作品，她只是一个模仿者或亦步亦趋者。因为，她心里没有思路、没有想法、没有自己的主见。因此，笔者“贸然”得出：成熟的设计师或高手不仅应懂得“针线描摹”，还要心中有规划、有蓝图，真正知道该往哪里“绣”。

本章作为本书的第 1 章，不想让读者一开始就学习“针线活”，而是想让读者先具有“心中有数”的概念，会做规划和蓝图，即掌握工作型 PPT 的基本思路。

1.1 如何组织具有强吸引力的幻灯片

工作型 PPT 的目的主要有两个：信息传递和目的说服。实现前者主要是通过单向的信息展示，让受众了解“它是什么、它由什么组成、它的作用有哪些等”信息，后者是通过一系列的素材或论据等说服受众“做出某种行动”，如投资项目、购买产品/服务或项目审核等。前者要组织吸引力强的幻灯片，只需按清晰的逻辑将版面布局设计得美观、舒服、信息全面即可（在本书后面的章节中将会详细讲解实现的方法）。实现后者不仅需要具备前者的要求，还需要具有 4 个方面的属性：善用 ZLSZ 模式、聚焦受众关心的问题、提出解决深层次问题的方法、展示具体数据。下面逐一展开讲解。

1.1.1 善用 ZLSZ 模式

一份 PPT 从几页到几十页，甚至上百页，要让受众精力集中甚至始终热情地听，本身就是一件非常不容易的事情，加之，让受众接受演讲者的观点甚至被说服就更不容易了。因此，读者在设计 PPT 前，一定不要急于着手制作或搜索相关的资料，第一件事应该是确保演讲/报告的思维逻辑具有严谨性、架构具有条理性和内容具有先导性，以便整个演讲不偏离主题，不制作任何不相干的内容，各节点环环相扣，不出演讲“事故”。

具体的思路可以用 4 个字母展示：Z（主题）、L（逻辑结构）、S（梳理内容）和 Z（展现主架构和内容小标题）。

其中，Z 表示确定主题，并围绕主题构建分支内容，以保证演讲方向的正确。如果一个演讲稿或报告有多个主题，此时，就需要先确定选用哪个主题，因为一份好的 PPT 最好只有一个主题，这也是受众在一定时间内脑海最能接受或记住的主题数量。

L 表示逻辑结构，它是制作者在确定主题后，就需要根据主题进行内容规划，从而厘清内容的逻辑结构，也可以将其理解为架构布局，就像搭建一栋房子的主体钢架结构一样，以便筛选和优化素材内容。

S 表示梳理内容，它是将演讲稿/报告逻辑架构或大框架厘清、确定后，对每一逻辑架构或框架下的思路层级内容（小标题或对应内容）进行梳理归纳。对于架构复杂的演讲稿，建议使用图示法进行绘制整理，因为“好记性不如烂笔头”。图 1-1 所示为笔者为某企业制作的 PPT 演讲稿内容架构。

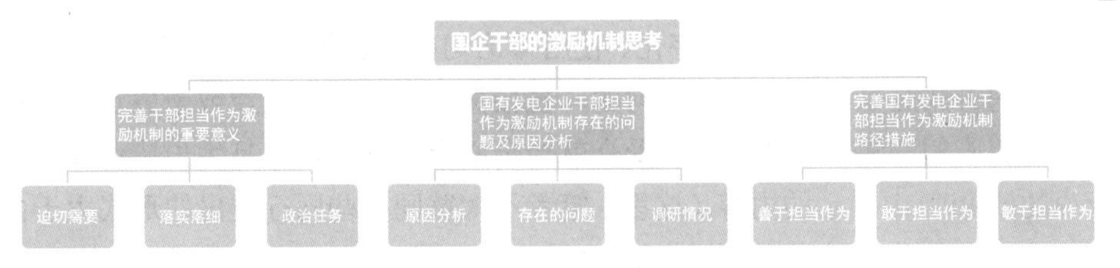

图 1-1　笔者为某企业制作的 PPT 演讲稿内容架构

Z（第二个 Z）表示展现主架构和内容小标题，特别是对于页数较多的 PPT 来说，（页数不少于 6 页，页数太少的没有必要做）应在专有的目录页中展示大框架标题，如图 1-2 所示。同时，可以根据设计需要，选择性地在过渡页中展示内容小标题，如图 1-3 所示。

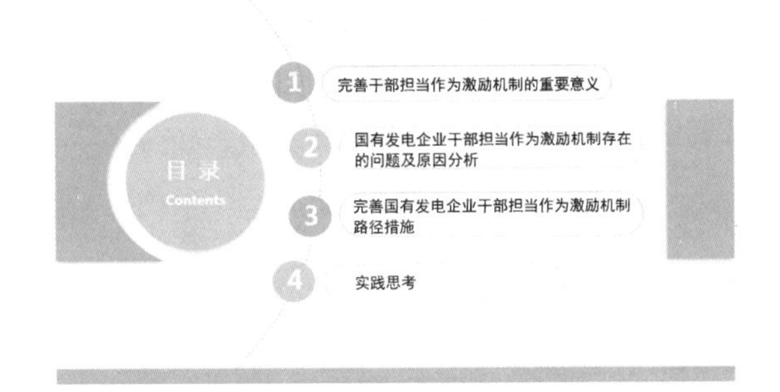

图 1-2　在专有的目录页中展示大框架标题

图 1-3　在过渡页中展示内容小标题

1.1.2　聚焦受众关心的问题

在制作演讲性、推广性或说服性 PPT 时，一定要让受众全心全意地听，才能引领和带动他们的思路和情绪，让他们与演讲者一起思考，把演讲者的观念、想法“软加”于他们。

很多读者虽然知道这个道理，但不知道怎样带动受众情绪，让他们全身心地听，方法也许有很多（如数字化、使用排比句、讲故事、互动游戏等），不过，最有效的方式是聚焦受众关心的问题，直接关系到他们的利益或矛盾点，为他们提出相应的解决措施或方案，受众就会全心全意地听，并且生怕错过演讲者所说的或 PPT 中显示的内容（这里，笔者不太赞同有些同行提出的形式大于内容的说法，具有说服力的根在内容上）。

同时，提出的措施或方案必须能够解决受众聚焦的问题，可以有单一方案也可以有多种方案，但必须保证措施或方案具有深度和实用性，不能浮于表面，否则受众会彻底对演讲者失去信心。因此，在制作 PPT 前，一定要先了解受众对象、他们聚焦的问题、他们的利益点，再收集相应的材料、寻找解决措施或制定方案等。下面展示几张为企业提供咨询培训的“正领导力”和“持续竞争优势来源”的幻灯片，直击企业的关注点和痛点（企业创始人恰恰需要正向的领导力和竞争独有优势，以期做大、做强），如图 1-4 所示。

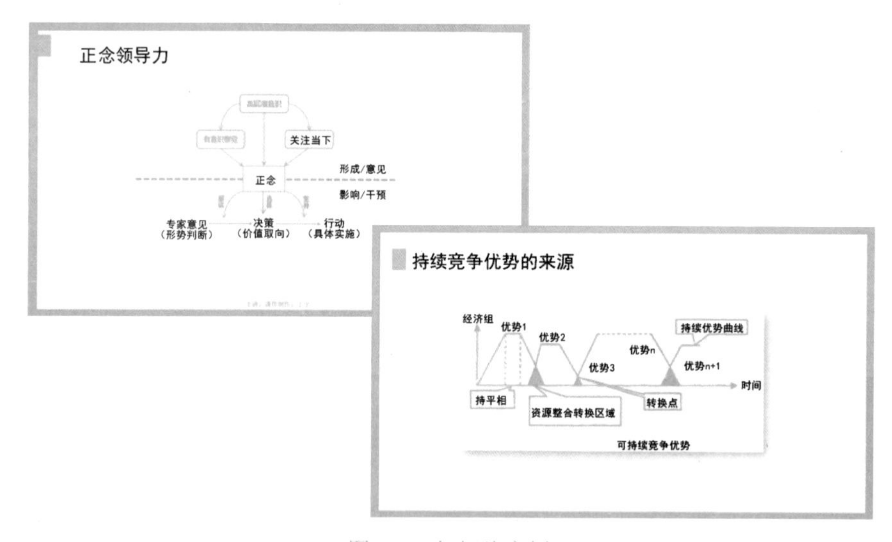

图 1-4　幻灯片实例

1.1.3　提出解决深层次问题的办法

提出解决深层次问题的办法可以从两方面入手：一是将解决问题的方案优化，也就是提供最优解决方案；二是找到深层次问题或根本原因，然后给出对应解决方案。前者是根据问题，提出解决方案，思路大体为：首先根据受众实际情况提出多个方案，接着将多个方案进行对比，然后选择最优方案，同时，选择一个备用方案（防止受众现场提出异议），如图 1-5 所示。

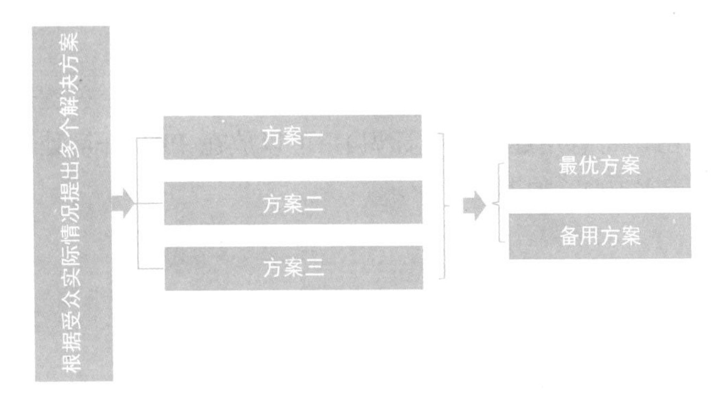

图 1-5　为深层次解决问题提供方案

如果方案中又有新出现的问题，则继续拟出多个对应的方案进行对比选择，依次类推，直到把问题全部解决，找到当前问题的深度解决方法，

另外，如果当前问题只是一个体系的细节问题或表象问题，此时，可以向上或向下纵深，找到当前问题的根本原因。如“员工总是迟到”是表象问题，进一步分析可能是由于员工有懈怠、消极情绪，再进一步分析可能是由于奖惩的原因，再进一步分析可能是由于激励的原因，再进一步分析可能是由于员工关系的原因，依此类推，直至找到根本原因，如图 1-6 所示。

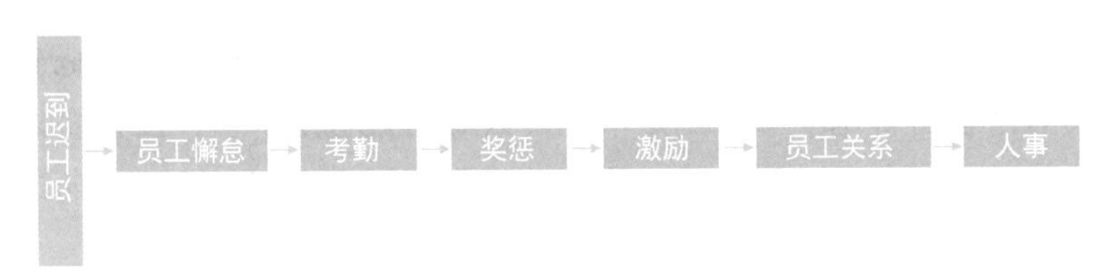

图 1-6　挖掘深层次原因

需要特别强调一点：在挖掘深层次原因时，不一定要挖掘到最“深”的原因，挖掘的深度在一定程度上取决于“演讲者能提供的答案在哪个深度”。

1.1.4　展示具体数据

要想让演讲一开始就吸引受众，除了演讲主题需要符合受众期望外，还需要有一个精彩的开篇。精彩的开篇可以通过 3 种常见方法进行设计：一是展示悬念结果（如抛出上班族的小明如何凭自己能力在市中心买房的话题），二是用故事引出主题（在 2.2.1 节会详细讲解如何讲好故事），三是数据。

PPT 只是演讲的辅助工具，重点仍是演讲，目的是传递信息或说服受众。因此，在 PPT 中既可以在开篇位置展示具体数据（通常在摘要或前言幻灯片中），也可以在内容页中展示具体数据。

前者能够引起受众兴趣，如下面的一段演讲稿中有几个关键数据（为了让读者能一眼看出，特意用红色加粗标识），可以放在 PPT 开篇处（目录页和封面页之间的幻灯片中），如图 1-7 所示。

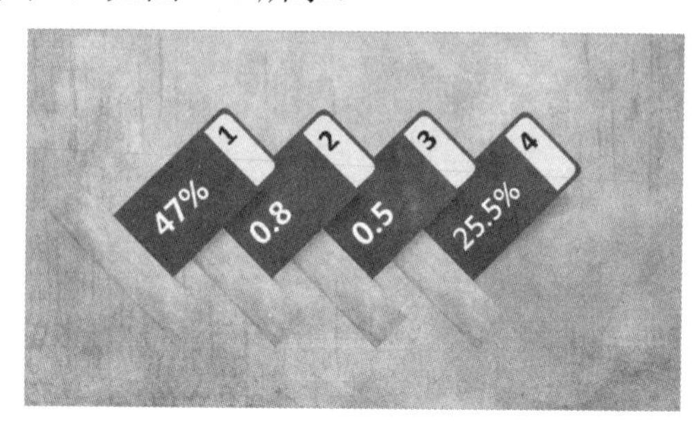

图 1-7　几个重要数字放在 PPT 开篇处增加吸引力

【示例】

我国耕地情况一是人均耕地水平较低，人均耕地不及世界人均耕地的 47%。全国已有 666 个县（区）人均耕地低于联合国粮农组织确定的 0.8 亩的警戒线，有 463 个县（区）低于 0.5 亩。二是耕地质量总体水平低。全国耕地分布在山地、丘陵、高原地区的占 66%，分布在平原、盆地的仅占 34%。现有耕地中，有 9100 万亩耕地坡度在 25° 以上，长期耕作不利于水土保持。耕地的自然分布存在缺陷，全国耕地中 74.5%是旱地，只有 25.5%是水田。三是耕地退化严重。受荒漠影响，我国干旱、半干旱地区 40%的耕地遭受不同程度的退化，全国有 30%左右的耕地遭受不同程度的水土流失危害。

后者，即在幻灯片中展示具体数据，有两个直接目的：一是增强说服力，如图 1-8 所示；二是让受众能一眼看清楚数值和了解情况，如图 1-9 所示。

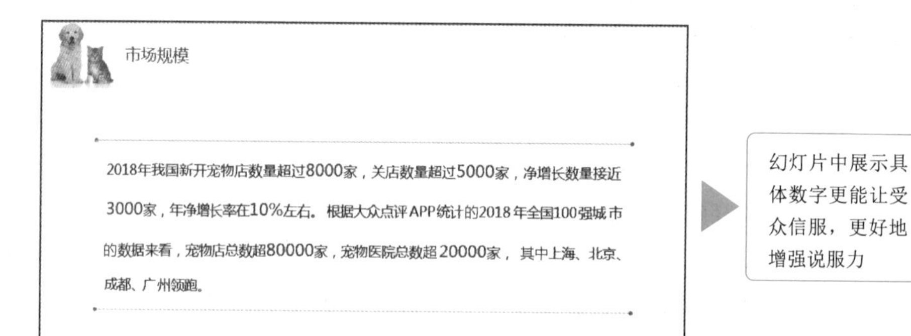

图 1-8　在幻灯片中展示具体数据（一）

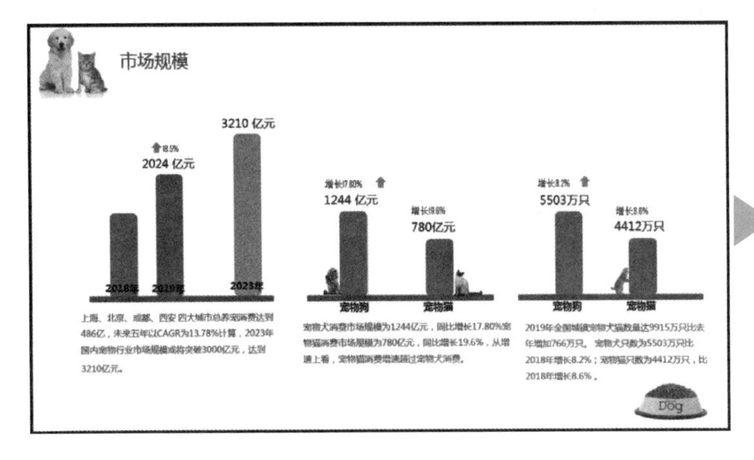

图表中有具体数字，能在短时间内完全看明白图表的含义和传递的信息

图 1-9 在幻灯片中展示具体数据（二）

1.2 具有说服力的论据的选择与来源

要说服受众，除了找到受众关心的问题外，最重要的“利器”是论据——让受众觉得演讲人讲得有道理、有可信度或事实原来是这样。怎样的论据或在哪里能寻找到让受众信服的论据呢？下面分享几种常用的方法。

1.2.1 具有说服力的论据的选择

工作型 PPT 要说服受众，必须拿有力论据进行佐证。通常可以使用一些常规论据：一是调研结果；二是已有数据；三是大数据。

1. 调研结果

调研结果是指由企业内部人员或聘请外部人员针对特定事项的信息进行收集和统计。如利用企业的人力资源部对员工离职原因的调研结果说服企业决策层从管理方面进行改善以降低离职率，如图 1-10 所示。

如果想要让管理层重视或做出反应，还可将主要原因的数据进行横向比较，也就是与去年和前年的数据进行对比。

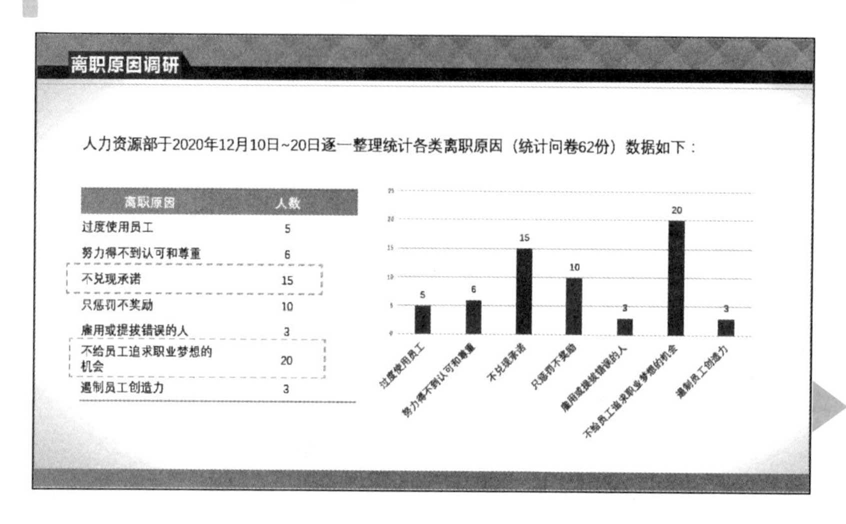

数据直接显示企业员工离职的两大主要原因

图 1-10　用调研数据作为论据

2. 已有数据

很多企业的融资 PPT 或运营报告 PPT 中不仅要说明运营模式、盈利模式，还会对过去和当前的运营情况、盈利能力和市场占有情况进行展示，让受众知晓当下和过去的“成绩、成效”，并“看好”未来，确定是否值得投入或加大投入。因此，在这类 PPT 中必须提供已有的数据作为论据。例如宠物店的融资 PPT 中，可用 2017～2019 年的经营数据作为论据，各项数据越是精准和细致，说服力越强。

【示例】

2017 年，店铺大小 45 平方米，月房租 6500 元，月日常杂费 2000 元，雇员 5 人，月工资总额 30000 元，月进货费用 30000～40000 元，月营业额 90000～120000 元，第一年利润为 150000 元。

2018 年，店铺大小 30 平方米，月房租 4000 元，月日常杂费 1500 元，雇员 3 人，月工资总额 12000 元，月进货费用 20000～25000 元，月营业额 60000～100000 元，第一年利润 215000 元。

2019 年，店铺大小 30 平方米，月房租 4500 元，月日常杂费 1500 元，雇员 4 人，月工资总额 17000 元，月进货费用 20000～22000 元，月营业额 80000～130000 元，第一年利润 460000 元。

通过上面的数据可有力说明当前运营模式的运营能力和盈利水平处于逐年上升状态，且经营者能及时灵活调整运营方式。

3．大数据

大数据是目前进行市场规模调研的重要手段之一，是很多大企业正在使用的方式，如云仓库等。因此，大数据作为论据非常具有说服力。例如为加盟商展示宠物店巨大的市场规模时，就可以使用大数据，内容如下。

【示例】

上海、北京、成都、西安四大城市总养宠物消费额达到 486 亿元，未来 5 年以 CAGR（复合年增长率）为 13.78%计算，到 2023 年国内宠物行业市场规模或将突破 3000 亿元，达到 3210 亿元。

宠物犬消费市场规模为 1244 亿元，同比增长 17.80%。宠物猫消费市场规模为 780 亿元，同比增长 19.6%。从增速上看，宠物猫消费增速超过宠物犬消费。

2019 年全国城镇宠物犬、宠物猫数量达 9915 万只，比 2018 年增加 766 万只。宠物犬数量为 5503 万只，比 2018 年增长 8.2%；宠物猫数量为 4412 万只，比 2018 年增长 8.6%。

1.2.2　论据的来源

在说服性 PPT 中，如融资 PPT、项目推介 PPT，要让受众完全被演讲人说服，就必须使用具有高度说服力的论据。作为演讲人，除了常规的论据来源外，还可以从其他来源收集论据。如：权威行业数据、权威人士数据、新闻报道、各类统计机构数据，如图 1-11 所示。

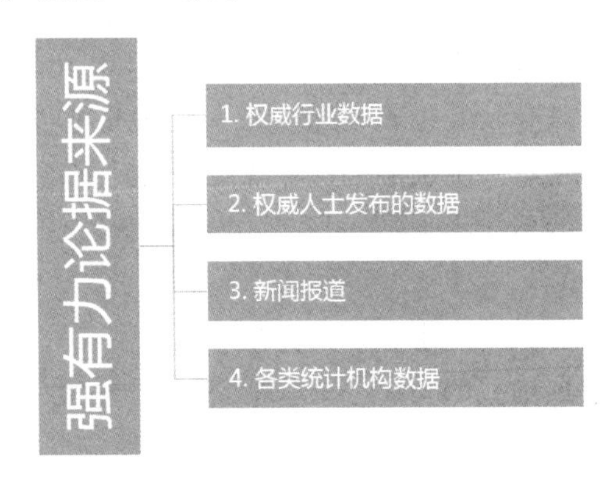

图 1-11　强有力论据的来源

1. 权威行业数据

很多决策层或创业者在开发一个新的项目时（或对现有项目进行调研时），往往会做市场调查，而市场调查最直接、最快速的方式之一是查找权威的行业数据，这些数据可能是由国家机构、行业协会或行业巨头发布的，具有很强的说服力，如区块链融资 PPT 中要用数据告知投资人区块链平台的良好发展趋势，可用工业和信息化部（简称工信部）发布的区块链数据，如图 1-12 所示。

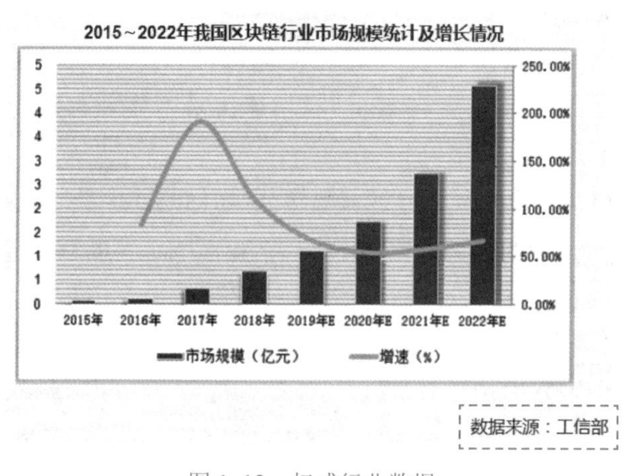

图 1-12　权威行业数据

如下所示为证监会发布的保险行业调查数据，可作为有力论据的来源。

【示例】

根据银保监会数据显示，2015 ~ 2019 年我国健康险保费收入呈现逐年增长态势。2019 年，我国健康险保费收入为 7066 亿元，同比增长 29.7%。2020 年上半年，我国健康险保费收入为 4760 亿元，同比增长 19.72%。可见 2020 年疫情发生以来，我国居民对于健康险的认可程度逐渐提升，并愿意通过购买相关健康险提高自身的医疗保障水平。

2. 权威人士数据

每个行业都有一些权威人士，他们会在一些刊物或网站中（或采访中）发表一些行业现状和发展前景的文章，文章中会引用一些数据和观点，而这些数据和观点恰好可以作为有说服力的论据。例如要说明物联网升级的必要性，可直接将权威人士（邬贺铨院士）的观点作为论据，引文如下所示。

【示例】

邬贺铨院士指出，物联网是互联网的应用拓展，与其说物联网是网络，不如说物联网是一种业务和应用。因此，应用创新是物联网发展的核心，以用户体验为核心的创新 2.0 是物联网发展的灵魂。物联网及移动技术的发展，使得技术创新形态发生转变，以用户为中心、以社会实践为舞台、以人为本的创新 2.0 形态正在形成，实际生活场景下的用户体验也被称为创新 2.0 模式的精髓。

邬贺铨——光纤传送网与宽带信息网专家，现兼任国家 863 计划监督委员会副主任、国家 973 计划专家顾问组顾问、国家信息化专家组咨询委员会委员、中国通信协会副理事长，是国内最早从事数字通信技术研究的骨干之一。2015 年 02 月 11 日，入选“2014 中国互联网年度人物”活动获奖名单。

3. 新闻报道

新闻报道具有严肃性和真实准确性，特别是一些官方媒体的报道，在一定程度上是各类政策的发布平台。因此，来自新闻报道中的论据具有“天然”的说服力。

如要说服受众区块链技术对长三角将会有大发展，可从新闻报道中寻找强有力的论据，如直接引用“人民网”的报道（如图 1-13 所示）。

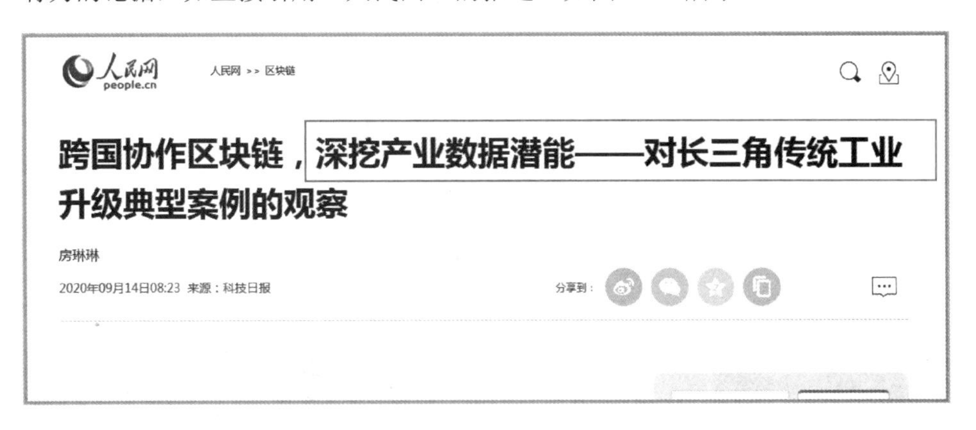

图 1-13　论据来源新闻报道

4. 各类研究机构数据

在我国有很多研究机构，专门对一些产业，特别是国家重点产业、规划产业进行市场研究调查，为国家或企业提供数据支撑。因此，PPT 中可以直接引用这些机构的研究成果作为论据。如数字经济前景的论据，可直接引用中国信息通信研究院的调研结果。

【示例】

2019 年，我国数字经济继续保持快速增长，增加值达 35.8 万亿元，占 GDP 比重达 36.2%。袁煜明直言，数字经济发展空间很大，但数据产业化还有不少挑战，例如权责确定难、精细定价难、隐私保护难等。

——来源：中国信息通信研究院

1.2.3 不被信任的论据来源

不被信任的数据不仅不能说服受众，反而会引发受众的抵触甚至反感，读者在搜索寻找论据时一定要特别注意。这里分享几类不被信任的论据来源：一是“王婆卖瓜”型机构，所有数据都是以它自身的利益为主，因为很多数据或表象都可能是人为编造的；二是广告数据；三是没有统一标准或明确界定的数据；四是受众抵触反感的数据；五是与权威机构公布或常识相悖的数据；六是小道消息，如图 1-14 所示。

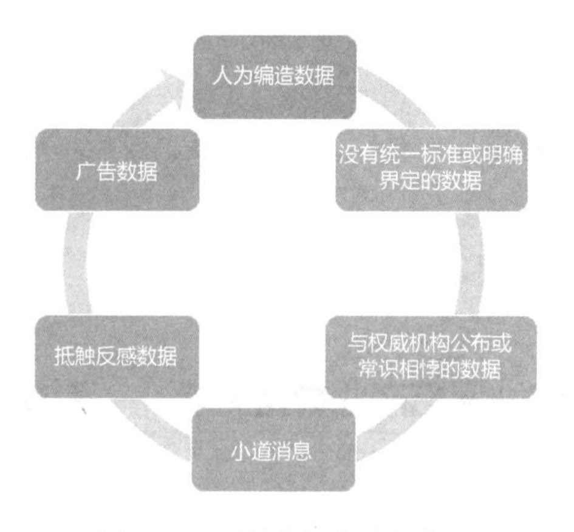

图 1-14　不被信任的论据来源

1.3 使用视觉工具

一份吸引力较强的 PPT 不仅具有明确的主题、清晰的思路架构、强有力的论据和深层次解决问题的方案，还需包含带有视觉冲击效果的工具，如图示、图标、图表和 SmartArt 图等。这样不仅让受众能接受演讲人传递的信息，又能被带动情绪一起思考，还能解决受众迫切需要解决的难题，最终实现演讲人的初衷目标。

图 1-15 所示的是一份纯文字布局效果的 PPT，因为没有视觉工具，导致整个 PPT 视觉感疲惫、枯燥无味、受众容易“打瞌睡”或想“早点离开”。图 1-16 所示的是经过精心设计且添加视觉工具效果的 PPT，对 PPT 进行了升级，让受众感受到很强的吸引力和良好的视觉体验。

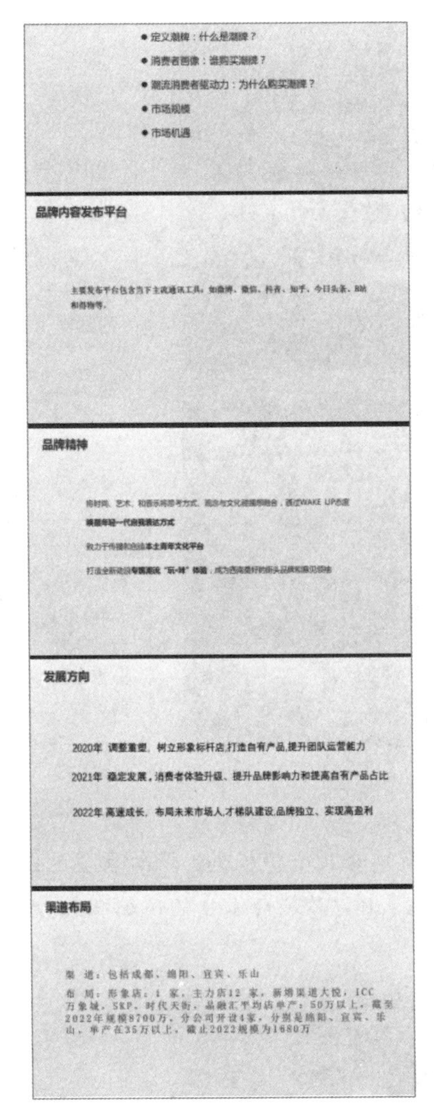

图 1-15　纯文字布局效果的 PPT

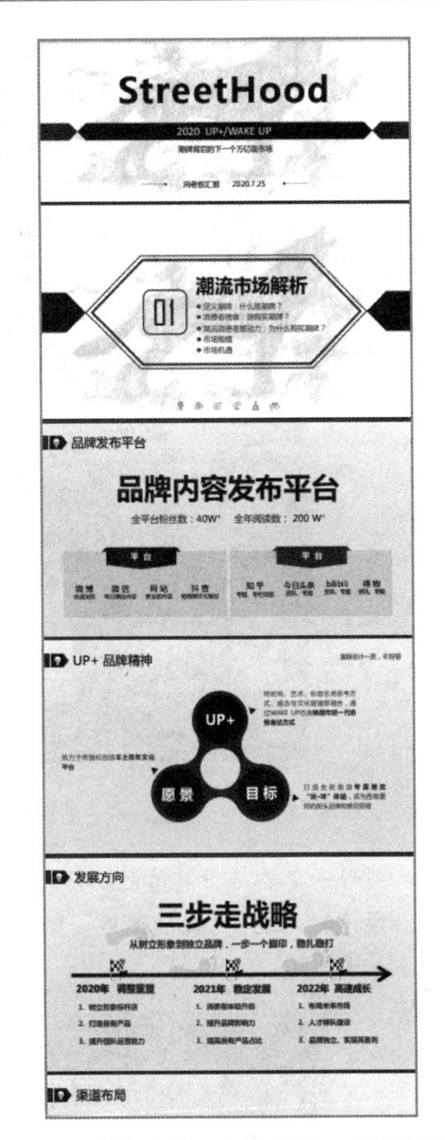

图 1-16　经过精心设计且添加视觉工具效果的 PPT

1.3.1　选择图形的注意要点

在 PPT 中选择的图形一定要符合当前主题的方向、情形和词句意境。

- 图形一定要与当前 PPT 主题方向相符，如抗击疫情主题 PPT，整个 PPT 的图形都必须与抗击疫情有关，如抗击疫情医护人员、防护服等，如图 1-17 所示。

图 1-17　图形符合 PPT 主题方向

- 图形一定要与当前情形相符，如“不就是套几个模板吗？”所表现的傲慢情绪，因此选择的图形（卡通人物或表情）必须与傲慢的情绪相符合，如图 1-18 所示。

图 1-18　图形符合当前情形

- 图形一定要与当前词句意境相符，如放飞梦想，读者找的图形、图示或图标必须与放飞的意境相符，如图 1-19 所示。

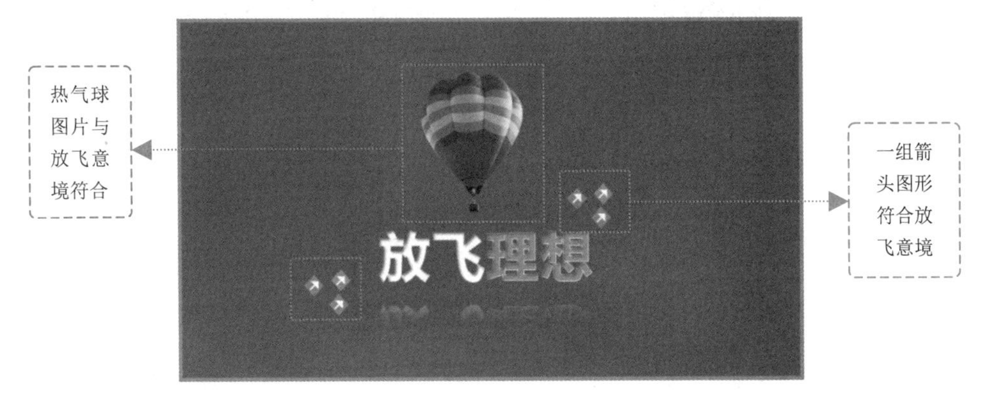

图 1-19　图形符合当前词句意境

1.3.2　图形优于文字的原因

在 PPT 视觉体验中，图形较文字有 3 个方面的优势：表达直观、避免单调空洞和具有趣味性。

图 1-20 所示的幻灯片直接展示采访/专访与创作/编辑的相对关系。前者与后者就是跷跷板的关系，受众一眼就可以看明白（若用文字描述，会显得单调枯燥）。

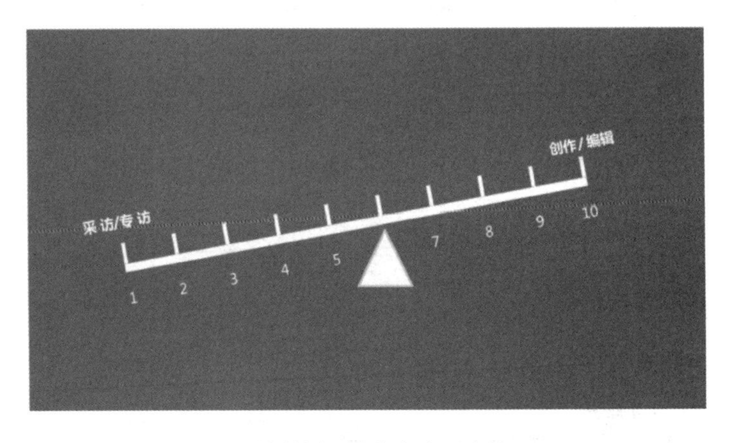

图 1-20　绘制图形让信息直观表达（一）

图 1-21 所示的幻灯片让受众能直接明白演讲人否定了两组关系：复制不是提炼、排版不是设计。

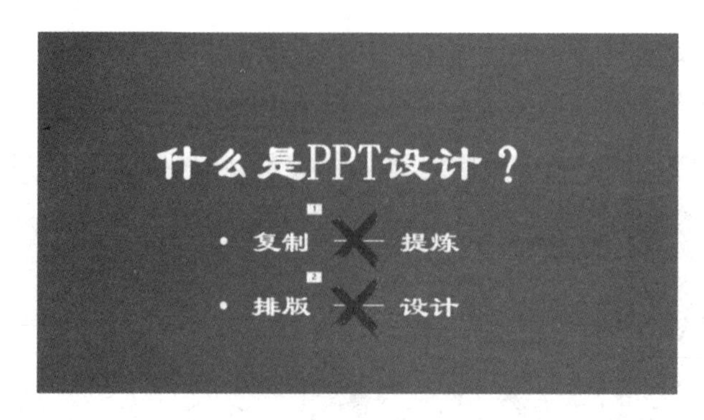

图 1-21　绘制图形让信息直观表达（二）

图 1-22 所示幻灯片中只有 12 个字，如果直接放置在幻灯片中，将会显得非常单调和空洞，但使用图形会让简单空洞的文字变得充实且有设计感，另外，两者的指代方向和区别更加明显，也更具趣味性。

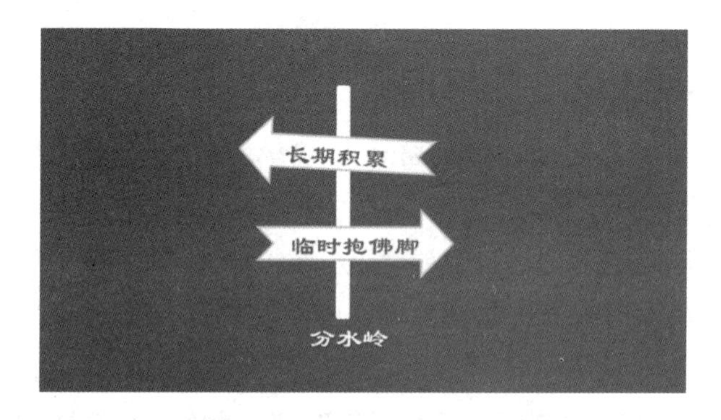

图 1-22　绘制图形让信息直观表达（三）

图 1-23 所示幻灯片中的卡通人物和文字墙形象生动地向受众传递“我们每个人都被各种各样的信息包围”的观点。

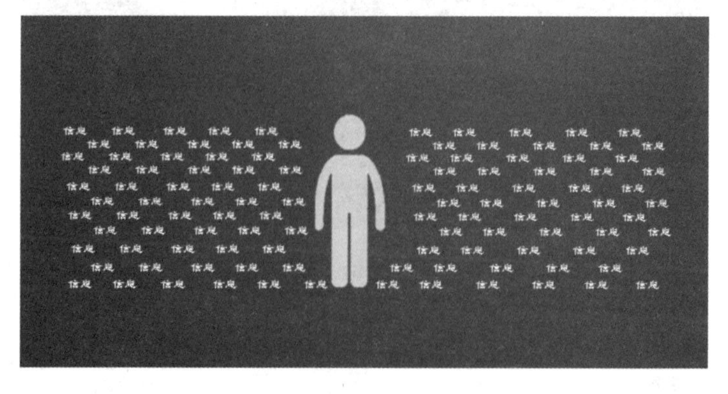

图 1-23　绘制图形让信息直观表达（四）

1.4　不要被网站的 PPT 模板误导

工作型PPT通常具有非常严谨的逻辑性，并且很多描述内容具有各种关系，如因果关系、递进关系、时间推进关系和对比关系等。因此，设计制作 PPT 一定要从整体把握，理解演讲人的主要思路，再结合局部描述进行细节设计，将演讲人演讲对象的主要用途和其逻辑思维清晰地展示在 PPT 中，让受众能轻松理解和接受演讲人所讲的信息。

因此，工作型 PPT 有这样几个要求：条理清晰、表达清楚、信息真实和简约大气，这些正符合了客户的“不要太花哨、简单大气”的要求。不过网站的 PPT 模板的设计与这些要求有些出入，模板过分强调“外观精致的颜值”，使用较多图形进行“框架布局”，用文字描述内在逻辑时不明显，这也是很多领导和客户特别强调不要使用模板的原因之一。加上 PPT 模板有一种“冷”的感觉，没有“温度”在其中，就像是一部“机器”制作的产品，而不是“人”的作品。

图 1-24 所示的 PPT 中，左边是直接套用 PPT 模板的效果，右边是根据演讲稿主题和内容重新进行 PPT 设计制作的效果。

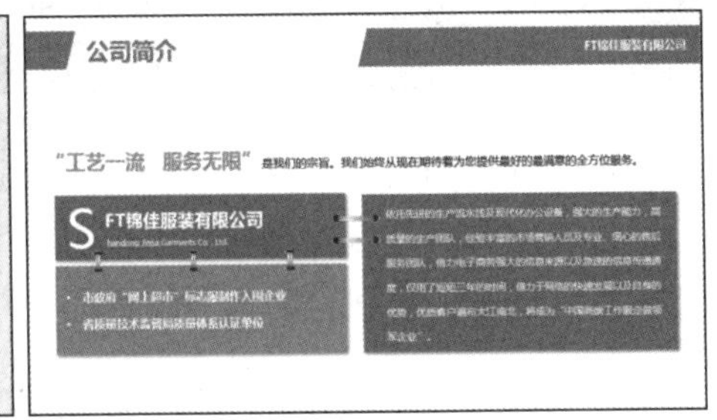

图 1-24　套用 PPT 模板和自行设计的效果对比（一）

当然，PPT 模板不是不能用，而是不能直接套用，一些 PPT 模板里面的图示或图标比较漂亮和专业，读者可以选择性地使用，这样可以节省大量的搜索和绘制的时间，但一定要“用得合适”和“灵活应用”，不能生搬硬套。

同时，要使用自己能驾驭的元素，特别是对于有 PPT 设计制作能力的朋友，合理借鉴和使用网站 PPT 模板才能省时省力，否则就会出现不伦不类的后果。图 1-25 所示为一套“审计调查”题材的 PPT，上半部分为直接套用模板的幻灯片，下半部分为灵活应用多个模板图示的幻灯片，两种方式的效果完全不同。

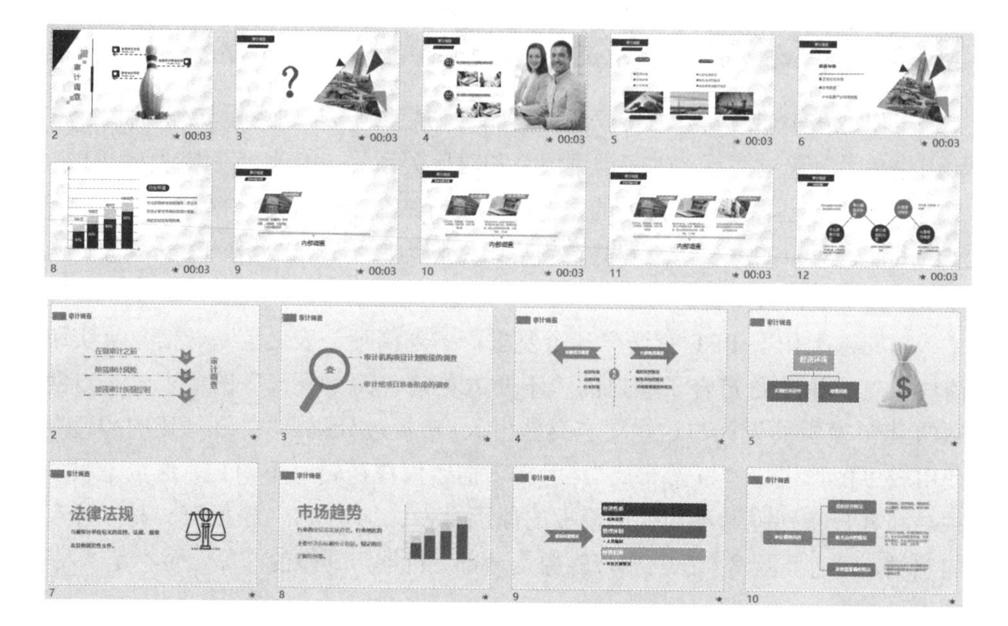

图 1-25　套用 PPT 模板和自行设计的效果对比（二）

1.5　把握流行的 PPT 设计风格

由于时代的发展和欣赏水平的不断提高，PPT 设计风格一直在不断变化，所以，读者要跟着流行趋势一路前行，掌握当下正在流行和未来可能流行的设计风格，设计出让领导和客户满意的 PPT。

1.5.1　当下流行的 PPT 设计风格

当下流行的 PPT 设计风格，也是当下使用频繁、客户经常要求采用的设计风格（很多客户会直接指定风格），包含商务风、扁平风、微立体、中国风、杂志风等。每一种风格都有明显的特色，下面分别进行讲解。

1. 商务风

很多 PPT 设计人员对商务风 PPT 不太清楚，也没有明显的概念，只觉得有办公人物剪影等元素的就算，其实不然，商务风有它自己的特质，如用色简单（不超过 3 种或使用渐变色系）、版式简洁、逻辑清晰和字数较少，如图 1-26 所示。

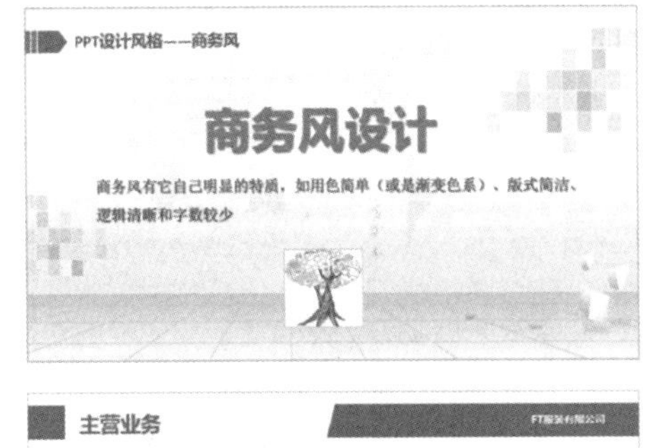

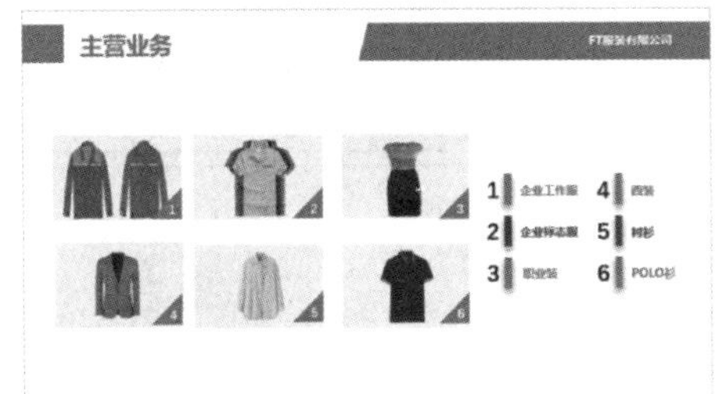

图 1-26　商务风的 PPT 设计风格

2．扁平风

扁平化设计是指零 3D 属性的设计，它是二维空间的一种表现形式，即用单纯的不加任何三维效果的图形进行设计的风格。如今，扁平化设计已成为近年来重要的设计趋势。在过去的几年中，扁平化设计经历了快速的发展，不仅在数字设计领域大放光彩，也日益普及和影响到其他的设计领域。它有几个显著特质：一是少有阴影、投影、渐变和发光；二是简单和简约；三是配色较为鲜亮，如图 1-27 所示。

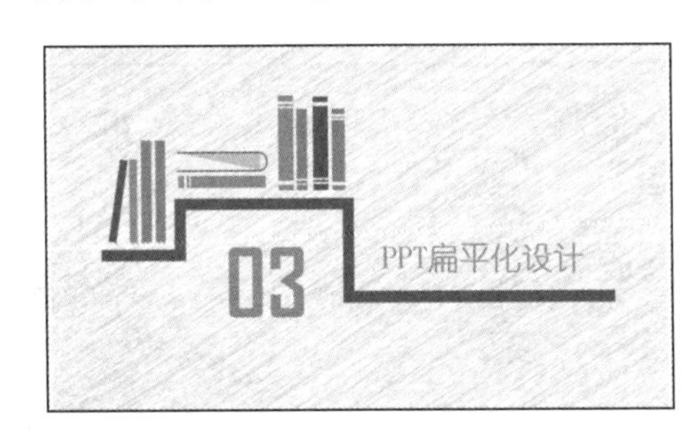

图 1-27　扁平风的 PPT 设计风格

3．微立体

微立体也可称为二维立体，可简单理解为为形状或元素添加阴影效果，从而产生一种立体视觉感的效果。在实际应用中，很多人会将微立体与扁平风相结合，以实现更理想的效果。下面展示几张微立体设计风格的 PPT 作品，如图 1-28 所示。

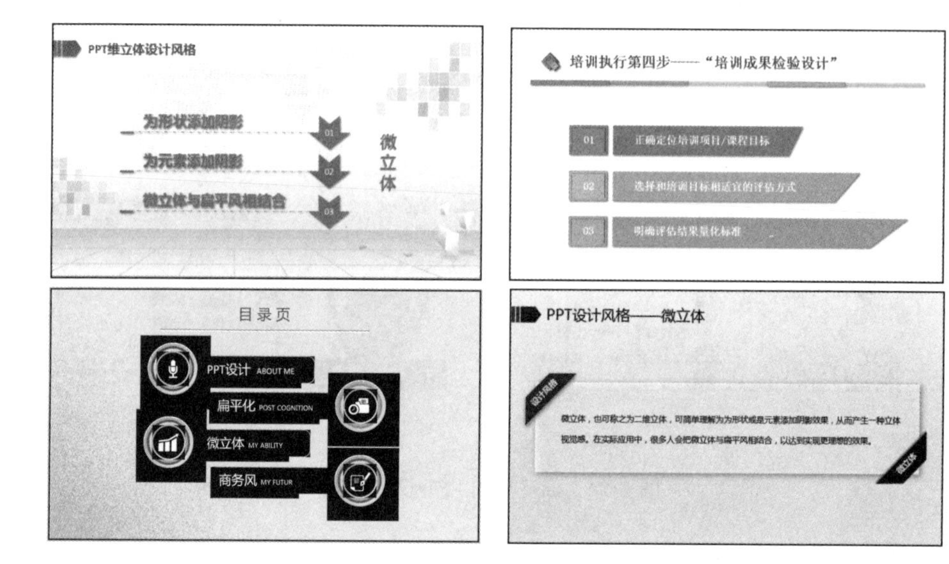

图 1-28　微立体的 PPT 设计风格

4. 中国风

中国风是 PPT 中常见的一种设计风格，它将中华文化元素融入设计中，通常会包含如下 4 种类型。

◆ 用大量的中国元素，如中国建筑、山水画、青花瓷、中国结、毛笔字、剪纸、八卦图等元素，如图 1-29 所示。

图 1-29　加入中国风元素效果

◆ 用书法字体和繁体字（繁体字和书法字体天生带有一种复古的气息），如图 1-30 所示。

图 1-30　繁体字突显中国风设计

◆ 遵循纵向排版，在排版的时候，特别注意版面的对齐，尤其是上对齐，如图 1-31 所示。

图 1-31　中国风的 PPT 设计风格

◆ 加入笔刷（毛笔）元素，如图 1-32 所示。

图 1-32　笔刷（毛笔）突显中国风设计风格

5. 杂志风

当有许多照片，并想要配些文字来记录的时候可以选用杂志风的设计。杂志风往往给人一种高级、有范儿、时尚的感觉。根据不同的素材内容，也可以选择不同的杂志风设计方式。如文艺旅行方面的素材，可以考虑使用卡片式设计；当素材是高级硬照级别时，可以参照欧美风格；当素材是可爱风格时，可以考虑用插画的排版方式。

下面展示几张杂志风的设计效果图，如图 1-33 所示。

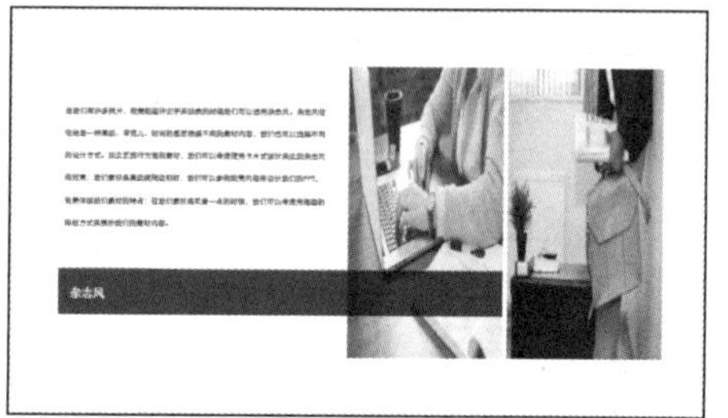

图 1-33　杂志风的 PPT 设计风格

1.5.2　未来可能流行的 PPT 设计风格

随着设计水平和软件技术的不断向前发展，笔者认为 PPT 未来的流行风格主要有 3 个方向：图文穿插、3D 立体和动态视频背景。下面分别介绍前面两个风格的内容，动态视频背景的内容将会在第 5 章中详细讲解。

1. 图文穿插效果

图文穿插是一项非常有设计感的设计，它主要是灵活运用阴影，打造出文字与图片融为一体的效果，能直接体现 PPT 设计师善于寻找图片与文字关系的能力，图文穿插效果如图 1-34 所示。

用整张图做背景，文字直接放其上，并用指定图形作为文字的部分

图 1-34　图文穿插效果

2. 3D 模型

3D 模型动画可能会在 PPT 中广泛应用。它能通过多种角度展现产品特性，

包括机械原理、组织结构、功能特色等，让产品形象更加深入人心，特别是在通信器材、智能家电、办公家具、建筑装潢等领域。它能够让产品更加完美地呈现在受众眼前。但是，目前使用 3D 模型功能的人还不是很多，笔者相信，在未来 3D 模型能够流行起来，3D 立体 PPT 设计风格如图 1-35 所示。

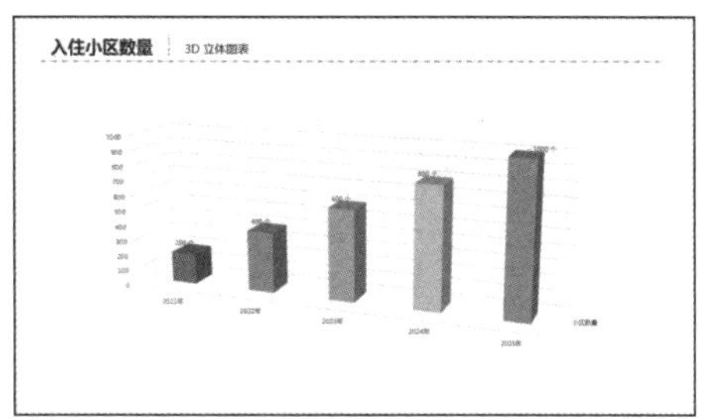

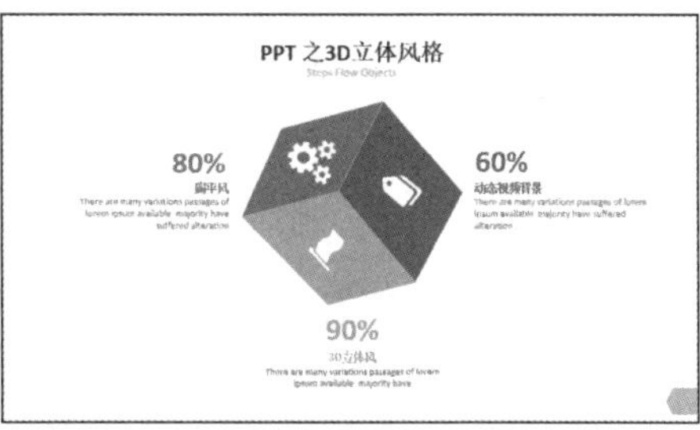

图 1-35　3D 立体 PPT 设计风格

1.6　彩排与模拟计时

正式演讲和做报告前一定要进行彩排，无论是演讲人自己，还是代做 PPT 的设计制作人员都要彩排。目的很简单：保证 PPT 的放映正常和完美，一旦发现错误和有需要调整的细节，可以随时进行修改、完善。

彩排与模拟计时——排练计时

另外，面对单向传输风格的 PPT 时（在 3.3.4 节有详细说明），读者要将 PPT 的放映方式设置为“在展台浏览”或“观众自行浏览”，且将“推进幻灯片”的方式设置为“如果出现计时，则使用它”，如图 1-36 所示，以保证 PPT 能将每一页幻灯片以合适的时长展示，让受众有充分的时间看完幻灯片中的信息，然后再切换到下一幻灯片中。因此，PPT 设计制作者需要进行彩排与计时（视频和音乐必须设置为自动播放），然后，再设置放映方式。

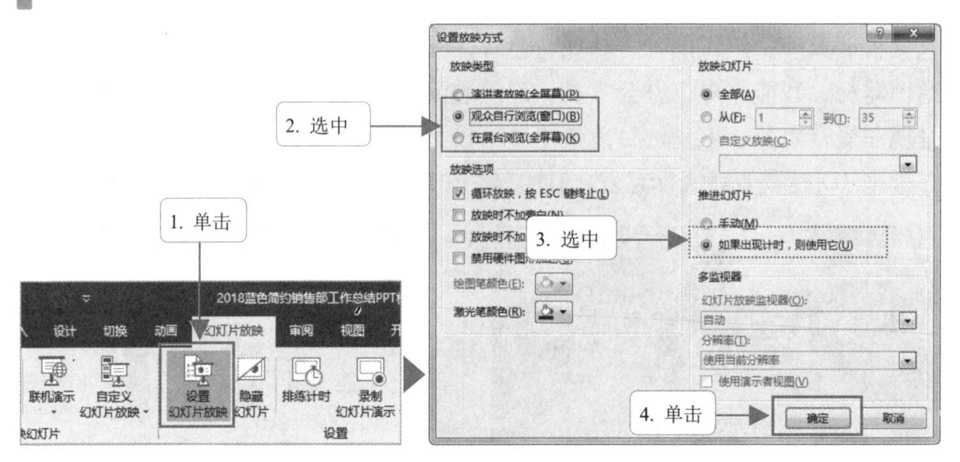

图 1-36　完全的自动放映（单向传输风格）

下面讲解模拟计时和自动放映的关键操作。

第 1 步：单击“幻灯片放映”选项卡中的“排练计时”按钮，从头开始放映 PPT 并对每一页幻灯片进行排练计时，当幻灯片展示时间符合演讲人要求时，单击“下一项”➔按钮，如图 1-37 所示，切换到下一页再进行排练计时，直到整个 PPT 放映结束。

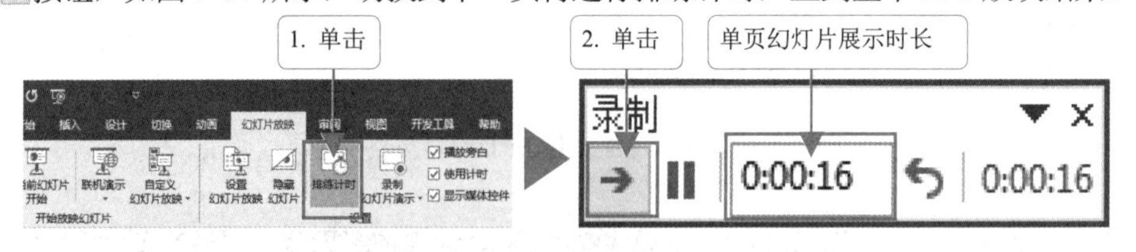

图 1-37　排练计时

第 2 步：在整个 PPT 放映结束后自动打开的提示对话框中单击“是”按钮，保留幻灯片计时，如图 1-38 所示。

图 1-38　保留幻灯片计时

第 3 步：在“换片方式”选项卡下取消选中“单击鼠标时”复选框，选中“设置自动换片时间”复选框，完成整个操作，如图 1-39 所示。

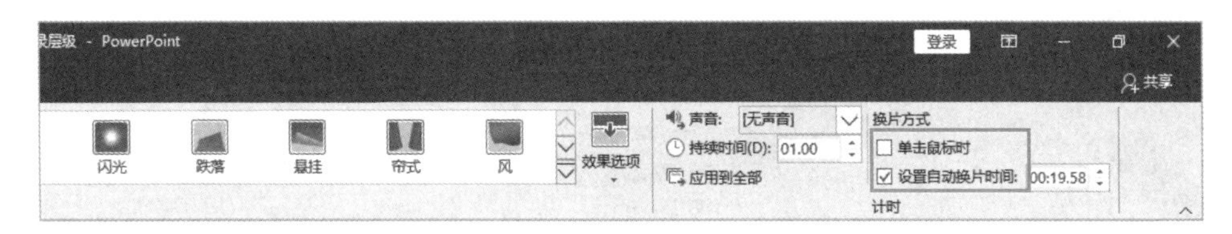

图 1-39　设置自动换片（切换幻灯片）

1.7　实现 GIF/重复动作动画

很多读者对 PPT 动画有一定误区，认为 PPT 动画只能制作一些单向动画，如一次性淡化出现、直线或曲线的一次性移动等，不能进行重复设置，只能通过下载或专业软件（Flash）制作。其实不然，在 PPT 中，不仅可以添加动画，还能实现插入 GIF/重复动作动画，方法非常简单：只需先为对象添加自己所喜欢的动画，然后设置 PPT 动画效果为重复即可。

例如制作卡通人物说话时一张一闭的嘴巴动画，操作方法如下。

第 1 步：选择嘴巴图形，添加强调缩放动画，然后，单击“动画窗格”按钮，打开“动画窗格”对话框，如图 1-40 所示。

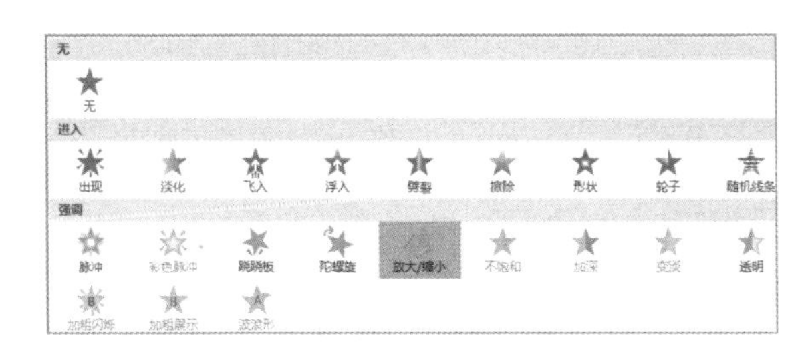

图 1-40　为“嘴巴”图形添加强调缩放动画

第 2 步：在“动画窗格”对话框上单击鼠标右键，在弹出的快捷菜单中选择“效果选项”命令，打开“放大/缩小”对话框，选择“效果”选项卡，设置放大缩小尺寸，如图 1-41 所示。

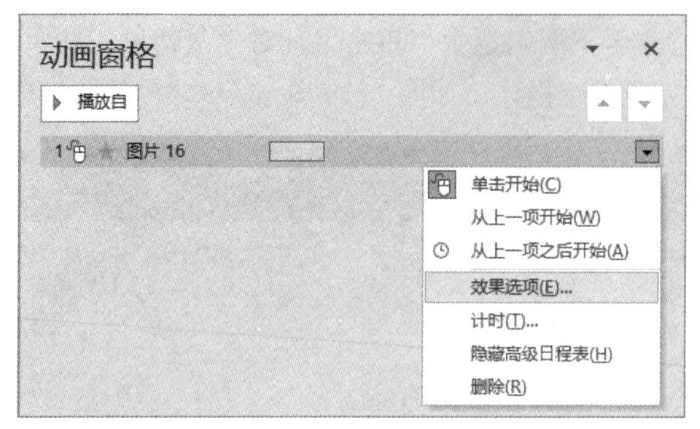

图 1-41　设置放大缩小尺寸

第 3 步：选择“计时”选项卡，单击“重复”下拉按钮，选择重复截止时间选项，如“直到下一次单击”或“直到幻灯片末尾”选项，最后单击“确定”按钮，完成操作，如图 1-42 所示。

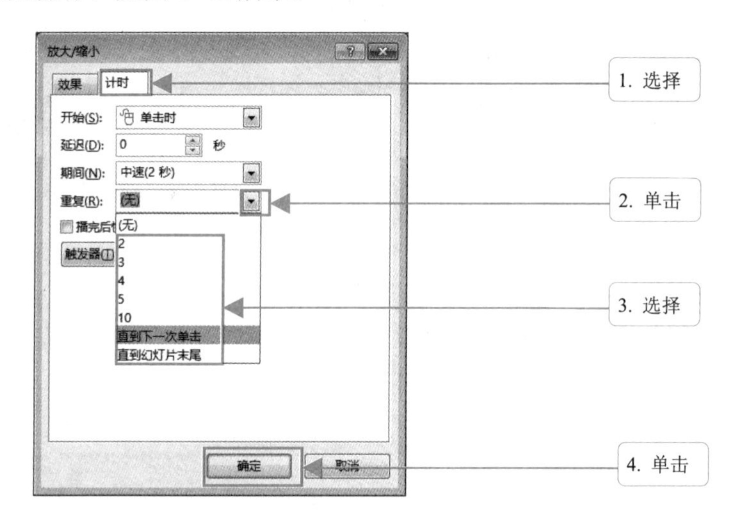

图 1-42　设置缩放重复的截止时间

补充：多重不同动画的添加。

为了让 PPT 动画内容更加丰富，除了添加一些出现或推出形式的动画外，还会添加一些多重动画，如文字第一次显示后再次动态显示或强调显示。再次添加出现动画或强调动画，只需单击“添加动画”下拉按钮，在弹出的下拉列表中选择对应的动画选项即可，如图 1-43 所示。

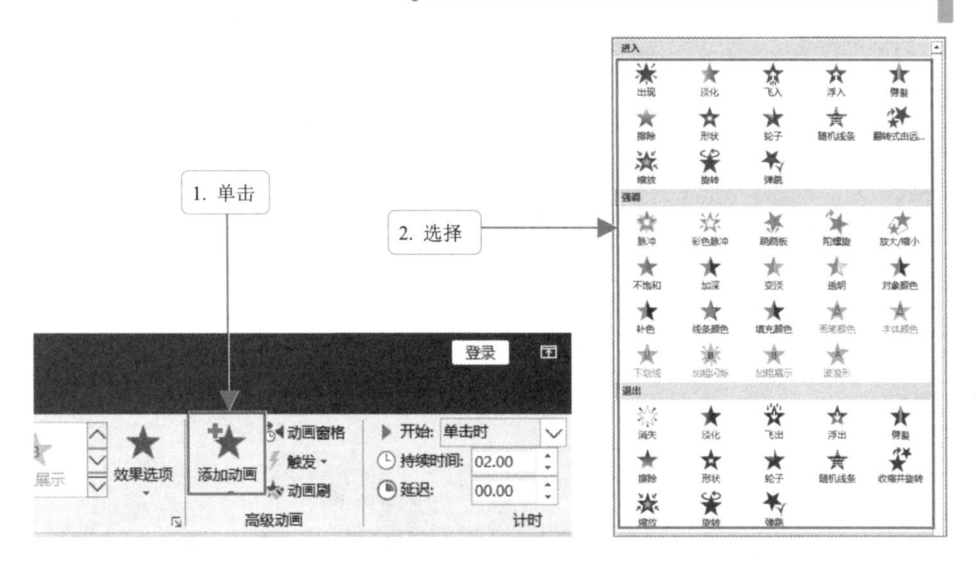

图 1-43　添加多重不同动画

第 2 章

打造受众易记的 PPT

PPT 只是一款配合演讲的工具，其作用是把演讲者的内容直观地呈现在受众眼前。如何让受众尽可能地记住更多的信息，这是所有演讲者都会关注的问题，笔者认为目前最朴实的方法是在 PPT 的设计上“做文章”。

本章将分享 4 种方法，教会读者如何轻松打造出受众易记的 PPT。

2.1　如何讲好故事

在 PPT 中讲故事分两种方法：一是为了引出演讲主题，以一则故事开始，引起受众的思考和兴趣；二是整个 PPT 以讲故事的形式建立框架逐步展开设计和进行演讲。读者也许会觉得第一种方法很简单，单纯以为只是讲一小段故事。其实不然，要讲一段受众能产生兴趣且认同其演讲主题的故事，是相当不容易的，特别是具有说服力的故事，很需要技巧。第二种方法相对于第一种方法则需要“特殊”安排和拆分，与第一种方法有明显的区别。

2.1.1　讲好故事的 7 要素

要将一段故事理顺、讲清楚，可按常用的两种手法进行：一是按时间发展；二是按空间关系（上中下、前中后等空间位置关系）。例如，将我国北斗卫星的故事讲给受众听，可按科研时间的先后顺序进行讲解，也可以按卫星的作用或空间维度进行讲解，其目的是让受众能够更多地接收演讲者的故事内容——让受众接收→记住→感悟。

在工作型 PPT 中讲故事，其目的性更强：引出主题和说服受众。因此，在故事情节的安排上需要更多地考虑故事的“曲折性”，让故事跌宕起伏才能更好地调动和引发受众的情绪和思考，以达到事半功倍的效果。怎么实现呢？在这里，笔者大概归纳总结了 7 个要素：挑战、悲喜交替、对比、风险、多层反转、顺水推舟和结论/号召。除了每一故事最后的感悟结论或号召要素外，其他要素读者可以在每一故事中单独应用，也可以将几个要素灵活组合应用（因为故事可以编造，不一定都是事实），下面分别列举几则小故事，帮助读者打开思路。

1. 挑战——老人与小孩（理想模式→挑战因素加入打破原有模式→恢复理想模式）

有个老人爱清静，可附近常有小孩玩儿，非常吵闹，于是他把小孩召集过来，说：“我这儿很冷清，谢谢你们让这儿更热闹”，说完给每人发 3 颗糖。孩子们很开心，天天来玩儿。几天后，每人只给两颗，再后来给 1 颗，最后就不给了。孩子们生气地说：“以后再也不来这儿给你热闹了。”

老人清静了。

结论：“发糖”的正激励虽不一定能让主观能动性持续升温，但负激励却能让主观能动性持续下降直到冷却。

2. 悲喜交替——拉货车的马（正常状态→喜剧模式→悲剧模式）

两匹马各拉一辆货车。一马走得快，一马慢吞吞。于是主人把后面的货全搬到前面。后面的马笑了："切！越努力越遭折磨！"谁知主人后来想：既然一匹马就能拉车，为什么要养两匹呢？

最后懒马被宰掉吃了。

结论：如果让老板觉得你已经可有可无，那你已经站在即将离去的边缘。

3. 对比——面店老板（同一情景→AB 两种做法→A 胜利）

夜市有两个面线摊位。摊位相邻、座位相同。一年后，甲赚的钱比乙多。为何？原来，乙摊位生意虽好，但刚煮的面很烫，顾客要 15 分钟吃一碗。而甲摊位把煮好的面在凉水里泡 30 秒后再端给顾客，温度刚好。

结论：为客户节省时间，钱才能进来得快些。

4. 风险——农夫（潜在风险→必然风险）

有人问农夫："种麦子了吗？"农夫："没，我担心天不下雨。"那人又问："那你种棉花没？"农夫："没，我担心虫子吃了棉花。"那人再问："那你种了什么？"农夫："什么也没种，我要确保安全。"

结论：不能让潜在风险变成不愿付出的理由。

5. 多层反转——得而复失的自行车（以为丢失→反转→反转）

有个人骑车去附近的超市购物，他把崭新的自行车停放在超市门口，等他离开超市时却忘了他的自行车，直到第二天，他准备出门时，才想起自行车停放在了超市门口，他想：自行车一定被人偷走了。可是，当他来到超市门口时却惊喜地发现，自行车安然无恙地停在原处。于是他骑车来到教堂祷告，感谢上帝保全了他的自行车。当他走出教堂时，原本停在教堂门口的自行车却不翼而飞了。

号召：不要想当然地以为事情会怎样，一定要遵从生活科学和常识规律。

6. 顺水推舟——加油站（符合受众的思维逻辑）

在一个小镇中，一位商人开了一个加油站，生意特别好。第二个人来了，开了一个餐厅。第三个人开了一个超市，这片儿地区很快就繁华了。另一个小镇，一位商人开了一个加油站，生意特别好。第二个人来了，开了第二个加油站，第三个、第四个人来了都开加油站，最后恶性竞争大家都没得玩。

号召：不要一味地走他人的老路，一定要有拓展思维和创新精神。

2.1.2 故事的来源

贴合 PPT 主题的故事，不是"遍地都是"，建议读者平时要多积累，搭建自己的“故事库”。随着时间的推移，故事素材就会越来越多，使用起来也会越来越方便。一些读者可能会问故事到哪里去收集呢，笔者为读者分享 3 个渠道：一是讲故事节目、二是故事网站/书籍、三是生活，故事主要来源示意图如图 2-1 所示。

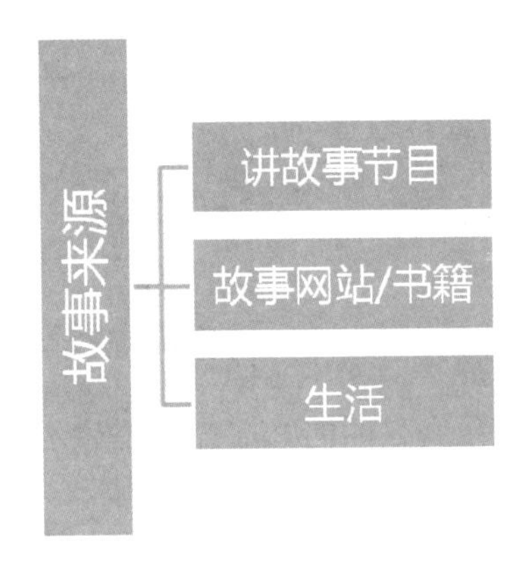

图 2-1　故事主要来源示意图

前面两种渠道的本质都是搜索，对于第三种收集故事的方法笔者要补充几句。在演讲中，演讲者讲解他人的故事时经常无法完全投入，也就是无法走入当时的语境，导致自己情绪无法达到预期状态，受众情绪无法被调动，这样反而会影响整个演讲效果。因此，建议读者在平时多注意积累生活素材，然后将其加工成想要的故事，让它更有“灵魂”和“温度”。

另外，如果要使用一些很有哲理的故事，可以直接引用已有的哲理和寓言故事，这类故事在互联网中能轻松搜索到，也更有说服力。

2.1.3　故事的层级推进

如果让整个 PPT 以故事架构展示，则会与常规的“讲故事”有很大的差异，它有一个相对固定的安排架构，大体为：情形→问题/危机→解决方案→实例→新问题/危机→解决方案→实例。简单理解为：要解决一个问题或实现一个目的，会出现阻碍或遇到难题，然后提出解决阻碍或难题的方法，并列出实例。如果在讨论或执行中又遇到新的阻碍或问题，再提出新的解决方案，并列出新的实例，依此类推，直到目的实现，整套幻灯片以“故事”架构展开设计示意图如图 2-2 所示。

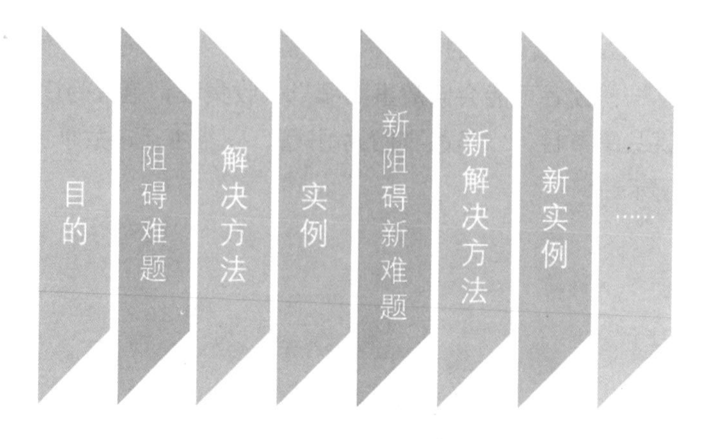

图 2-2　整套幻灯片以“故事”架构展开设计示意图

例如，以提升淘宝销量为目的的 PPT 架构搭建示意图如图 2-3 所示。

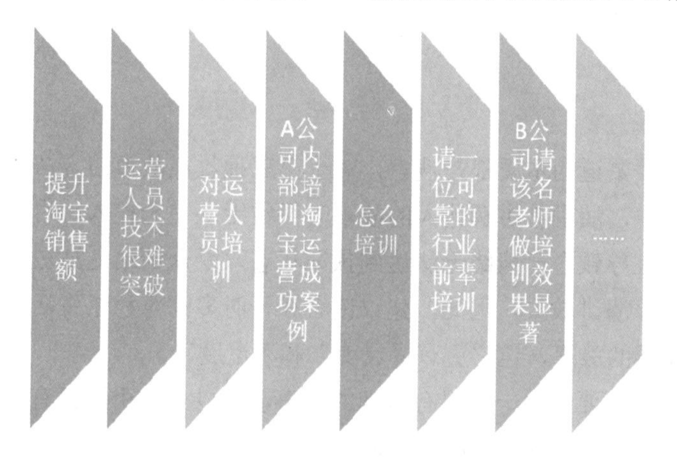

图 2-3　以提升淘宝销量为目的的 PPT 架构搭建示意图

2.2 段落划分

在 PPT 中，段落文字的构成大体上可以分两部分：一是标题；二是内容。前者可有可无，而且它的位置相对固定——单独成行或首行句首，另外必须进行特殊处理以及其他操作。后者可根据设计需要灵活自如地设计，没有明确限定。

下面把段落标题与内容的差异、视觉分段和段落分页等知识点分享给读者，帮助读者快速掌握这方面的设计技能。

2.2.1　段落标题与内容的差异

对于段落标题与内容的差异，可以从两个方面进行区分：一是文字信息角度的差异；二是设计差异。标题必须包含该段文字内容的中心含义，起到提纲挈领的作用，而段落文字是标题的展开阐述。对于标题与内容的设计主要要求有如下几点。

- 标题必须醒目，且让受众一眼看出它是标题，如加粗字体、设置字体颜色、添加特殊底纹装饰，下面展示一组幻灯片，如图 2-4 所示。

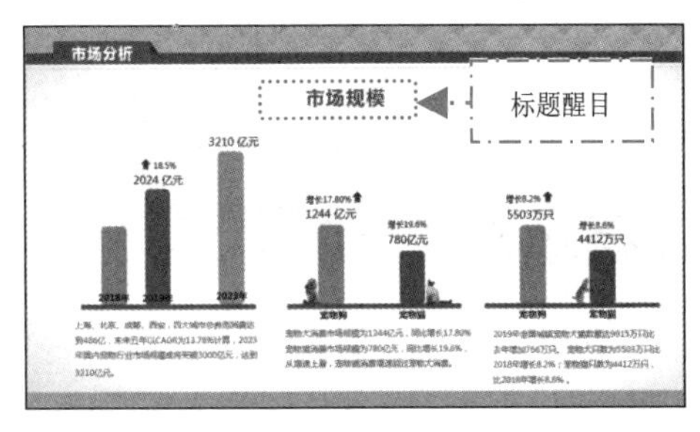

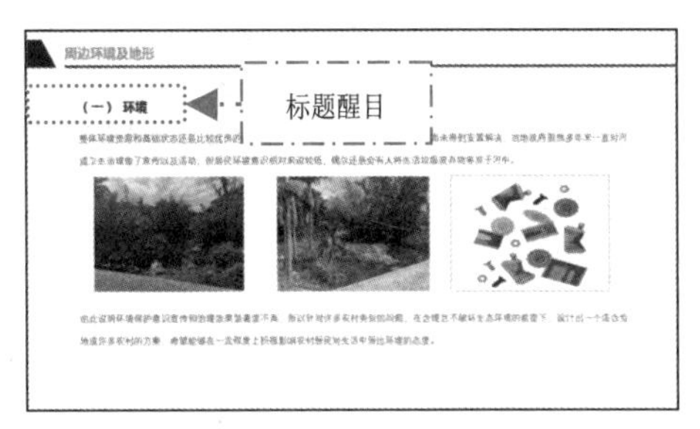

图 2-4　标题醒目

- 标题特别是大标题，可添加到幻灯片特有的“头部”位置（页眉区）和内容放置区域（内容区），而文字内容绝大多数只能放在内容放置区域，标题与内容放置区域示意图如图 2-5 所示。

图 2-5　标题与内容放置区域示意图

- 单独成行或段首位置强调（可加粗或设置不同字体）。在本书所有的幻灯片中，无论什么类型/风格的 PPT，每一页幻灯片的标题都是独立放置一行或多行，或在一段文字内容的首行句首凸显强调的。图 2-6 所示为标题在每一段首行句首的实例幻灯片。

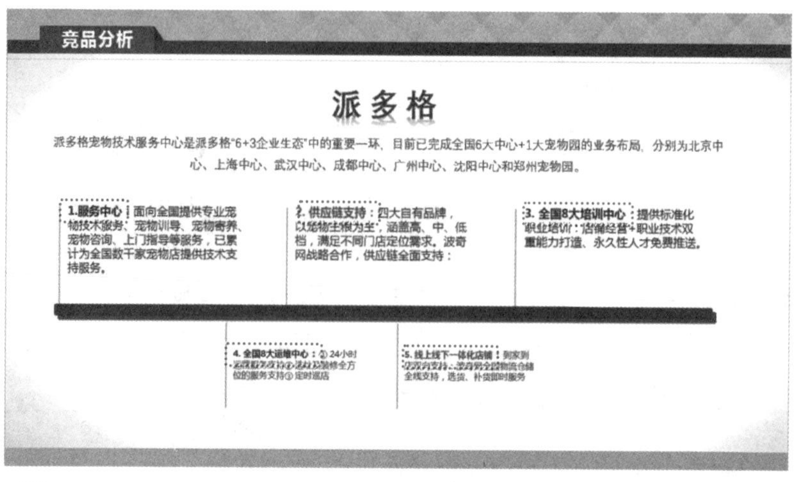

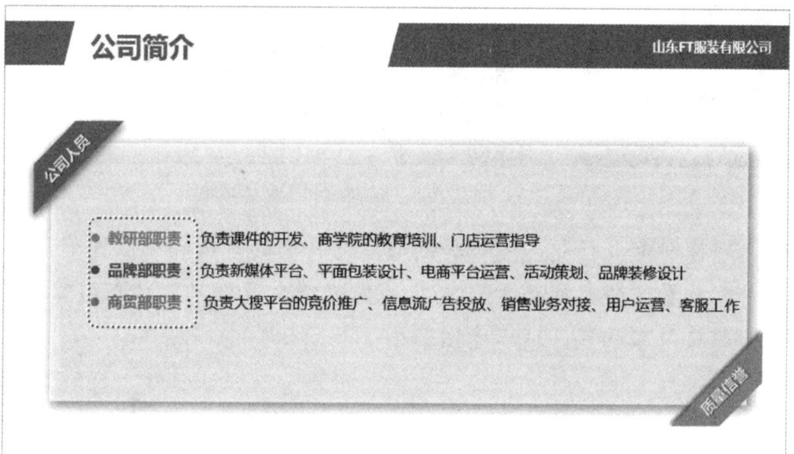

图 2-6　标题在每一段首行句首的实例幻灯片

- 内容不一定只是文字，还可以是图片、图示、图形或它们的组合等，但是标题必须包含必要的文字信息，如图 2-7 所示。

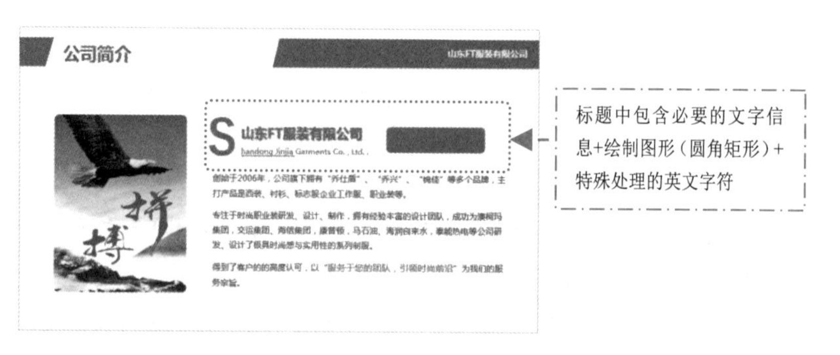

图 2-7　标题必须包含必要的文字信息

- 标题可以降级为上级标题的内容，但内容通常情况下不能升级为标题。图 2-8 所示的前 4 张幻灯片，每一页内容都有对应的标题，可以将这 4 个标题降级为上一级标题的内容并做成对应的图示幻灯片如图 2-8 所示的最后一张幻灯片。

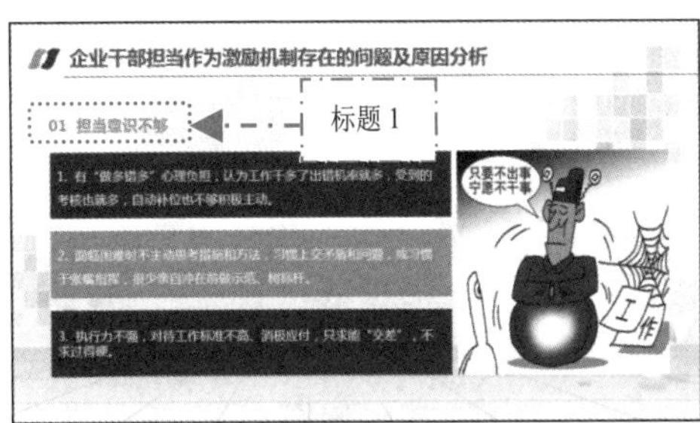

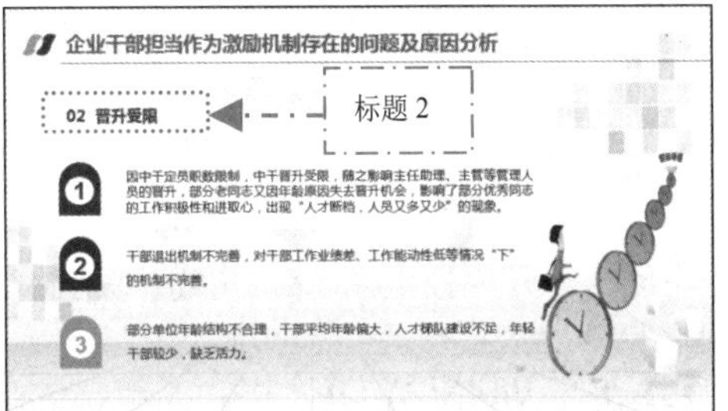

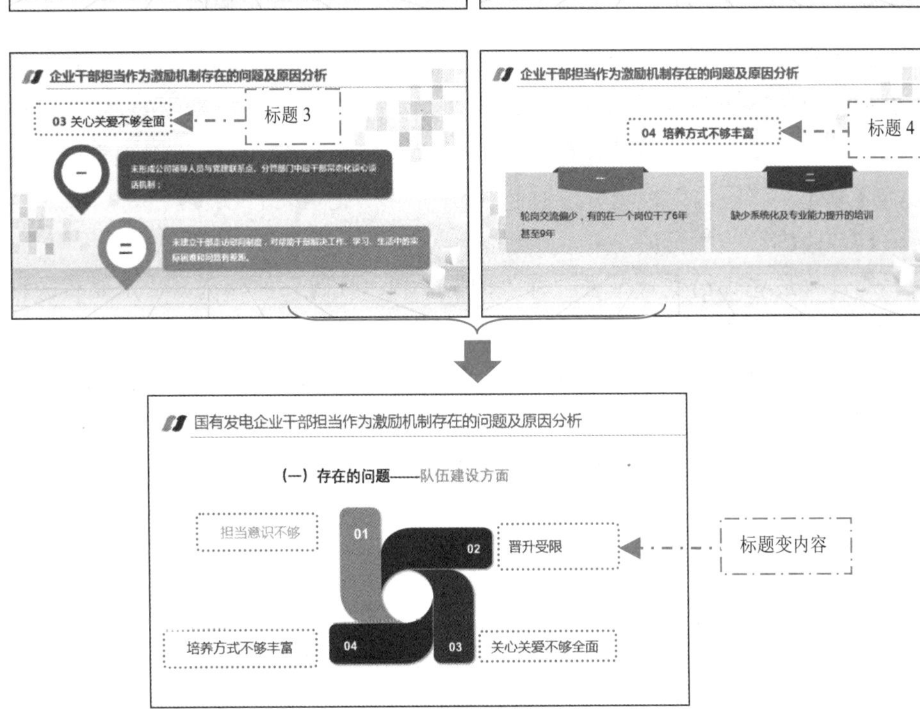

图 2-8　标题降级为上一级标题的内容

- 内容必须与标题保持视觉上的关联（在第 8 章中将会讲解视觉上关联的多种技巧方法），图 2-9 所示为用数字编号将左侧图片与右侧的标题关联。

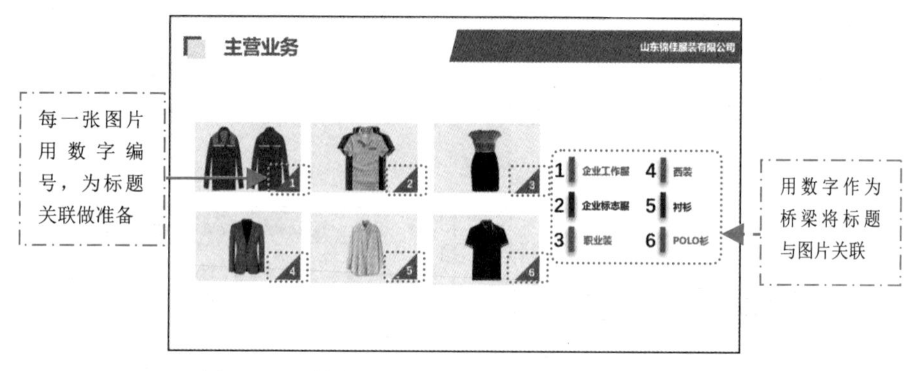

图 2-9　用数字编号将左侧图片与右侧的标题关联

2.2.2　视觉分段

视觉分段，笔者将其定义为“段内”和“段外”的间隔距离，让受众视觉感更加轻松、不“紧张”。其中，“段内”是指同一段文字内容。段外是指两段以上的文字段落。为了更清楚地向读者讲解“段内”和“段外”的视觉分段方法，这里先从“段内”视觉分段讲起。

1. “段内”视觉分段

幻灯片最忌讳给受众带去一种“拥挤”和“烦躁”的感觉，一定要有一种“队列”感，就像是军队的队列一样，整齐还有距离，让视觉有“缓冲”、有“空隙”。因此，建议一段文字内容中（有多行文字时）必须有间隔，也就是行距。图 2-10 所示的幻灯片中左图是几乎没有行距的段落（使用默认行距→很挤→焦躁），右图是设有 1.5 倍行距的段落（显得宽松→轻松、大气）。

PPT ——演讲必备神器

Office PowerPoint 是一种演示文稿图形程序，是功能强大的演示文稿制作软件。可协助您独自或联机创建永恒的视觉效果。它增强了多媒体支持功能，利用Power Point制作的文稿，可以通过不同的方式播放，也可将演示文稿打印成一页一页的幻灯片。使用幻灯片机或投影仪播放，可以将您的演示文稿保存到光盘中以进行分发，并可在幻灯片放映过程中播放音频流或视频流。对用户界面进行了改进并增强了对智能标记的支持，可以更加便捷地查看和创建高品质的演示文稿。PPT就是Power Point的简称。.Power Point最初并不是微软公司发明的，而是美国名校伯克利大学一位叫Robert Gaskins的博士生发明的，之后微软通过收购的方式将Power Point收入麾下，最终成为的办公软件系列（office）重要组件之一。

图 2-10　是否有行距的对比效果

在 PPT 中如何快速、轻松地为段落文字设置行距呢？方法为：先选择幻灯片中的段落文字，然后单击“段落”下拉按钮，选择对应行距选项，如图 2-11 所示。

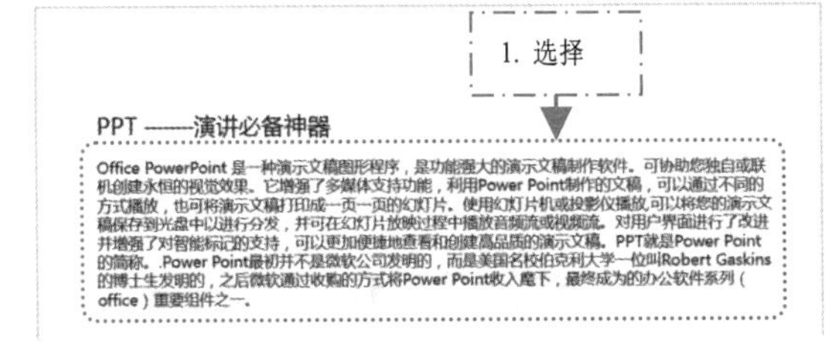

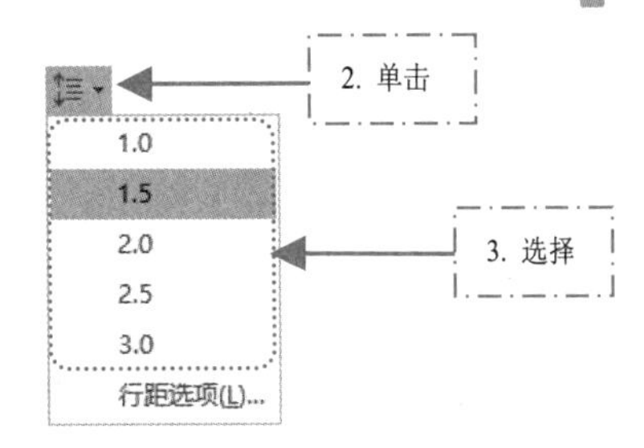

图 2-11　快速设置行距

2. “段外”视觉分段

“段外”视觉分段是指多段数据的间隔距离，它的设置应让受众能轻松感受到：这是第一段、这是第二段等，同时，还能让视觉轻松，如图 2-12 所示（左图为视觉分段前的效果，右图为视觉分段后的效果）。

图 2-12　视觉分段的前后效果对比

当然，方法很简单：只需设置段前、段后或将段落文字用文本框放置，用文本框放置能更加灵活地调整视觉距离。

笔者遇到极少客户要求将每一段文字的起始位置进行首行缩进，如图 2-13 所示。虽然没有错，不过笔者觉得首行缩进会在一定程度上破坏视觉整齐感。既然这里提到了，也展示下纯文字段落的布局样式（视觉分段也属于布局设计的一种），下面讲解纯文字段落的布局设计技巧。

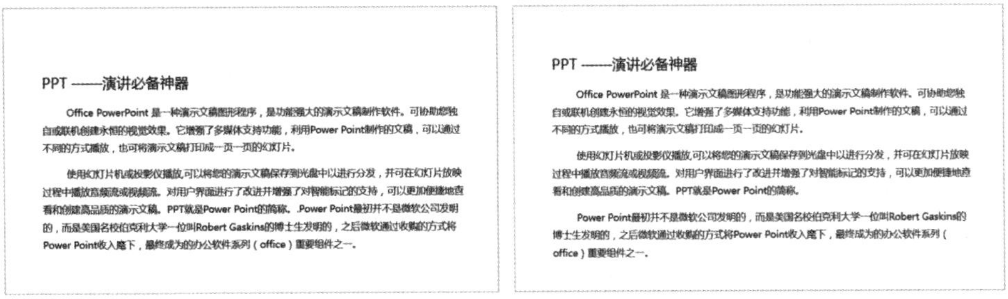

图 2-13　视觉分段中的首行缩进效果

- 常规布局设计：最直接的纯文字布局设计方式，只需按常规方式将文字摆放在幻灯片中，没有太多设计，读者可按笔者提供的示意图套用，如图 2-14 所示。

图 2-14　纯文字常规布局设计示意图

- 个性布局设计：它主要是借助图形、图像作为“外框背景”进行布局，可简单理解为将文字内容放置在图形、图像中。根据笔者经验，可以将文字分为几段，如一段、两段、三段或更多，每一种情况对应一种布局放置的方式。它的重点不是在文字处理上，而是在“外框背景”的样式上。只要把它弄好，文字内容直接复制进去（图文混排的设计布局方式请参考第 7 章知识点）。下面简单展示几组示意图和对应的实例图，如图 2-15 所示。

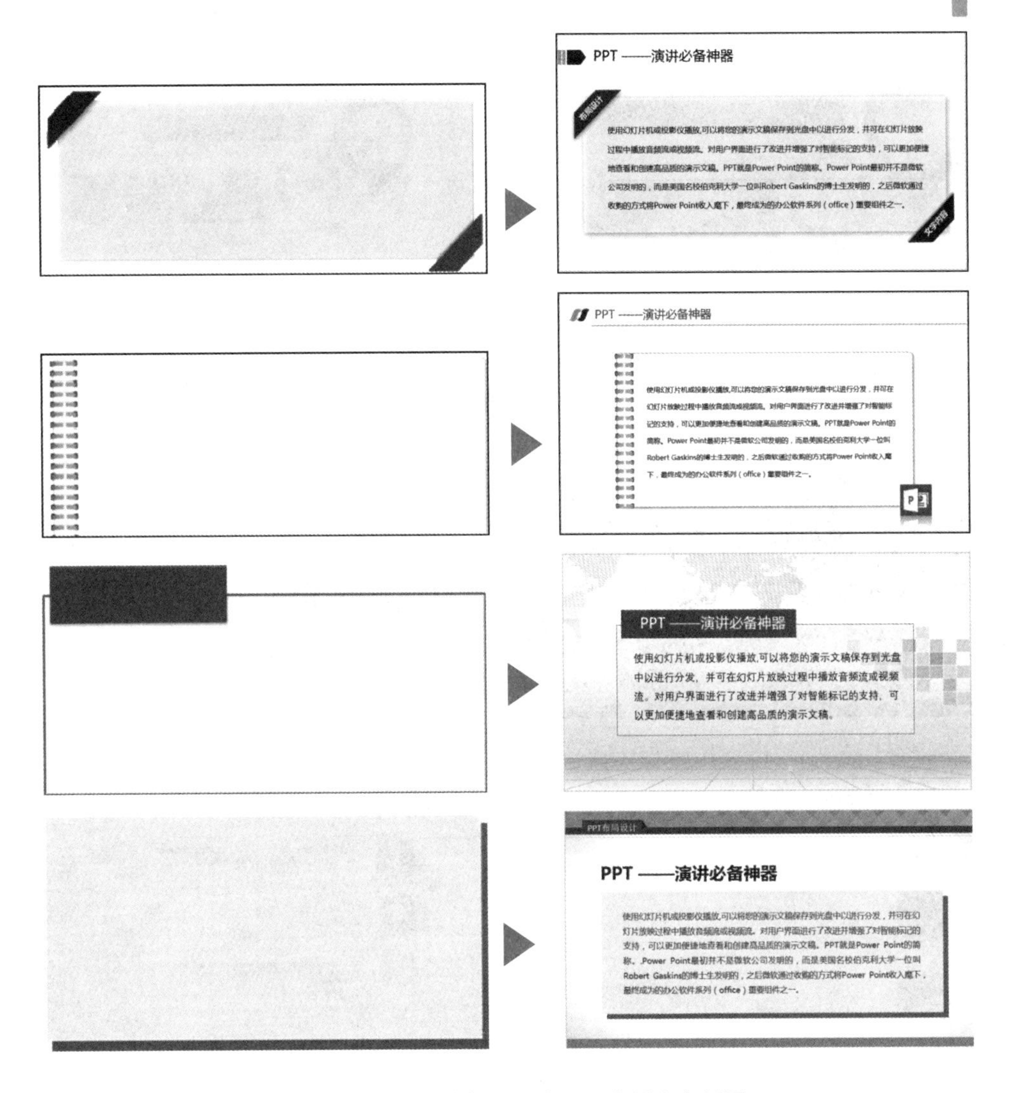

图2-15　文字的个性设计布局示意图和实例图

补充：一段文字的“外框背景”逻辑思维。

对于一段文字的“外框背景”，不要设计得太复杂，一般情况都是设计为一个矩形框，然后添加一些装饰即可，如投影、卡片等，如图2-16、图2-17所示。

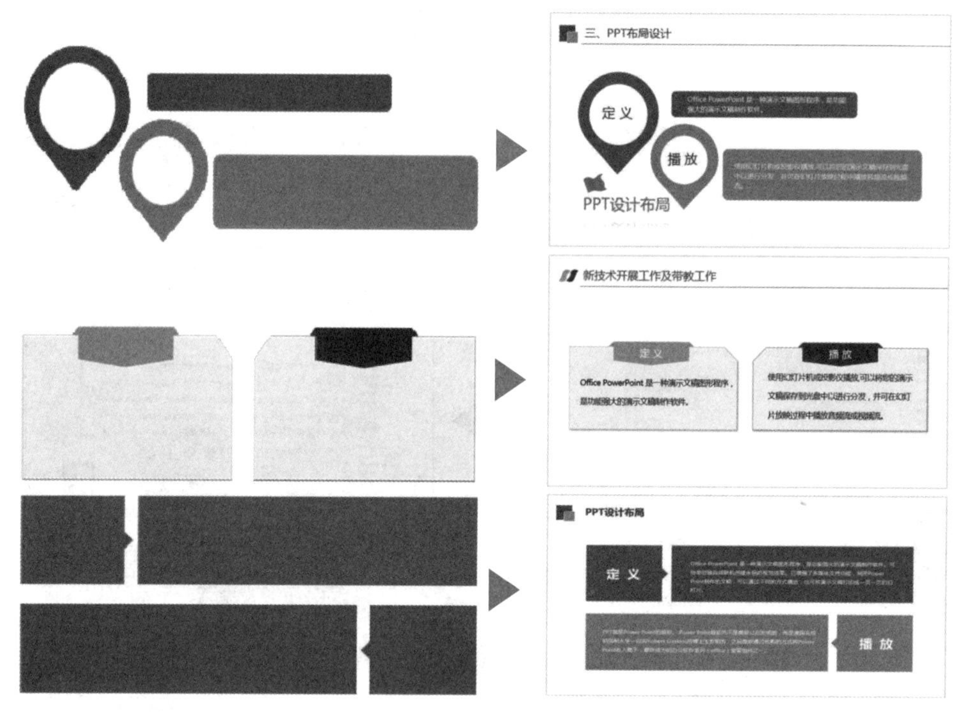

图 2-16　两段文字的个性布局设计示意图和实例图

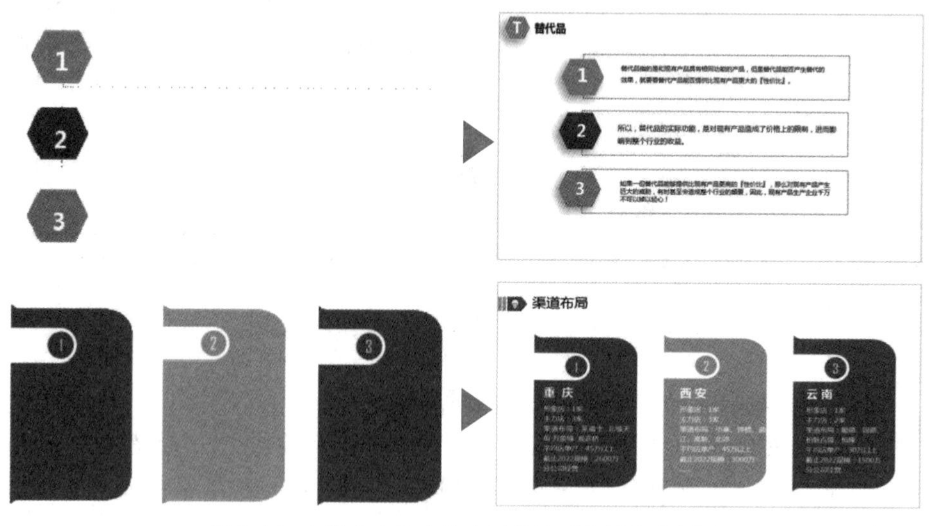

图 2-17　3 段文字的个性布局设计示意图和实例图

2.2.3　段落分页

段落分页是指将同一幻灯片中的多个信息块进行多页放置（一变多），不仅版式变得轻松，还能让受众更容易记住每一页的重要信息——每一页最好只放置一个主要信息，太多信息会让受众无法快速理解和记住。

图 2-18 所示的幻灯片中有 3 块主要信息：5 项签约率、义务医疗服务和课题论文发表。每一块信息量都比较大，要让受众仅通过一页幻灯片接受理解，不仅视觉疲累，心里也会感觉烦躁。

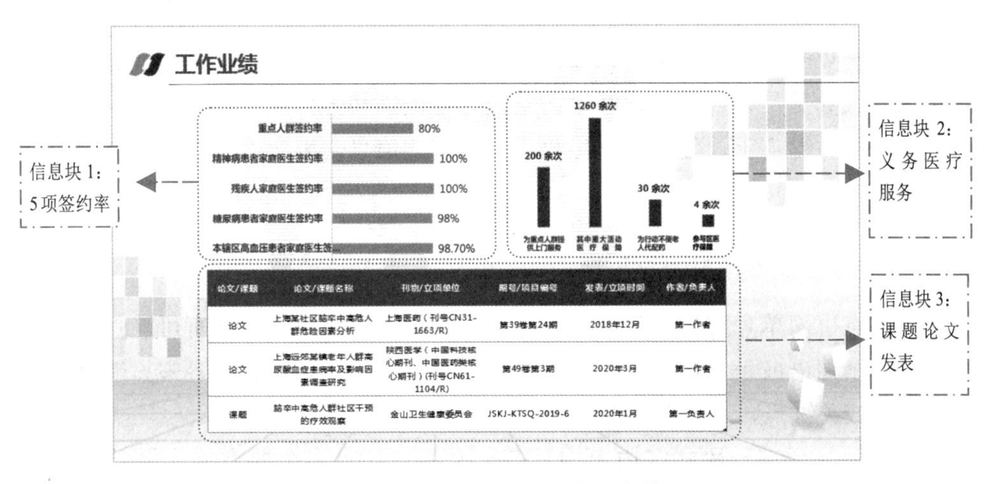

图 2-18　一页幻灯片中多个信息块

因此，要将其拆分为 3 页，每一页放置一块信息，如图 2-19 所示。

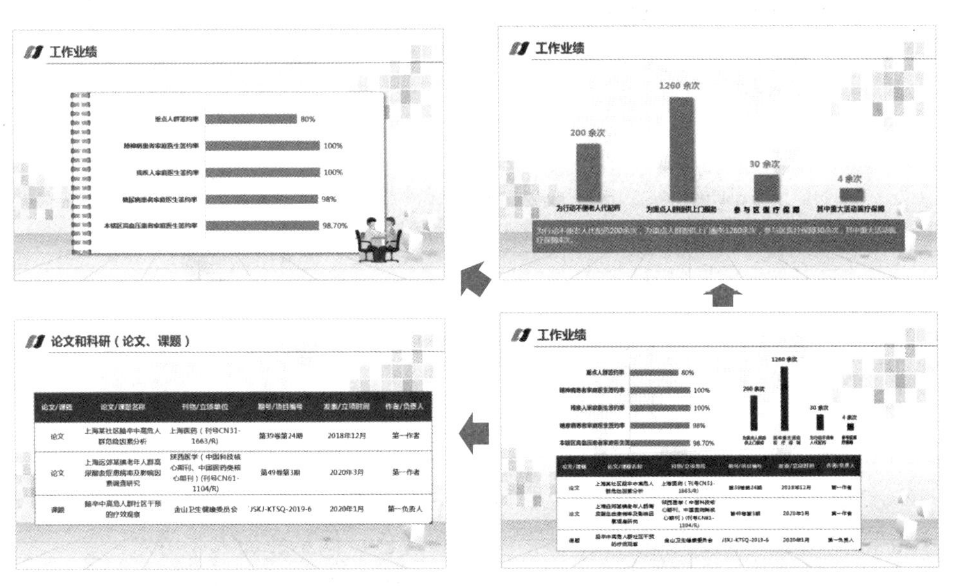

图 2-19　一页 PPT 拆分为 3 页

补充：拆分的注意事项。

将一页幻灯片拆分为多页，是将同一幻灯片中多个独立的信息块分别放在单独的幻灯片中，而不是野蛮地将多个模块进行强行分离。同时，分页不能是简单的复制粘贴，需进行版面设计。

2.3 提炼要点

每一页幻灯片中虽然可以随意“摆设”内容——可多可少，然而有一些文字内容或数据是很重要的，必须将它们进行提炼和强调凸显，让受众把目光聚集在这些关键点上，促进受众接收、理解这些信息，以实现想要传达重要信息的目的。

2.3.1 要点提取与凸显

要点可简单理解为一句话或一段话的关键点和中心点。它有可能是一个数字、一个词语或是一句话。不过，读者不要误以为一段文字内容中只能有一个中心点或关键点，有时会有多个中心点并存。

下面展示在一段文字内容中只有一个要点和有多个要点的实例，分别如图 2-20 和图 2-21 所示。

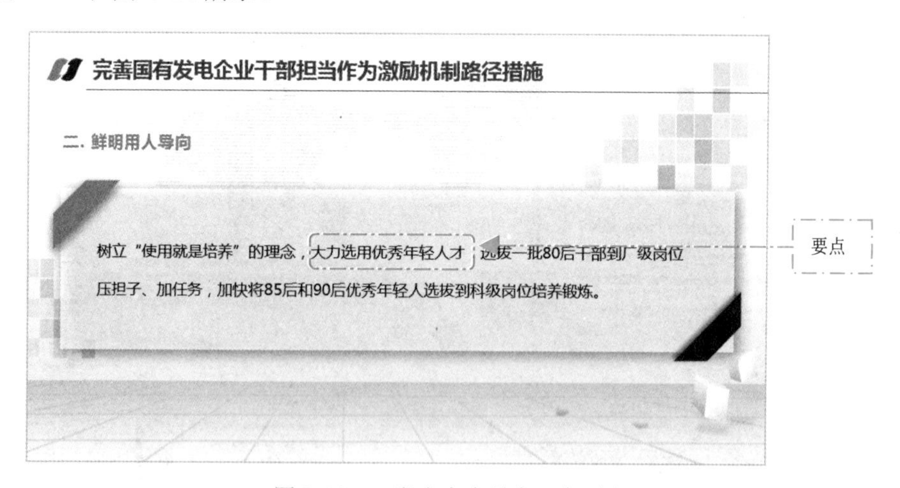

图 2-20　一段文字中只有一个要点

要想让要点凸显，常规的方法有很多，如加粗、倾斜、着色、投影、加大字号等。不过其中较实用的方法是：加粗和着色，偶尔会加大字号。

分别将图 2-20 和图 2-21 所示幻灯片中的要点进行加粗和着色，效果分别如图 2-22 和图 2-23 所示。

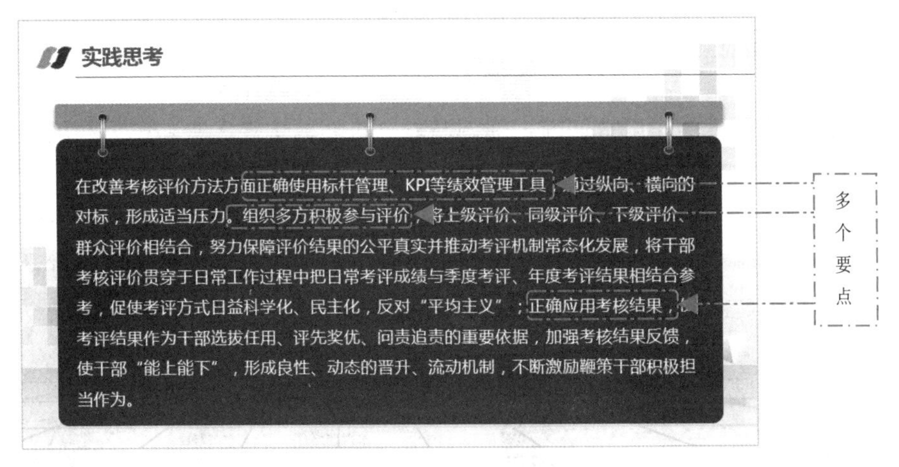

图 2-21　一段文字中有多个要点

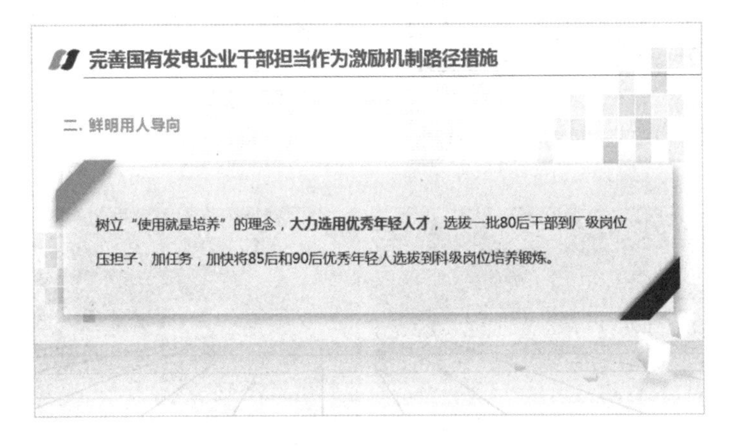

图 2-22　单一要点加粗和着色

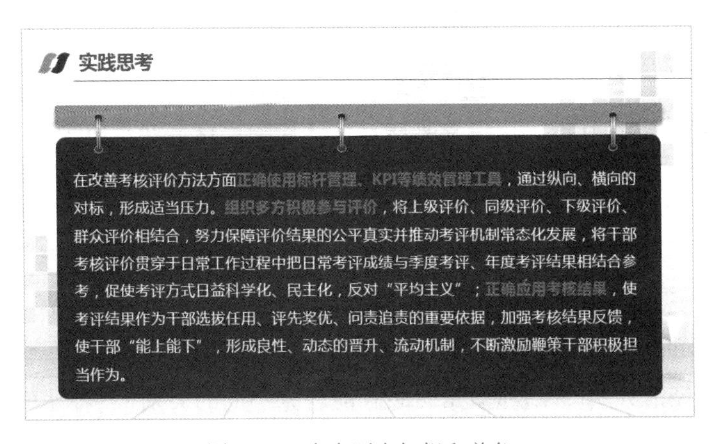

图 2-23　多个要点加粗和着色

2.3.2　设置字体颜色

设置字体颜色的作用有清晰，强调凸显，协调、美观、有冲击力和区分。除强调凸显在 2.3.1 节中讲解过外，下面分别讲解其他 3 点。

1．清晰

设置字体颜色最基本和朴素的作用是清晰，特别是在带背景颜色或背景图案的幻灯片中，能让文字的显示更加清晰，具体示例如图 2-24 和图 2-25 所示。

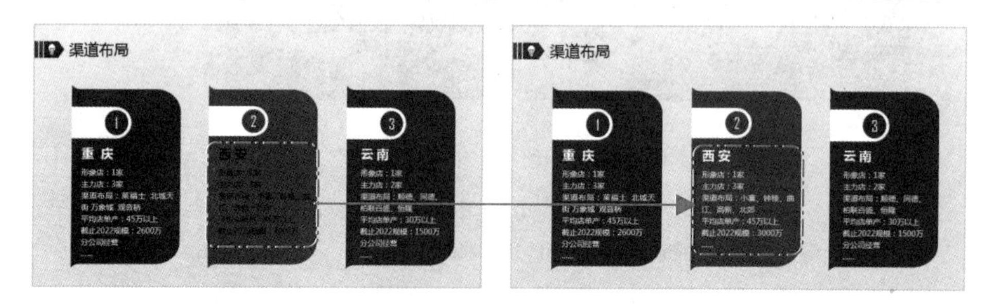

图 2-24　更改字体颜色让文字内容更加清晰（黑色设置为白色）

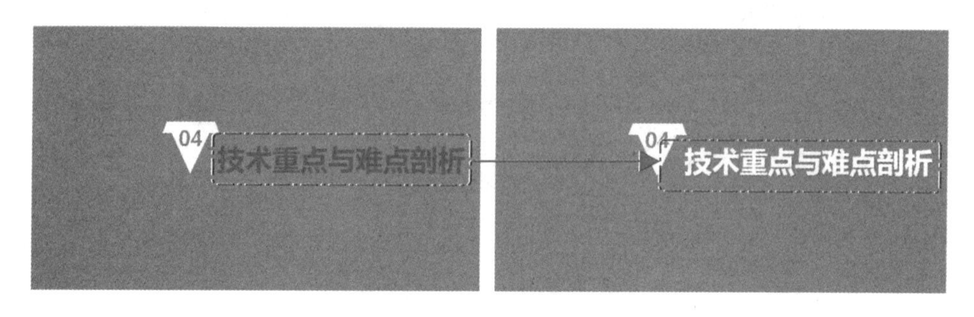

图 2-25　更改字体颜色让文字内容更加清晰（蓝色设置为黄色）

2．协调、美观、冲击力

字体默认颜色为黑色，很多时候会将字体颜色设置为其他颜色，一是为了使其与主题颜色一致、让整个 PPT 看起来更加美观；二是可以让字体颜色更加有冲击力（多数是红色），使人“记忆深刻”，如图 2-26 所示。

3．区分

成语“泾渭分明”读者都知道，虽渭水清澈、泾水浑浊，但泾水、渭水会合处有明显的颜色分隔、互不混染。在 PPT 中可以对不同文字设置不同的颜色，让受众有“泾渭分明”的感觉，第一眼就能区分不同的类别，具体示例如图 2-27 所示。

图 2-26　更改字体颜色让幻灯片更协调、美观、有冲击力

a) 字体颜色变成白色　b) 字体颜色变成红色　c) 字体颜色变成蓝色

图 2-27　更改字体颜色会让幻灯片的内容更容易区分

补充：设置字体颜色的注意事项。

在 PPT 中设置字体颜色首先是确保内容显示清晰，然后才是强调凸显和区分、最后才是美观、协调和有冲击力（当然也可以营造叠加效果，如图 2-28 所示）。关于字体颜色的设置方法，读者朋友还可参考第 8 章的“技巧 9：颜色配置的冲突与协调”。

图 2-28　更改字体颜色的多重叠加效果

2.3.3　要点聚焦

要点凸显在一定程度上是让部分文字更加明显，更能吸引受众的目光，属于“万绿丛中的一点红”，但无法做到“我的眼里只有你”，怎么办呢？聚焦。这种形式的内容只要一出现，就能“抓住”受众的眼球。图 2-29 所示的幻灯片中，受众会完全聚焦在 2/8 上，而且更容易让受众产生好奇的心理，让他们对这个数字记忆深刻。

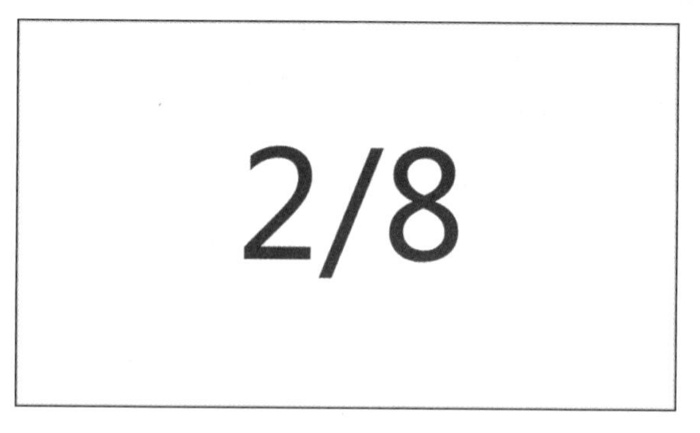

图 2-29　聚焦

如果此时用常规方法摆放文字内容来诠释图 2-29 中的 2/8 数字的内容，如图 2-30 所示，受众基本上不会有太多特殊的视觉体验。

同时，需要特别补充一下：聚焦的词或数字一定要是文眼，（提取文眼的方法在 3.1.3 小节中将会详细讲解）。另外，聚焦最简单的方法是将词和数字的字号设置为特大，它既可以单独占一张幻灯片，也可以有其他装饰或对应的文字内容，其他文字内容的字体必须小很多，通常为 12～15 号字左右，特殊情况下可以更小。

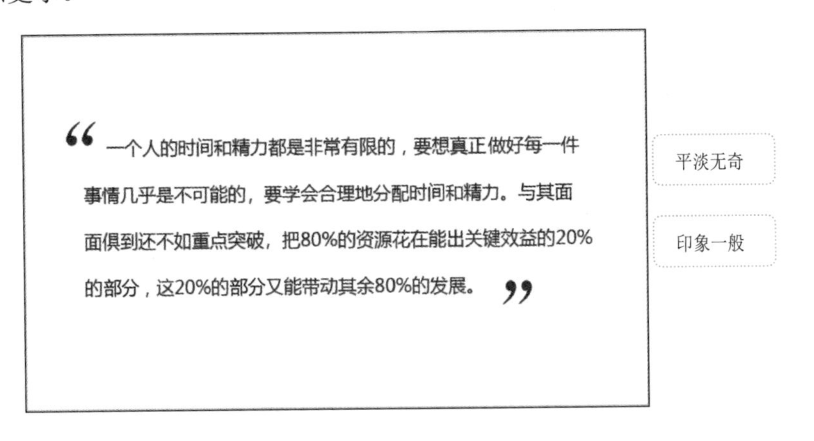

图 2-30　常规的文字摆放效果

图 2-31 所示的 4 种幻灯片中，不仅仅将字号放大聚焦，还将其他附属信息放置在幻灯片中，同样可以实现聚集效果，且充实了幻灯片内容。

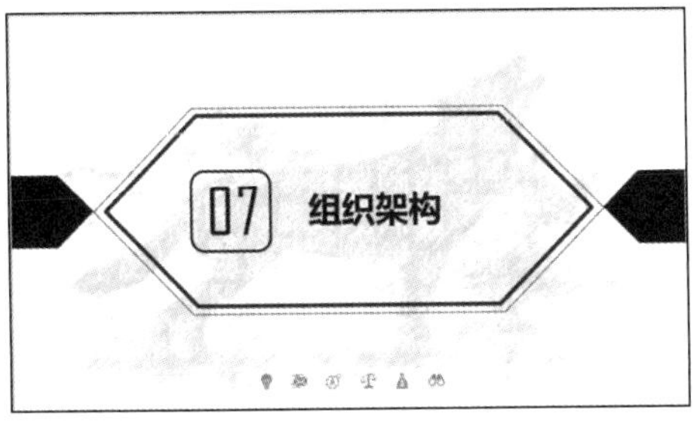

图 2-31　聚焦示例幻灯片

如果是单个数字，读者可以使用上面的方法（字号加大+凸显颜色），如果是很多数字，而且都是关键数据，特别是呈现系列特征时，可将数据制作成表格。图 2-32 所示的幻灯片中有很多数据，凸显着色后这些数据呈现系列特征。

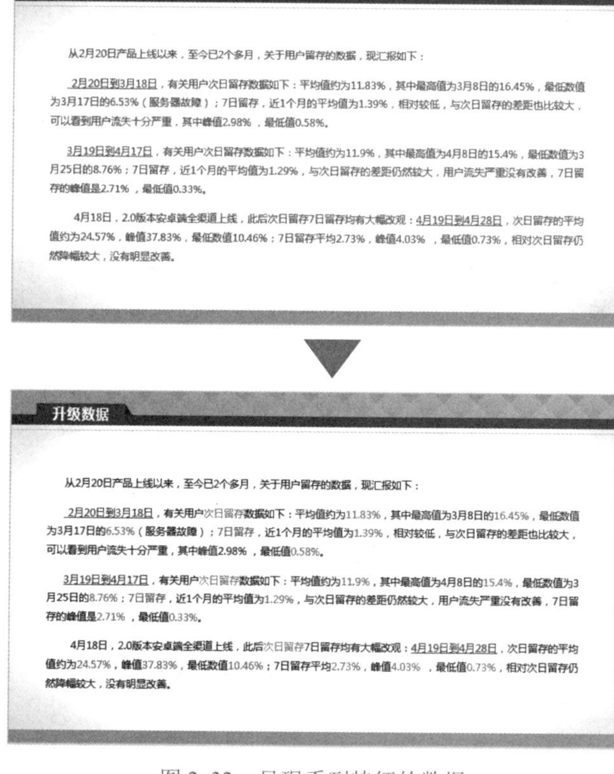

图 2-32　呈现系列特征的数据

用表格逐一将数据进行系列化排列，制作出符合 PPT 设计要求的简易表格，效果如图 2-33 所示。

升级数据

期间	次日留存			7日留存		
	峰值	最低值	均值	峰值	最低	均值
2.20-3.18	16.45%	6.53%	11.83%	2.98%	0.58%	1.39%
3.19-4.17	15.40%	8.76%	11.90%	2.71%	0.33%	1.29%
4.18-4.28	37.83%	10.46%	24.57%	4.03%	0.73%	2.73%

巧用表格的直观性，将系列数据聚焦

图 2-33　系列数据表格化

可能会有一些读者会问：对于不呈现系列特征的多个数据的情况，单将字号设置为特大会显得很乱，如果将其做成表格又不合适，因为数据太少，面对这种情况该如何聚焦呢？根据笔者的经验，往往会将其绘制为图示形式，如图 2-34 所示。

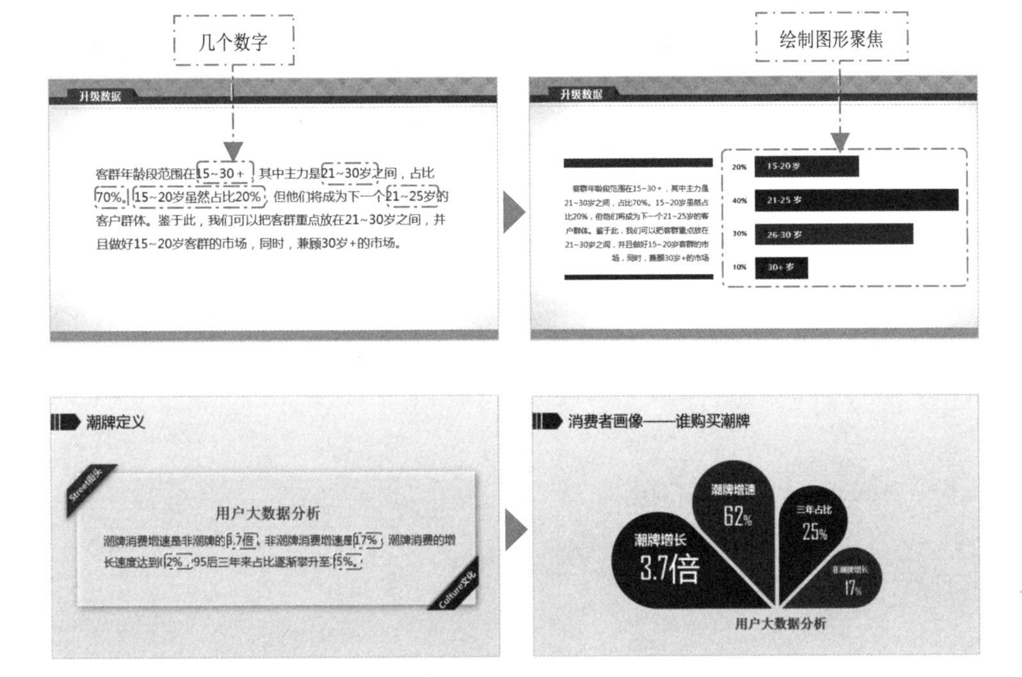

图 2-34　用图示形式展示多个数据

2.4　选择侧重点

每一次演讲或做报告的时间相对有限，主办方会要求每一位演讲者将时间控制在一定的范围内。因此，对于有十多页内容的演讲稿或报告，一定要找到侧重点。图 2-35 所示的某演讲稿内容有 11 页，按正常方法制作的 PPT 应该在 35 页左右，演讲时长应该在 25～32 分钟。如果主办方要求演讲时长控制在 10 分钟左右，此时必须找到侧重点的内容，并在 PPT 中用主体页数范围的幻灯片展示，其他的内容可以弱化或忽略。

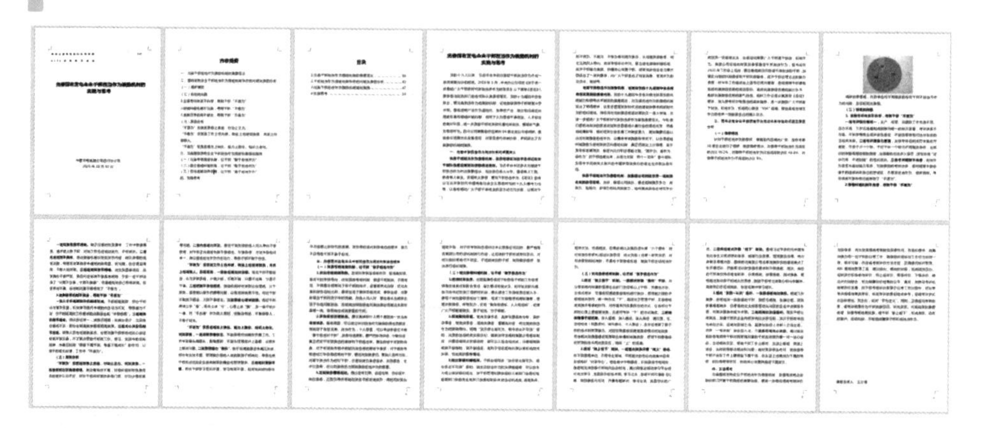

图 2-35　演讲稿或报告内容明显多于演讲限定时间

其中，弱化的方法主要是采用图示架构，如 SmartArt 图或自己绘制的图形，以节省幻灯片页数，因为用图示可将多页幻灯片用标题形式浓缩为一页。

第 3 章

厘清 3 大内在关系

成熟的 PPT 制作设计者不会在没有任何准备时就直接开始制作 PPT，他们一般会先将文档制作出来（如果有指定演讲稿或是报告可省略制作演讲稿或是报告的步骤），然后通读、理解演讲稿或报告的内在逻辑关系，以真正理解它们的主题方向和各模块之间的关系，接着划分大纲层级和定好幻灯片页数，最后着手准备对应素材。

这也是为什么一些懂得如何制作 PPT 的朋友却制作不出一份让领导或客户满意的 PPT 的原因：只追求版面样式，忽略了演讲稿或报告各要素之间的内在关系。

本章将讲解厘清演讲稿或报告内容 3 大内在关系的方法，帮助读者领悟客户或领导的意图。

3.1 厘清演讲稿或报告的内在关系

PPT 的核心是文档内容。因此，演讲者在制作 PPT 前需先写演讲稿（或报告），然后再挑选关键段落、数据和词语到 PPT 中进行设计。

根据演讲稿制作 PPT 时，不是简单地将内容复制粘贴到 PPT 中，也不是按照个别网页上讲解的直接转换（选择大纲视图模式将文档内容直接转换为 PPT），而是需要将演讲稿或报告进行一系列的整理，如目录层级、内在关系以及风格等。

3.1.1 根据内容划分 PPT 目录层级

制作 PPT 有一个非常重要的原则：层级架构必须清晰，以保证整个演讲的主题方向是正确的，不至于跑题。因此，当面对一份演讲稿或报告时，首先应将目录层级（大标题与对应的小标题）列出，就像搭建一栋楼的钢架结构一样，然后根据框架添加对应的内容材料。

划分目录层级通常有 3 种方法：一是根据已有的目录进行划分；二是提取各标题；三是根据演讲人的思路整理。

1．根据已有的目录进行划分

对于篇幅较长的演讲稿或报告，通常会有现成的大纲目录，读者可以直接在目录页或导航窗格中提取（直接复制粘贴），如图 3-1 所示。这是最轻松、最直接的目录层级提取方式。

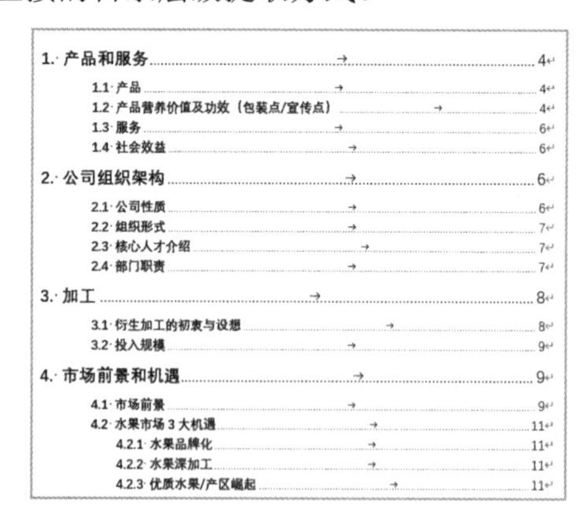
1. 产品和服务 4
1.1 产品 4
1.2 产品营养价值及功效（包装点/宣传点）4
1.3 服务 6
1.4 社会效益 6
2. 公司组织架构 6
2.1 公司性质 6
2.2 组织形式 7
2.3 核心人才介绍 7
2.4 部门职责 7
3. 加工 8
3.1 衍生加工的初衷与设想 8
3.2 投入规模 9
4. 市场前景和机遇 9
4.1 市场前景 9
4.2 水果市场 3 大机遇 11
4.2.1 水果品牌化 11
4.2.2 水果深加工 11
4.2.3 优质水果/产区崛起 11

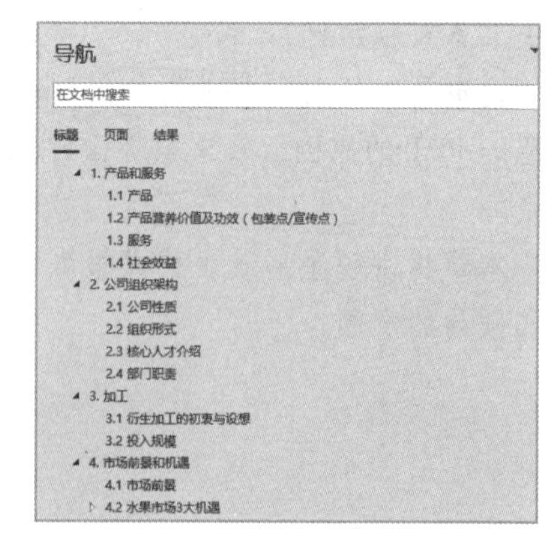

图 3-1　直接提取层级目录

由于 PPT 每一页幻灯片的高、宽有一定的限度，因此，目录页的目录内容大多是大标题（一级标题或二级标题），其他小标题（三级标题、四级标题等）根据设计需要放置在过渡页中或不放置，如图 3-2 所示。

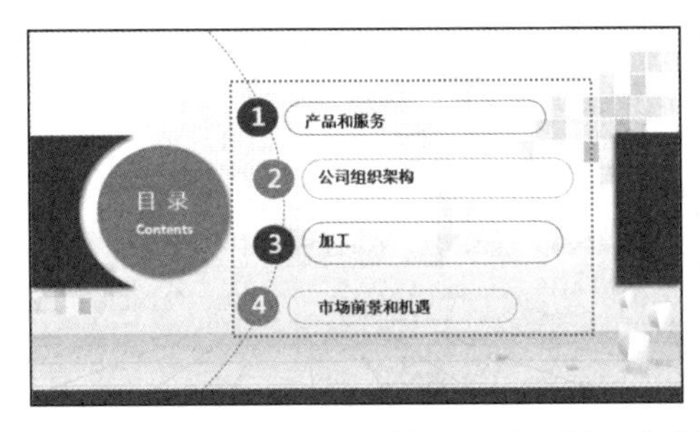

图 3-2　目录页和过渡页中的目录层级展示

2．提取各标题

对于没有目录页，也没有设置大纲的演讲稿，只有文字标题且格式不太规范的演讲稿或报告，只能手动复制粘贴来提取各标题作为目录层级，如图 3-3 所示。

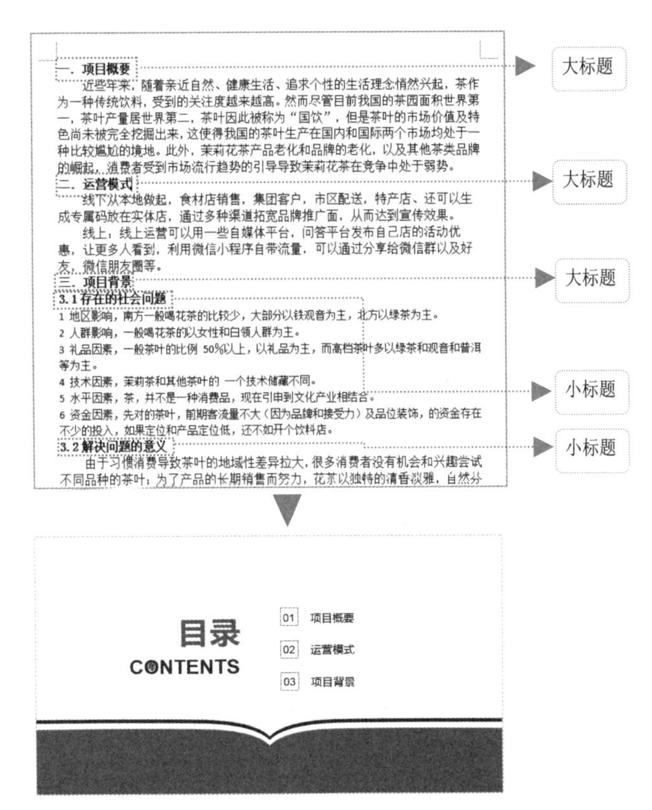

图 3-3　手动提取文档中的标题

当然，读者也可以手动用标题划分出大纲级别的目录层级（在大标题/小标题位置单击鼠标右键，在弹出的快捷菜单中选择“段落”命令，打开“段落”对话框，设置“大纲级别”，最后确认，如图 3-4 所示），然后通过已有目录的方式提取目录（参照“根据已有目录”知识点操作的方法）。

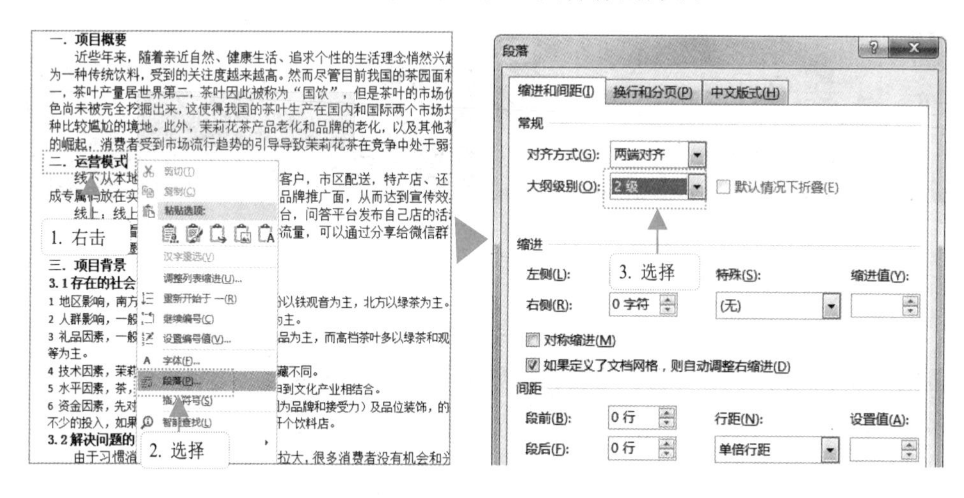

图 3-4　为文档添加大纲级别

3．根据演讲人的思路整理

一些没有经过演讲培训或思路比较“散”的演讲人，他们的演讲稿或报告大多数没有明晰的框架和思路，需要通读几遍，待理解其主要内容后，再进行架构梳理，以归纳的方式拟定标题，最后使用这些标题划分出 PPT 的目录层级。这种演讲稿或报告的目录整理特别费时费力。如下面某位律师应聘时的演讲稿（由于篇幅限制，只展示部分内容，为了保护隐私，对一些关键数字和名称进行了处理），需要读者根据演讲人思路整理标题。

2011 年，我毕业于某大学法学院，获得经济法学硕士学位。然后开始创业，成立了一家十多人的互联网公司，从事跨境购物平台运营及管理工作，当时处于事业发展期，取得了不错的销售业绩，获得了协会颁发的年度最佳市场推广奖。后来由于各种原因离开公司，2013 年进入律师行业，作为一名执业律师，带领 15 人的团队，办理超过 300 余件案件，包括金融案、渝金所 P2P 案、广东文交所案、大宗商品交易所案、深圳某公司非法期货交易案等。

研究律师行业的发展轨迹，个人总结出律师行业发展经历的 3 个阶段：

一是 20 年前，律师行业中大部分是万金油型律师——那时刑事专业律师事务所被质疑无法生存，却引领了一大批专业型律师事务所的出现；二是市场深度发展等因素催生律师行业的第二次专业化，出现了金融律师、房地产律师、建设工程律师、私募律师、IPO 律师、职务犯罪辩护律师、反腐败反贿赂律师等；三是大部分律师精通刑事诉讼法而缺乏金融知识，导致无法解释清楚案件背景知识相关的问题，导致金融案件的定罪有很大差异，进而使大批金融人才得不到公正的判决，促使我个人和团队逐渐往金融律师方向发展。因此，必须由原来的刑事法律专业律师向进一步细分的金融领域刑事专业律师转变，比如，司度案件（失败）、大量的期货和大宗商品交易案件（成功）等。着眼现在和未来，我不仅想成为一个专业的刑事律师，成为刑事法律领域的佼佼者，还想成为在刑事专业领域细分下的金融领域刑事法律专家，成为能够为金融企业提供全方位法律服务的金融专业律师，最后成立行业领先的金融律师团队或律师事务所。

我是一个敢想敢做的人，因此，这几年我做了两方面的准备：一是成为一名专业刑事律师，7 年坚持只做刑事案件，已经使我成为刑事律师领域的佼佼者；二是接手了大量的涉及金融企业的刑事案件，积累了大量的经验。

我还要弥补我的两个短板：一是缺乏金融知识，缺乏对金融企业经营管理的认识，无法在实质层面与金融企业对话；二是总是在出问题之后才审查公司经营的合法性问题，而无法在经营过程中发现问题并为公司提供实质性的建议，总是充当救火队长，而无法成为火灾预防员。

……

通读几遍后，理解了演讲人的思路，提取了如下几个主要标题（根据上面展示的部分演讲内容）：

（1）关于我

- 学历信息和工作经历。

（2）机遇与挑战

- 行业发展走向专业、细化的分工。

（3）职业规划

- 刑事专业律师、金融专业律师、短板。

图 3-5 所示为根据大纲目录层级设计的 PPT 效果。

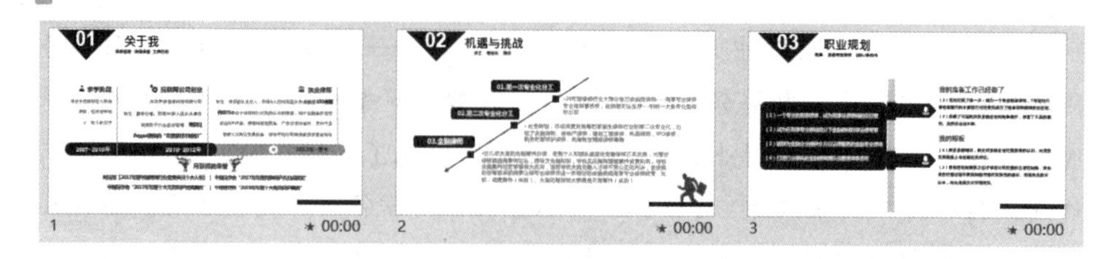

图 3-5　根据大纲目录层级设计的 PPT 效果

拓展：怎样实现脱稿演讲。

很多朋友都认为演讲（或做报告）时拿着一张纸照着“念”或讲几句就看一眼演讲稿的人不如脱稿的人“厉害”。其实，这只是演讲中的状态：不脱稿、半脱稿和脱稿。要完全脱稿，其实不难，只需事先将演讲稿的主标题提取（按上面的方法），然后在演讲所在的场所将每一样物体“寄予”一个主标题，例如左边一堵墙寄予“机遇与挑战”的标题和内容，右边一堵墙寄予“职业规划”的标题和内容。在演讲时，把墙作为提词器，只要看一眼墙就知道下一主题应该讲解什么，实现脱稿演讲。

3.1.2　提取段落标题

段落标题只是一段文本内容的标题，也就是一段文本内容核心思想的总结归纳，提取段落标题相对于提取大标题会简单一些。这里分享两个小技巧：一是直接对当前段落的中心内容进行概括，图 3-6 所示是一段文本内容的标题提取。二是结合上下文推断。因为一些段落在逻辑上会有连续性，一旦结合实际经验和生活阅历就能很轻松地推断出段落标题，如图 3-7 所示。

前期通过公众号以及在各大社交平台上发布消息来宣传，还可以借用参观产品制作过程的形式来达到我们的宣传效果，同时取得客户对我们产品的信任。期间还可以在特定节日（春节、中秋节）进行网络特卖活动，通过这些活动来提高我们的知名度，并且还可以找到一些潜在客户。

线上宣传

图 3-6　提取段落标题

采用宣传、培训和交流等手段，以及通过专业推销人员的努力，使专业顾客了解产品的特性与适用情况；

建立完善的销售网络（如电话订货），急顾客所需，及时送货上门；

建立信息交流反馈渠道，包括销售渠道中的反馈和电子商务的网络反馈，做好产品的质量、服务的反馈信息处理，根据客户需要不断改进产品；与顾客搞好关系，固定长期业务关系；最大程度满足客户需要；适时举办信息交流活动，搭建沟通桥梁。

售前服务：采用宣传、培训和交流等手段，以及通过专业推销人员的努力，使专业顾客了解产品的特性与适用情况；

售中服务：建立完善的销售网络（如电话订货），急顾客所需，及时送货上门；

售后服务：建立信息交流反馈渠道，包括销售渠道中的反馈和电子商务的网络反馈，做好产品的质量、服务的反馈信息处理，根据客户需要不断改进产品；与顾客搞好关系，固定长期业务关系；最大程度满足客户需要；适时举办信息交流活动，搭建沟通桥梁。

图 3-7　通过上下段落内容推断当前段落的标题

当然，在一些演讲稿中会在段首将该段文本内容的中心思想直接概括出来，如图 3-8 所示，这时，读者不需要再费工夫去理解→归纳→提取段落标题，直接使用就行。

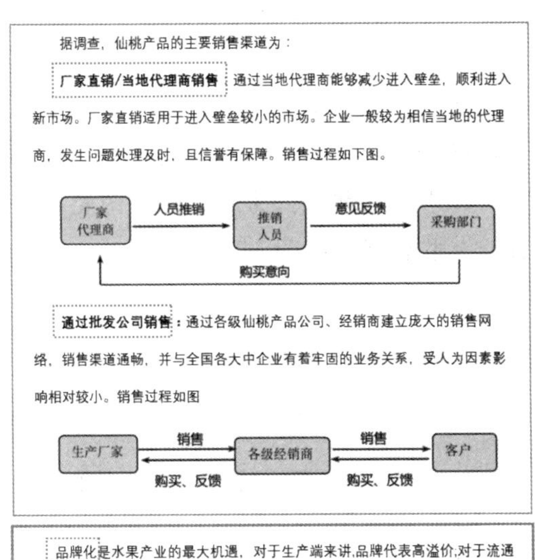

据调查，仙桃产品的主要销售渠道为：

厂家直销/当地代理商销售：通过当地代理商能够减少进入壁垒，顺利进入新市场。厂家直销适用于进入壁垒较小的市场。企业一般较为相信当地的代理商，发生问题处理及时，且信誉有保障。销售过程如下图。

通过批发公司销售：通过各级仙桃产品公司、经销商建立庞大的销售网络，销售渠道通畅，并与全国各大中企业有着牢固的业务关系，受人为因素影响相对较小。销售过程如图

品牌化是水果产业的最大机遇，对于生产端来讲,品牌代表高溢价,对于流通端来讲,品牌代表稳定的采购货源,对于消费端来讲,品牌代表优质、安全、健康,以及美好的生活享受。打造知名水果企业/产品品牌，实现某一品类、某一品种、某一市场的成功占位,造福全产业链。

图 3-8　段落标题直接在段首列出

3.1.3 提取文眼

文眼特指文中最能揭示主旨、升华意境、涵盖内容的关键性词句，直接奠定文章的感情基调以及确定文章的中心。它可简单理解为全文或全段的出发点或是主旨，它在演讲稿中同样可以存在。因此，读者在提取文眼时，可进行“顺藤摸瓜”式的倒推，直到找出最初的出发点。

这里以下面这段演讲稿内容片段为例向读者演示如何倒推。

“绿色无公害”是21世纪人类生活的主旋律。食物和生存环境的安全是人们对生活质量的基本要求，因此，绿色产品生产领域有着很大的利润空间，同时，这又是一个能够持续发展的领域，有着巨大的发展空间。泸定县仙桃深加工项目是泸定县聚源农副产品供销有限公司，以开拓优质、高效农业产业为目标，以旅游产业带动，在优先完善自身产业功能，创造一流企业的前提下，以公司+基地+深加工的商业模式进行产业扩张，实行完全意义的农业生态生产加工规模经营的项目。

仙桃深加工项目以生产多元、绿色仙桃加工产品为产业定位，通过打造当地养殖基地，自身厂房建设，使当地特产经营变得多元，使单一的仙桃销售渠道和销售方法变得多元；将仙桃加工生产后，运输变得更加便利。通过仙桃的深加工与当地休闲观光、农业旅游相结合，实现经济效益与环境效益的共同提升。

另外，乡村旅游业是富民兴村的产业，当地特色农副产品的销售也是富民兴村的产业。旅游业能带动当地农副产品的销售，而当地有特色的农副产品也能促进旅游业的发展，二者相辅相成，为农村经济的发展献出一份力。

提取该文本内容的发散思路，如图 3-9 所示。

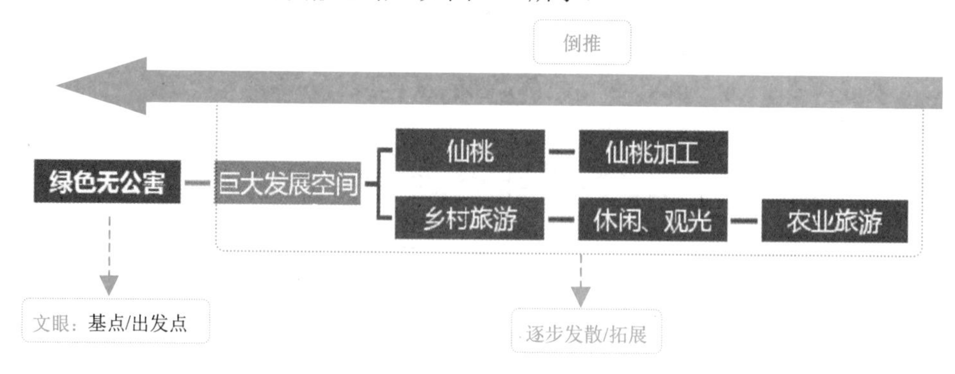

图 3-9 提取该文本内容的思路

3.2　厘清内容的变化关系

笔者遇到过很多自以为会设计制作 PPT 的朋友，他们在为自己公司做商业推广 PPT 或新品推介 PPT 时，总会被领导“推翻”多次，最后还得找外包公司代劳。他们往往会觉得，PPT 设计制作不过就是将文档内容粘贴到 PPT 中，然后设置字体格式或添加几张图片就行了，专业 PPT 设计师也是这样做的，为什么自己的被反复推翻呢？笔者可以明确告诉读者，PPT 设计制作中最重要的一点是用符合逻辑的方式进行内容的展示，而不是简单的复制粘贴，重点在“逻辑”上。

一段文本内容的逻辑关系不是由文字多少或是段落形式决定，而是由文本内容内在关系所决定的。下面分享一些常用的厘清文本内容逻辑关系的方式方法（第 8 章中“文字图示化”技巧的内容中也会再次提到内在逻辑关系的图示化，它的重点是 PPT 布局设计和美化完善，重点讲解将文字内容图示化的步骤方法，本节重点是厘清文本内容的内在逻辑，为 PPT 设计布局做准备）。

3.2.1　时间发展关系

梳理文本内容中的时间发展关系，要找到明确的时间点或时间段的描述字眼，有一条明显的时间发展线，如一连串的表示时间的数字（年份、月份、具体时间、短中长期等），如图 3-10 所示。

在 PPT 中设计时间内在潜在关系时，除了直接按每一年份逐条摆放外，最简单的设计方式是插入一条示意时间走势的线条、箭头或相关形状的图形等，让受众能体验到“时间方向/走势”，如图 3-11 所示。

在设计中，有时会遇到某一时间点里面还有几个小的时间点或存在几个具体事项的情况，如果仍然直接布局设计，在一定程度上让某一个时间点变成“鼓包”，可能会降低视觉体验的顺畅感，如图 3-12 所示。

2016 年获得住房城乡建设部的 100 个全国农村生活污水治理示范县-新都区农村污水治理示范项目建设
2017 年公司产品获得四川省环保厅乡镇污水处理实用先进技术推荐目录
2017 年获得《成都市生态环境创新创业大赛》优秀奖
2017 年获得《优质科技双创基金》奖励
2018 年获得公司产品进入四川省生态环境厅和四川省科学技术厅的《四川省水污染防治技术指导目录》
2017 年再次获得《优质科技双创基金》奖励
2019 年公司所建设《新都区 IMBRS 生活污水处理工程》获得优秀工程案例
2019 年进入《科技型中小企业》目录
2019 年获得《高新技术企业》证书
公司目前已经获得发明专利证书 2 个，实用新型专利证书 12 个，软件著作权登记证书 9 个。

锦江实验学校经历了三个发展阶段：
转制规范阶段（2005—2010—2013）：转制规范为发展奠基。
特色积淀阶段（2013—2016）：特色积淀为优质聚力。
优质提升阶段（2016—2019）提升品质走向优质路。

☆☆☆☆☆

创建优质，行动超越

6.2 预期目标

- **近期目标**：把仙桃深加工发展成一个既能不断创造绿色生物产品、又能带动当地旅游、经济发展、提升当地就业机会的项目。
- **中期目标**：依托企业发展产业，在尽可能短的时间内深化两大深加工产品：仙桃饮品及仙人掌面食。
- **远景目标**：成立多元化产业集团，除了仙桃饮品、面食，利用其自身的功效与价值，研发出更多的深加工产品，例如仙桃面膜等。后期带动当地各类农副产品的冷藏、运输、供货等。

图 3-10　文档内容中的时间发展关系（时间发展逻辑）

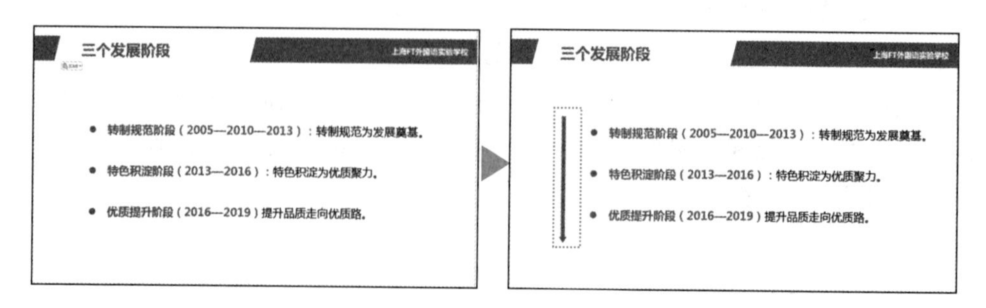

图 3-11　时间发展关系的设计方式

1994.01—2005.12，河南省杞县柿园乡卫生院工作。

2006.01—2006.12 河南省兰考县人民医院进修。

2007.02—2015.04 金山区山阳镇社区卫生服务中心工作，其中 2008.02—2009.01 上海市全科医师岗位培训，2015.01—2015.04 复旦大学附属金山医院进修

2015.04~至今　上海市全科医师执业能力培训工作坊培训

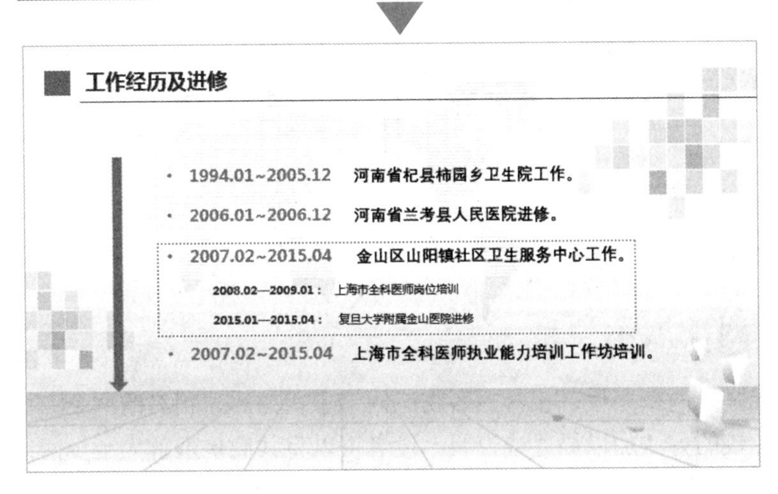

图 3-12　单个时间点下包含的多个时间点

此时，可以将单个时间点下的多个时间点或多个事项用指示的方式引出一个专有的区域，让受众整体视觉体验顺畅（先放入大时间点事件，再放入小的时间点事件），如图 3-13 所示（在设置动画时，可设置让主时间点事件先显示，某一个时间点中的小事件单击后动画显示）。

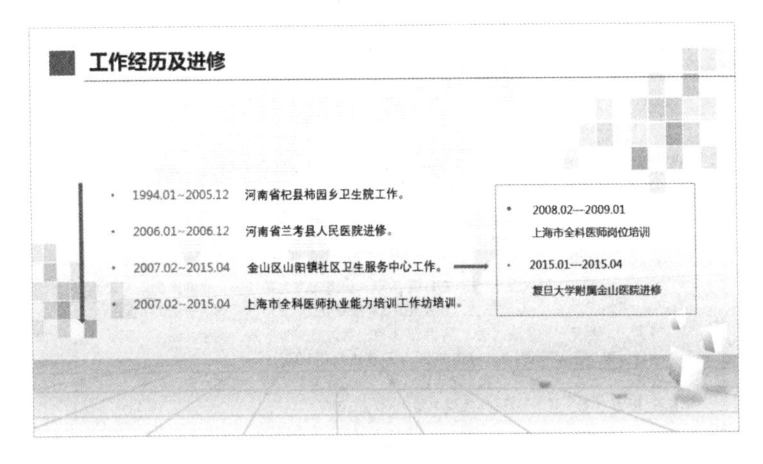

图 3-13　单个时间点下包含的多个时间点（改进后）

下面展示几组升级设计布局后的样式效果（因为图 3-11 展示了基本的设计方法，这里与之对应，具体方法请参考第 8 章的“文字图示化”技巧），如图 3-14 所示。

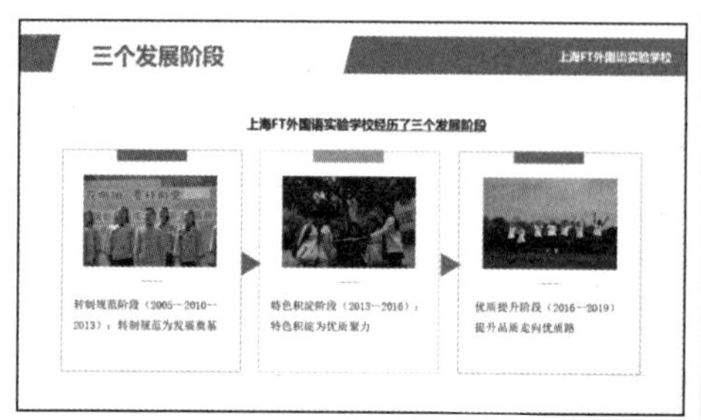

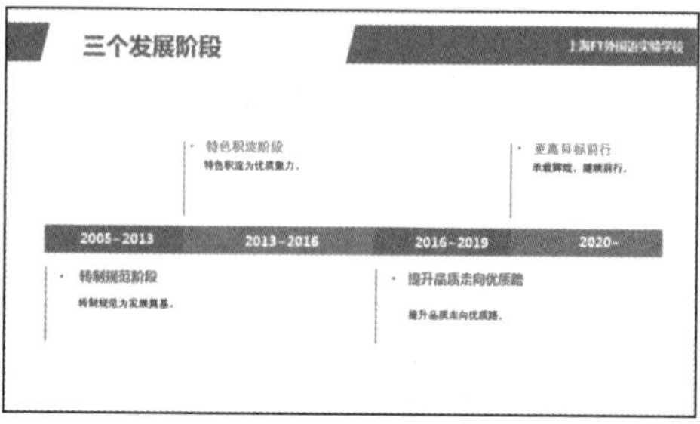

图 3-14　时间发展关系的升级设计布局方法

3.2.2　对比展示关系

对比是把两个相反、相对的事物或同一事物相反、相对的两个方面放在一起，用比较的方法加以描述或说明。读者可以将其简单理解为至少两组数据或多个项目（方案）之间的比较，让受众能清晰地比较出它们之间的不同、差异、差距或优劣等。

图 3-15 所示的图片中显示出各年龄段的人对潮流品牌追求的对比情况，能够帮助投资者更加准确地定位客户对象群。

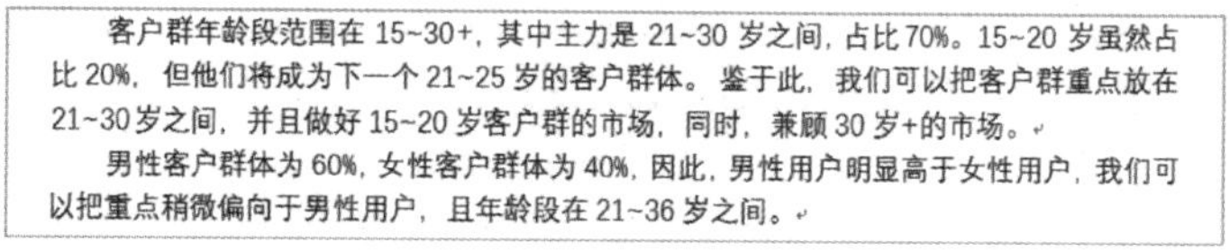

客户群年龄段范围在 15~30+，其中主力是 21~30 岁之间，占比 70%。15~20 岁虽然占比 20%，但他们将成为下一个 21~25 岁的客户群体。鉴于此，我们可以把客户群重点放在 21~30 岁之间，并且做好 15~20 岁客户群的市场，同时，兼顾 30 岁+的市场。

男性客户群体为 60%，女性客户群体为 40%，因此，男性用户明显高于女性用户，我们可以把重点稍微偏向于男性用户，且年龄段在 21~36 岁之间。

图 3-15　客户群体对比文本内容

图 3-16 所示的图片中是 3 种布局方案的对比，可供受众自己选择。

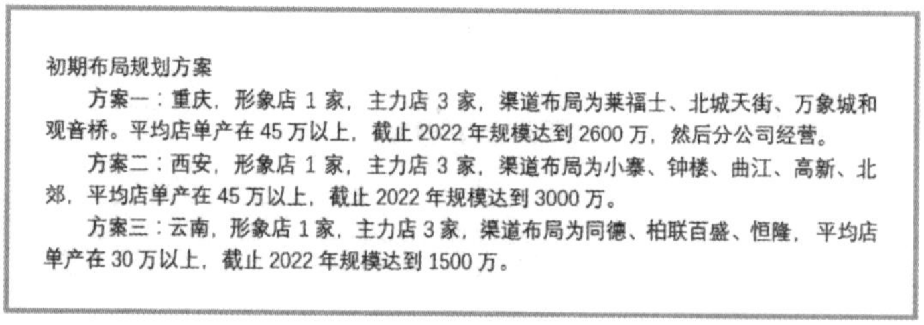

初期布局规划方案

方案一：重庆，形象店 1 家，主力店 3 家，渠道布局为莱福士、北城天街、万象城和观音桥。平均店单产在 45 万以上，截止 2022 年规模达到 2600 万，然后分公司经营。

方案二：西安，形象店 1 家，主力店 3 家，渠道布局为小寨、钟楼、曲江、高新、北郊，平均店单产在 45 万以上，截止 2022 年规模达到 3000 万。

方案三：云南，形象店 1 家，主力店 3 家，渠道布局为同德、柏联百盛、恒隆，平均店单产在 30 万以上，截止 2022 年规模达到 1500 万。

图 3-16　多套方案对比

另外，如果出现同比、环比或相对于某年、某个时期的数据增长，不同小组的销售业绩、区域成效等情况，都属于对比。读者只需记住一点：只要出现选择、比较或评比等内在逻辑，就可以直接做对比。

在 PPT 设计布局中，如果是做数据对比，可直接使用 Excel 图表或自定义绘制图表（在第 6 章中将会详细讲解）。如果是方案或项目对比，可直接使用并列模块或对称图示（在第 8 章技巧 6 的知识点中将会详细讲解）。

下面分别根据图 3-15 和图 3-16 的文本内容制作了两张可供对比选择的幻灯片，效果如图 3-17 所示，以帮助读者打开思路。

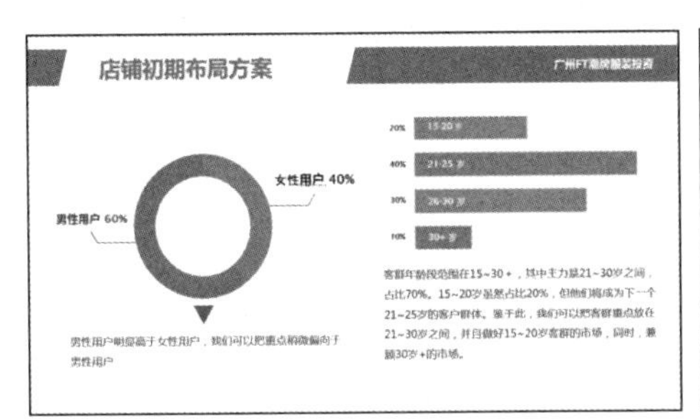

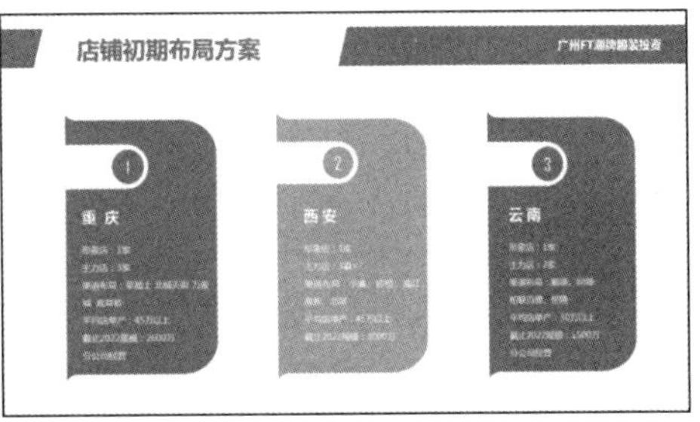

图 3-17　数字对比和方案（项目）对比

3.2.3　并列关系

并列关系可简单理解为具有并列关系的，相互独立且互不影响的几组方案、项目或数据等，可以有前后之分，没有主次之分，更没有选择的含义。例如同级部门中，没有主次之分，只有分工不同，如图 3-18 所示。

财务部：负责公司资金的筹集、使用和分配，如财务计划和分析、投资决策、资本结构的确定、股利分配等；负责日常会计工作与税收管理，每个财政年度末向总经理汇报本年财务情况并规划下年财务工作。

市场营销部：负责公司总体的营销活动，决定公司的营销策略和措施，并对营销工作进行评估和监控，包括市场分析、广告、公共关系、销售、客户服务等。

采购部：负责生产、技术、R&D 等，控制从原料到产品的整个生产管理过程，处理与产品有关的技术问题。

图 3-18　同级部门并列关系

此时，PPT 中并列关系的布局设计完全可以自由发挥，只要能让受众分清每一项，且能清晰地将它们的视觉逻辑理解为并列共存就可以，如图 3-19 所示。

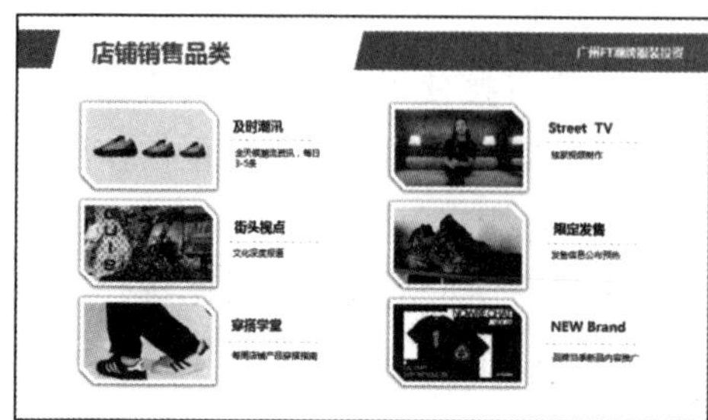

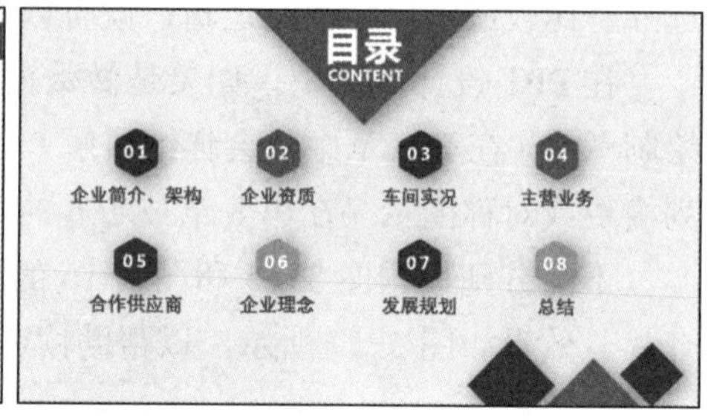

图 3-19　并列关系（目录是最常见的并列关系）

3.2.4　循环关系

对于循环关系，读者可能会理解为循环利用、循环系统等关系。在梳理文档内在逻辑时，可以将它们理解为存在循环关系，在 PPT 设计制作时也可以使用循环模式，不过略有不同的是笔者提出的循环关系特指闭环的循环关系，意味着一个从起点到终点的闭环。

为了让读者能够直接理解，下面列举“月饼券的商业逻辑”文本内容的例子。

月饼厂商印一张 100 元的月饼券，以 65 元卖给了经销商，经销商 80 元卖给了消费者 A，消费者 A 将月饼券送给了消费者 B，消费者 B 以 40 元一张的价格卖给了黄牛，月饼厂商最后以 50 元一张的价格向黄牛收购循环关系示意图如图 3-20 所示。厂商没有生产月饼，但厂商赚了 15 元，经销商赚了 15 元，消费者 A 送了人情，消费者 B 赚了 40 元，黄牛赚了 10 元。

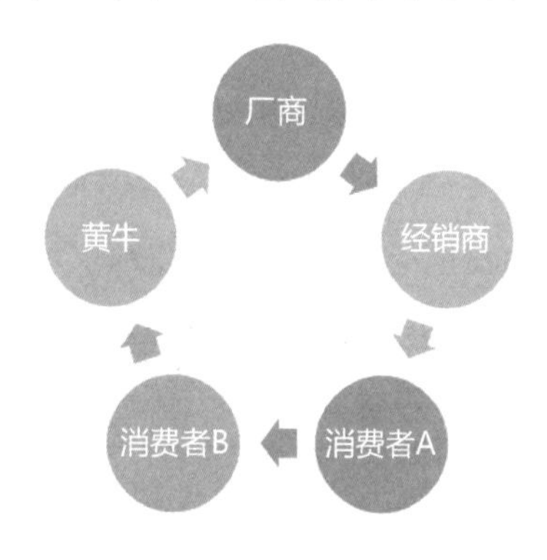

图 3-20　“月饼券的商业逻辑”循环关系示意图

循环关系在 PPT 中的布局设计形式相对单一，核心架构（闭环图形）没有变化，样式可以随意变化，只要视觉感觉协调、舒服即可。下面展示一组常用循环关系的设计布局示意图，如图 3-21 所示。

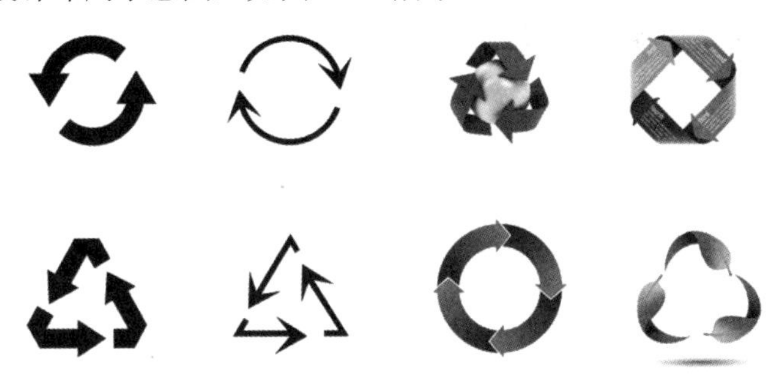

图 3-21 常用循环关系的设计布局示意图

对于一些复杂的循环关系，如大气循环、水循环、节能循环等，可以根据文字描述制作循环图示（在第 8 章的技巧 9 和技巧 10 中将会详细分享方式方法），如图 3-22 所示。

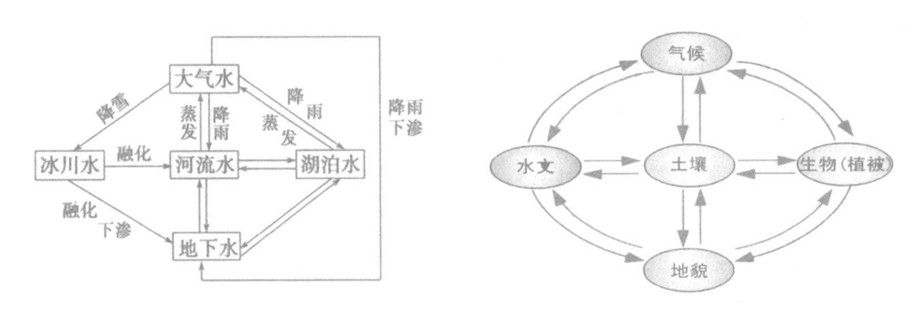

图 3-22 复杂循环关系图示

3.3 厘清风格与主题的贴合关系

PPT 设计总是被推翻或被否定的一个重要原因是整体风格没能与主题贴合，让受众觉得“货不对版”。就像一个酒瓶装着醋，无论酒瓶的外形多么有个性、多么有设计感，视觉和逻辑思维都会“抵触”，因为“基石”出错了。怎样保证风格与主题贴合，读者需要弄清楚 4 点：主题、元素重复、风格颜色和方向传输。其中除了主题和方向传输不能变换外，其他两点都可以随机变换。

3.3.1 主题

演讲稿、报告（包括微课等）的主题方向直接决定了 PPT 的设计风格和装饰元素的选取，这也是 PPT 各有特色而不是千篇一律的原因。怎样确定 PPT 设计主题和装饰元素呢？建议从 3 个方面入手：一是明确主要内容；二是明确受众；三是明确目的，如图 3-23 所示。其中，主要内容和受众决定了装饰元素、设计风格和氛围的选择，目的决定了 PPT 的方向。

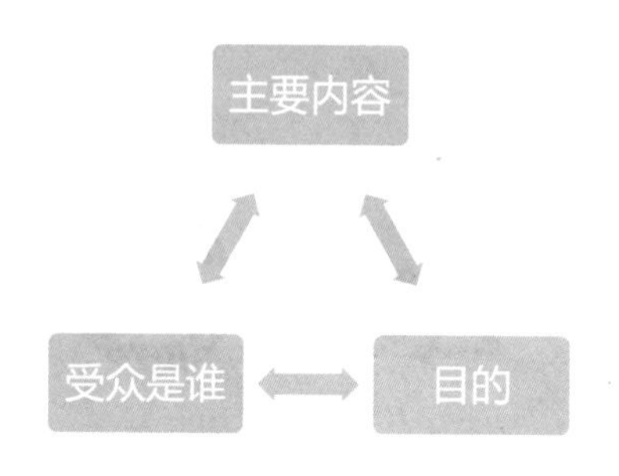

图 3-23　主题方向的 3 个主要因素

如一份教小朋友学唱《成都是个好地方》歌曲的授课报告 PPT，歌曲是主要内容、小朋友是受众对象、授课是目的。因此，该 PPT 的设计主题和装饰元素需包含这些元素：《成都是个好地方》歌谱、小朋友卡通插画、音乐元素、活泼可爱的氛围等。图 3-24 所示为一张同时具有这些元素的幻灯片。

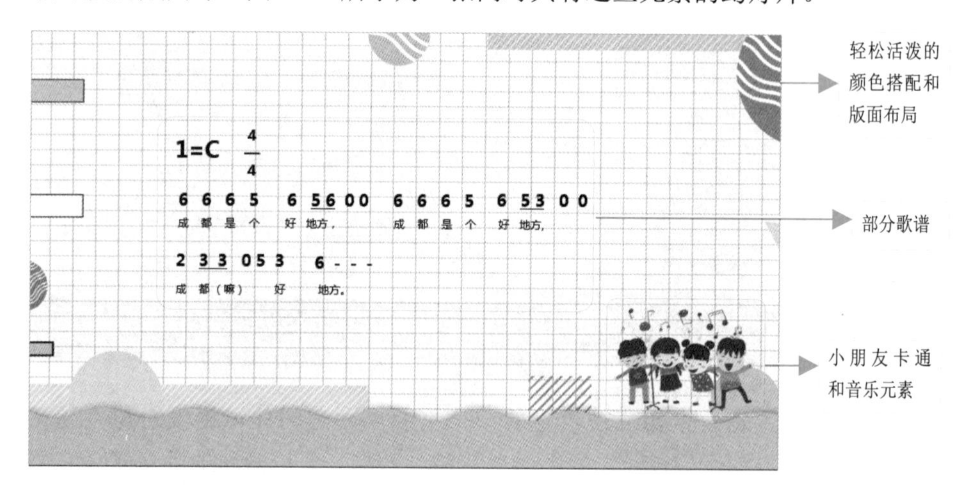

图 3-24　《成都是个好地方》幻灯片

又如制作一份法制宣传的 PPT，其中法律条款是主要内容、大众是受众、进行宣传是目的。因此，该 PPT 设计元素需要包含与法律有关的元素，设计感偏严肃，效果如图 3-25 所示。

图 3-25　法制宣传主题幻灯片

3.3.2　元素重复

PPT 设计风格之所以形成，最重要的原因之一是元素重复。就像亲兄弟之间有相同或相近的局部特质，在 PPT 中会更明显一些，除了文字描述不一样，其中的元素可以完全相同。它包含 3 个方面：一是版式布局元素和架构重复；二是主题元素重复；三是颜色重复。

第一种版式布局元素和架构的重复，在内容页、过渡页、封面和封底中有明显和直接的体现（因此，在制作、设计时，内容页框架和过渡页只需设计一页，其他复制粘贴即可）。图 3-26 所示的是内容页版式布局元素和架构的重复效果图。图 3-27 所示为过渡页版式布局元素和架构的重复效果图。图 3-28 所示为封面和封底版式布局元素和架构的重复效果图。

图 3-26　内容页版式布局元素和架构的重复效果图

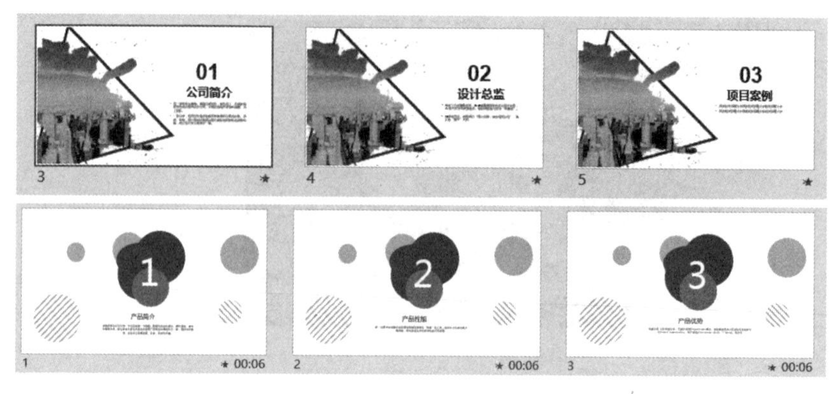

图 3-27　过渡页版式布局元素和架构的重复效果图

图 3-28　封面和封底版式布局元素和架构的重复效果图

第二种主题元素重复包含两种类型：一是外形相同的装饰元素的重复（大小、方向和颜色不一定完全一样），如图 3-29 所示；二是特指 PPT 中使用的装饰元素为同一体系，如医学 PPT 中装饰元素统一为医用工具，音乐课件 PPT 中装饰元素统一为音符或卡通小朋友、教师的形象图，端午节 PPT 中装饰元素应统一为咸鸭蛋、粽子、龙舟等。

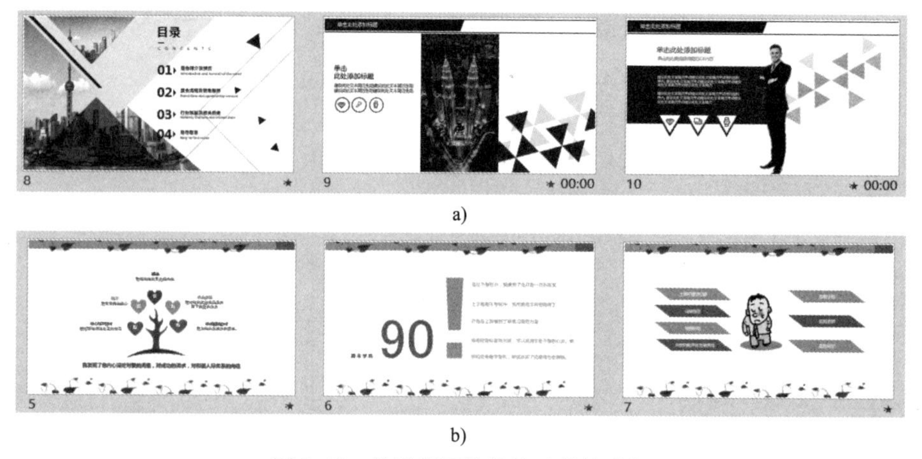

a)

b)

图 3-29　外形相同的装饰元素的重复

a) 重复三角形装饰元素　b) 重复青藤装饰元素（页眉和页脚位置）

图 3-30 所示为端午节 PPT 中主题元素重复的效果。

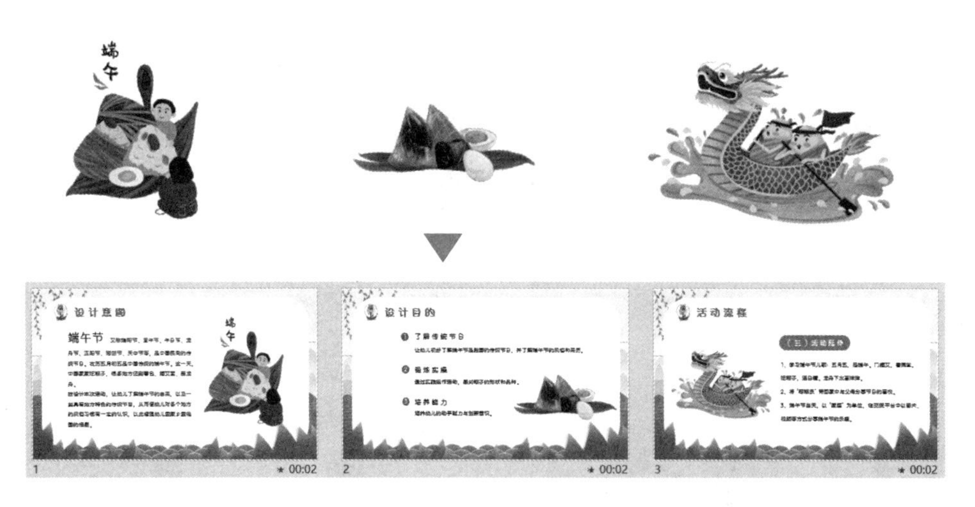

图 3-30　端午节 PPT 中主题元素重复的效果

图 3-31 所示为音乐课件 PPT 中主题元素重复的效果。

图 3-31　音乐课件 PPT 中主题元素重复的效果

第三种颜色重复是指除了布局架构颜色和装饰颜色相同或相似外，内容页中的图形、图像颜色或字体颜色需重复，最好与主题颜色相同或相近，以保证整个 PPT 视觉颜色的统一和协调，如图 3-32 所示。

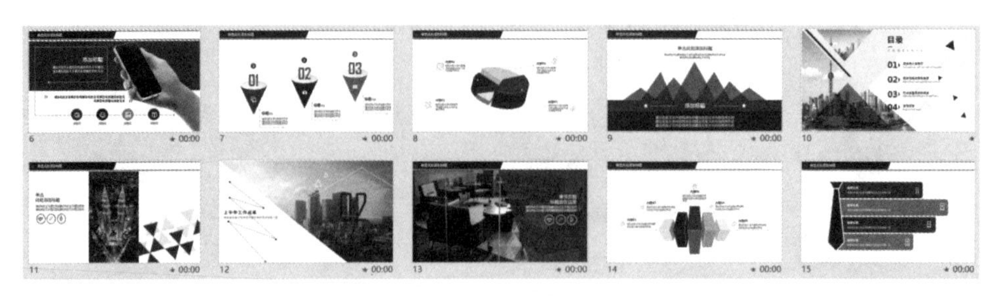

a)

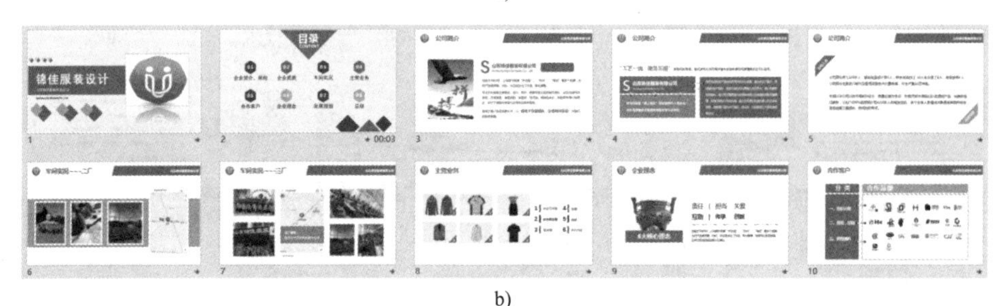

b)

图 3-32 整套 PPT 中颜色重复

a) 整套 PPT 以红黑颜色为主 b) 整套 PPT 以绿色、黄绿颜色为主

3.3.3 风格颜色

整套 PPT 风格颜色选择的来源主要有 4 方面：一是领导或客户指定；二是主题类型；三是企业 LOGO；四是常规印象。

对于第一种领导或客户指定的风格颜色，PPT 设计制作者没有选择的余地，只能遵循。

第二种是指根据已有内容的大类进行颜色的确定和选择，如环保或节能方面的演讲 PPT 就需将主题颜色选择为绿色，科技类主题 PPT 选择的颜色则通常为蓝色或黑、白、灰色，党政类主题 PPT 的风格颜色一般为红色等。

第三种来源是 PPT 设计制作者必须要重视的，也是在没有前面两种颜色选择来源的限制下，最能满足领导或客户内心需求的。因为，企业 PPT 的用色通常会习惯性地与自己企业 LOGO 的颜色统一、协调，以使整体风格统一。图 3-33 所示的企业 LOGO 主颜色是青绿和深蓝，它直接决定了整套 PPT 的风格颜色为青绿和深蓝。

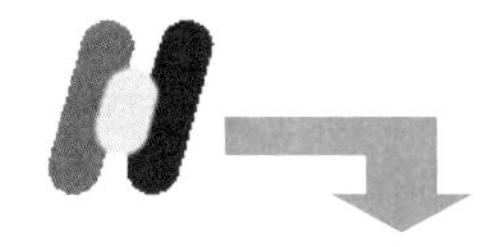

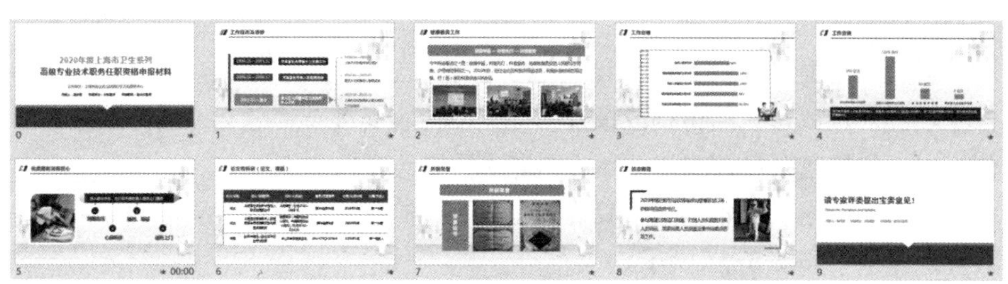

图 3-33 企业 LOGO 颜色决定整套 PPT 风格颜色

第四种常规印象是指读者对某一行业或某一特定人群的颜色印象，如为医院或医生设计一份 PPT，首选色为白色、水绿色、蓝色或粉红色，因为这些人给大众的常规印象就是身穿白色、水绿色、蓝色或粉色（护士）的服装。图 3-34 所示为医院设计制作的一份防疫宣传的 PPT，整套风格色为水绿色和白色。

图 3-34 常规印象决定风格颜色的来源

3.3.4 方向传输

在制作设计 PPT 前，不仅需要有演讲稿或报告内容，还需了解这份 PPT 是用于演讲还是展示。因为，这直接关系到 PPT 设计风格的大方向。如果是用于演讲，则应是双向交互风格，也就是演讲人与受众要双向互动（受众随时都可能提问或发出质疑，演讲人会实时回应）。如果是用于展示，则意味着是单向传输，将信息直接展示在受众眼前，没有讲解和答疑。因此，它们的风格有明显的差异。

1. 单向传输风格

单向传输风格有一个特别明显的特点：所有的信息和细节描述都会直观展示在受众眼前，信息理解程度完全取决于受众个人。这类 PPT 出现的场合往往是展厅或宣传室。

因此，这类 PPT 的风格设计往往要求信息全面、细节完整，让受众尽量不产生疑惑，也就是说演讲稿或报告中的重要内容和细节信息必须全部放置在幻灯片中（如果包含视频或音频必须能自动播放且信息完整）。

如下面的这段文本描述，我们要将其设计制作成单向传输风格幻灯片，幻灯片制作效果如图 3-35 所示。

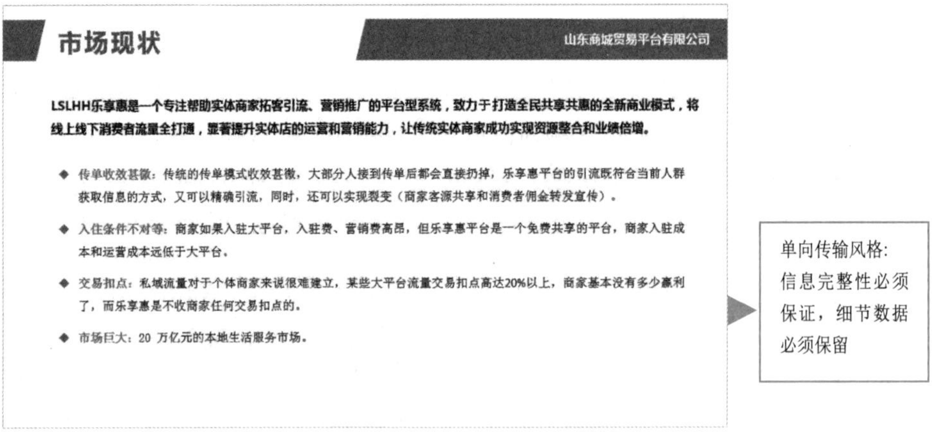

图 3-35 单向传输风格 PPT 效果

LSLHH 乐享惠是一个专注帮助实体商家拓客引流、营销推广的平台型系统，致力于打造全民共享共惠的全新商业模式，将线上线下消费者流量全打通，显著提升实体店的运营和营销能力，让传统实体商家成功实现资源整合和业绩倍增。

- **传单收效甚微：**传统的传单模式收效甚微，大部分人接到传单后都会直接扔掉，乐享惠平台的引流既符合当前人群获取信息的方式，又可以精确引流，同时，还可以实现裂变（商家客源共享和消费者佣金转发宣传）。
- **入驻条件不对等：**商家如果入驻大平台，入驻费、营销费高昂，但乐享惠平台是一个免费共享的平台，商家入驻成本和运营成本远低于大平台。
- **交易扣点：**私域流量对于个体商家来说很难建立，某些大平台流量交易扣点高达20%以上，商家基本没有多少赢利了，而乐享惠是不收商家任何交易扣点的。

- **市场巨大：**20万亿元的本地生活服务市场。

2. 双向传输风格

双向传输风格是演讲人对受众面对面“实时”传播信息，并与受众进行适当互动。因此，双向传输风格PPT的设计更加注重架构和框架，不需要将详细内容和细节全部展示在幻灯片中。此时，幻灯片要求“简约和大气”，因为详细信息和细节应由演讲人讲给受众听或给他们看，以调动受众的情绪和引导他们的思考方向。

为了更加直观对比两种风格的PPT，将图3-35所示的单向传输风格更换为双向传输风格，如图3-36所示。

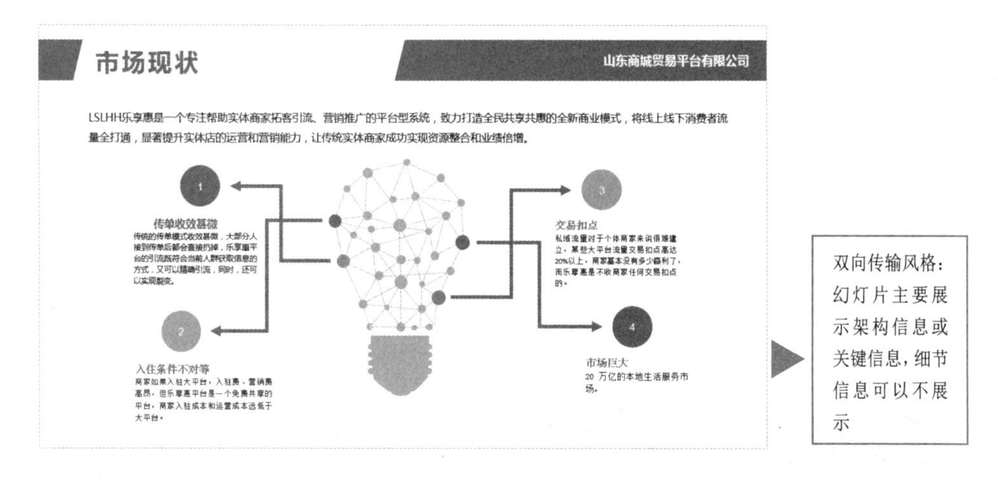

图3-36 双向传输风格PPT

在一些重要场合，如学术研究报告、产业园产业链汇报、新品推介等，为了保证演讲质量和顾及每一位受众人的实际情况，既要准备单向传输风格的PPT，又要准备双向传输风格的PPT。将前者打印成纸质讲义发给受众“细看”，后者用于演讲人放映时同步演讲。必须再次强调，它们是两套不同风格的PPT（单向传输和双向传输），不是将双向传输风格PPT直接打印成讲义。

补充：演讲人记不住内容该怎么办？

通常，制作PPT演讲稿时，稿件内容都会比较长，应用的场合也比较正式，同时，面对多人演讲时，一些演讲人会“忘词”，为了避免尴尬，可在每一页幻灯片下方的“备注”区域添加当前幻灯片中的演讲内容，如图3-37所示。当然，前提是演讲人能看到或控制放映PPT的计算机，且计算机面向演讲人。

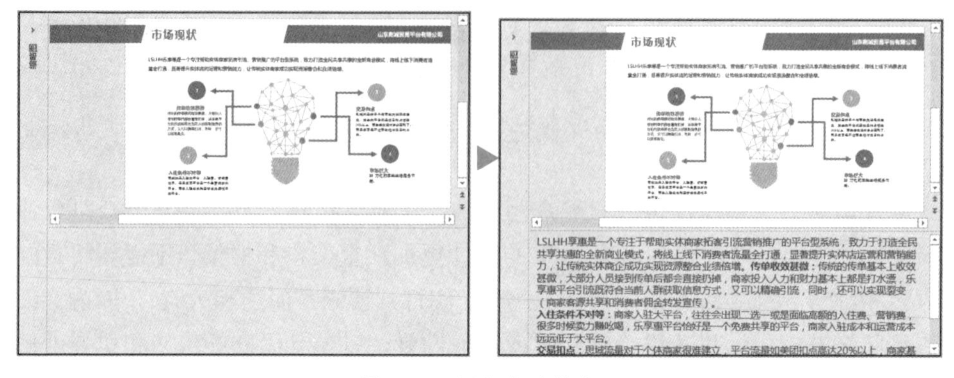

图 3-37　添加备注信息

另外，添加备注后一定要将 PPT 放映模式设置为演示者模式，备注才能显示在计算机上，演讲人才能看见。方法为在屏幕任意位置单击鼠标右键，在弹出的快捷菜单中选择“显示演示者视图”命令，如图 3-38 所示。

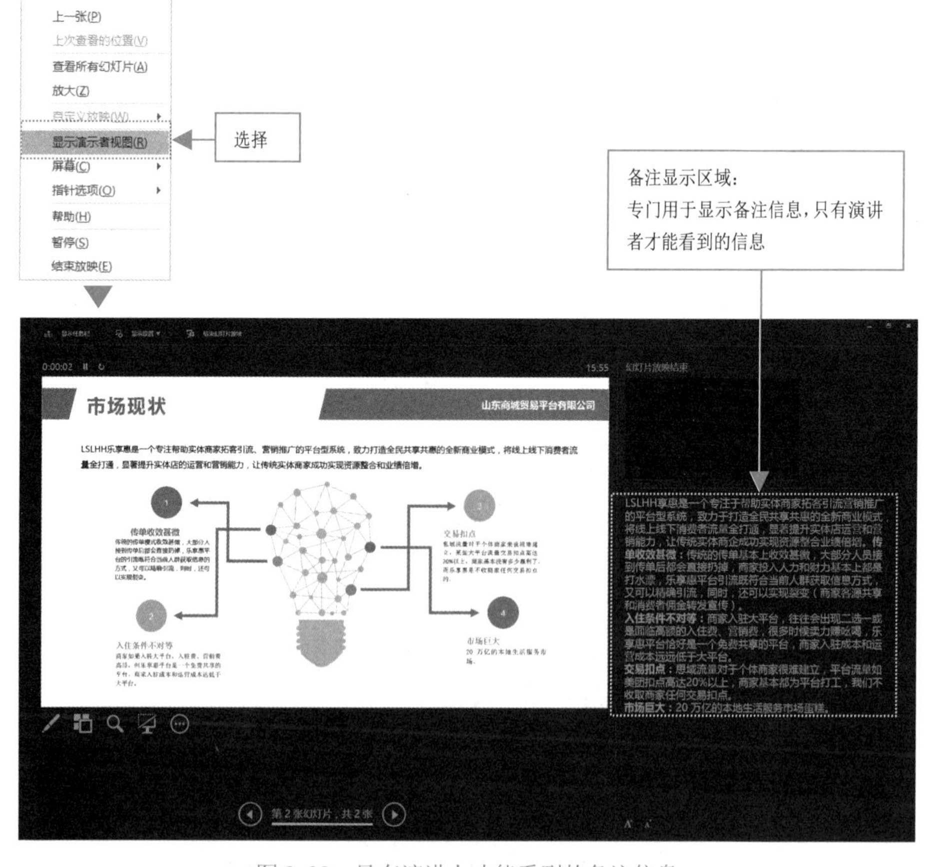

图 3-38　只有演讲人才能看到的备注信息

第 4 章

PPT 素材的绘制与搜索

PPT 设计中有两大核心原始素材：图片和文字，外加各类延伸设计素材——图标和音乐等。除了文字是必须提前准备的素材外，其他素材都需要 PPT 设计者自己去绘制与搜索。

本章将分享一些实用的方式方法和搜索渠道，以帮助读者在短时间内搜索和下载到合适的素材。

4.1 绘制和搜索 PPT 图标

图标是 PPT 设计中最小的图形元素之一，它常常与文字内容相互陪衬，起点缀装饰的作用。由于 PPT 图标没有被固定也没有内嵌自带，因此，需要用户自己准备，主要的方法有：手动绘制、在模板文件中复制和在网页中搜索。

4.1.1 手动绘制

手动绘制 PPT 图标是指在 PPT 中将各种形状进行拼接造图。这种方法能轻松绘制出很多线条简单的图标，因为在 PPT 中无法对形状线条进行随意调整，因此，很多复杂的线条图标不能进行精细绘制，但不代表在 PPT 中绘制的图标不漂亮。

图 4-1 所示的几个图标示例就是用形状手动拼接绘制的。

图 4-1 在 PPT 中手动绘制拼接的图标示例

下面演示在 PPT 中手动绘制图标的具体操作（以图 4-1 中最右边的图标为例）。

第 1 步：单击“形状”下拉按钮，在弹出的下拉列表中选择“泪滴形”选项，在幻灯片中按住〈Shift〉键绘制泪滴形状图形，如图 4-2 所示。

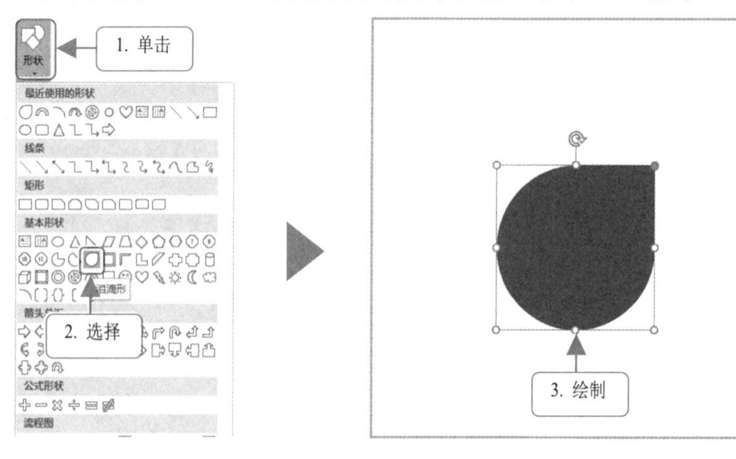

图 4-2 绘制泪滴形状图形

第 2 步：将鼠标光标移到该形状的旋转控制柄上，当鼠标光标变成形状时，按住鼠标左键不放、旋转泪滴形状图形，如图 4-3 所示。

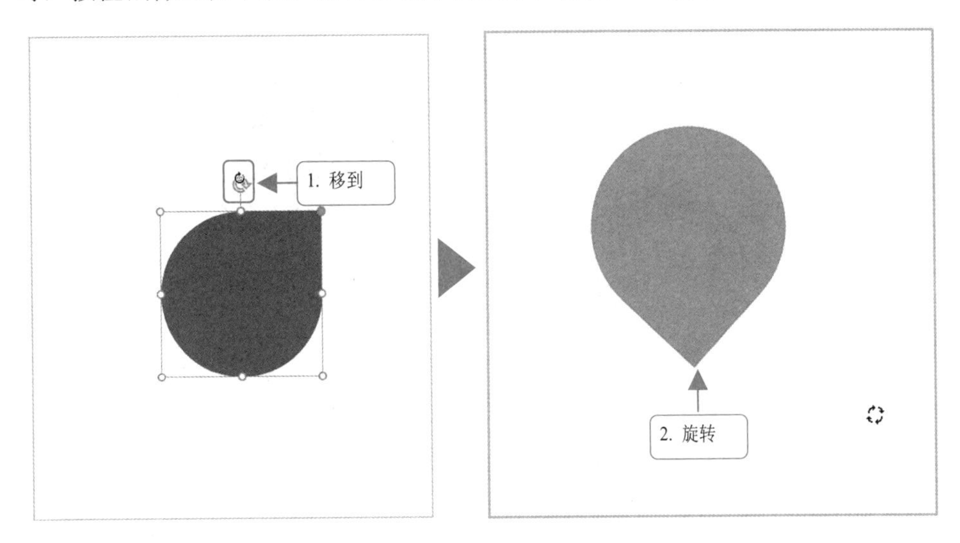

图 4-3　旋转泪滴形状图形

第 3 步：单击“形状”下拉按钮，在弹出的下拉列表中选择“椭圆”选项，在幻灯片中按住〈Shift〉键绘制正圆形状图形，如图 4-4 所示。

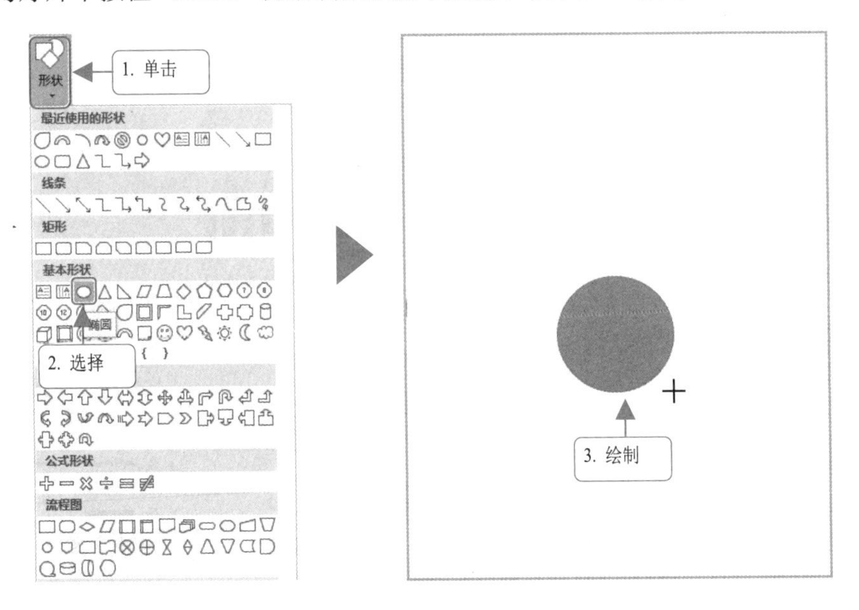

图 4-4　绘制正圆形状图形

第 4 步：将绘制好的形状图形移动到泪滴形状图形的居中位置（水平和垂直均居中），单击“形状填充”下拉按钮，选择绿色色块，如图 4-5 所示。

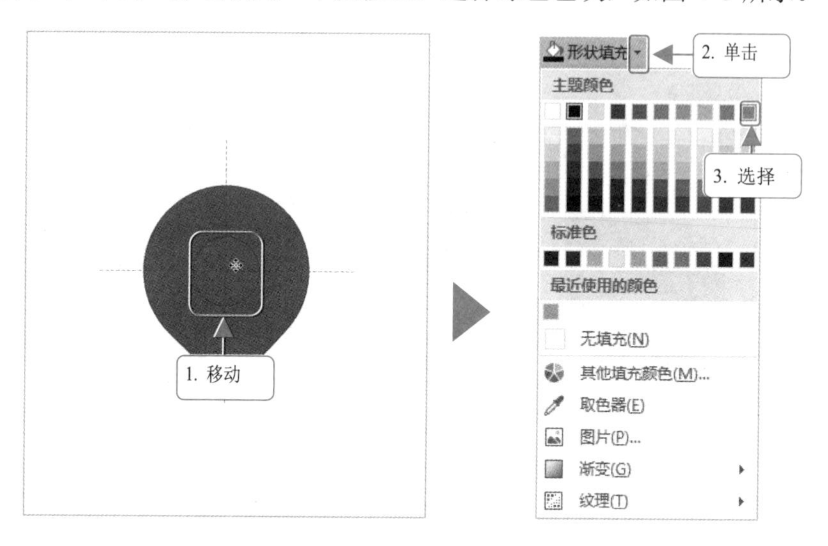

图 4-5　填充正圆形状颜色

第 5 步：单击“形状轮廓”下拉按钮，在“主题颜色”区域选择白色色块，再次单击“形状轮廓”下拉按钮，选择“粗细”→“其他线条”命令，如图 4-6 所示。

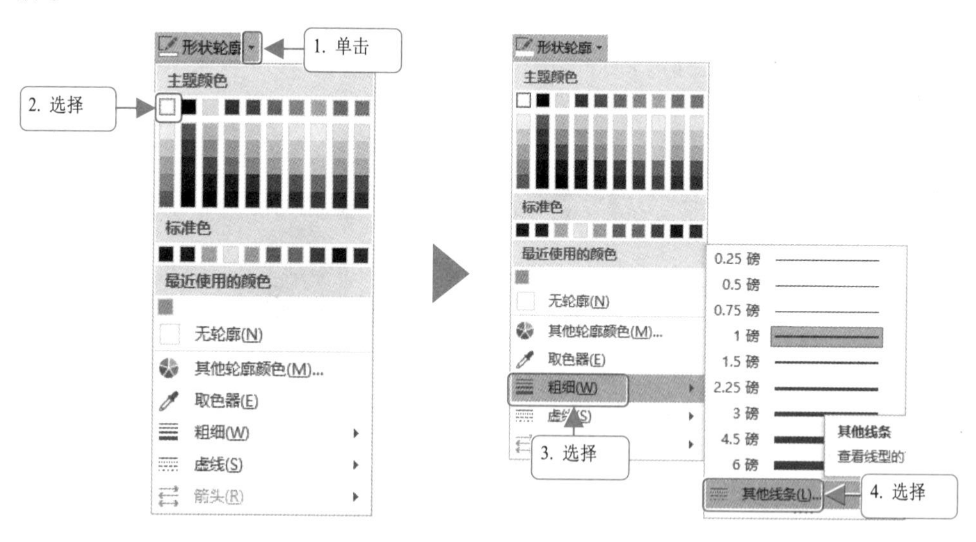

图 4-6　设置正圆形轮廓颜色和粗细

第 6 步：在打开的“设置形状格式”窗格中设置宽度为“9 磅”，单击幻灯片中泪滴形状图形，将其选择，如图 4-7 所示。

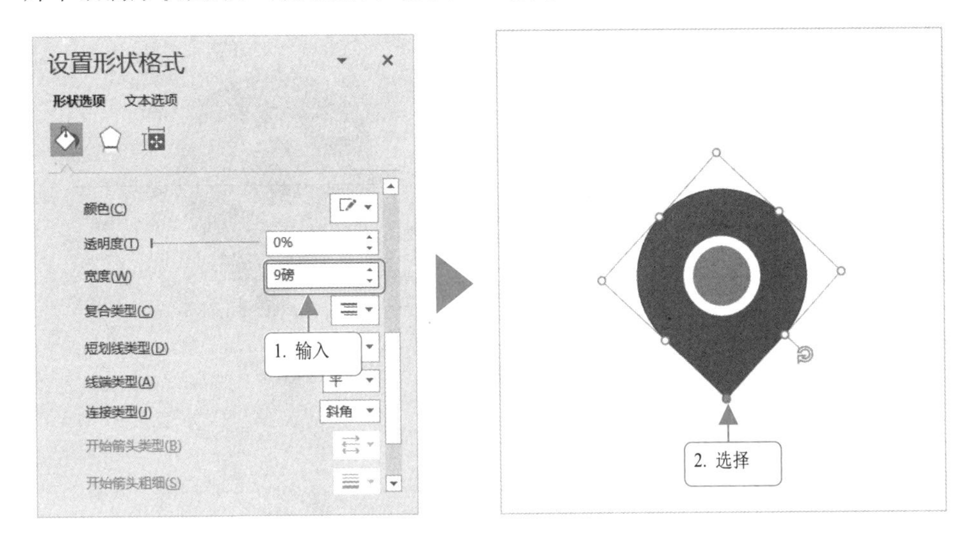

图 4-7　设置正圆形状轮廓粗细为 9 磅然后选择泪滴形状图形

第 7 步：单击“形状填充”下拉按钮，在“主题颜色”区域选择绿色色块，单击“形状轮廓”下拉按钮，选择“无轮廓”选项，如图 4-8 所示。

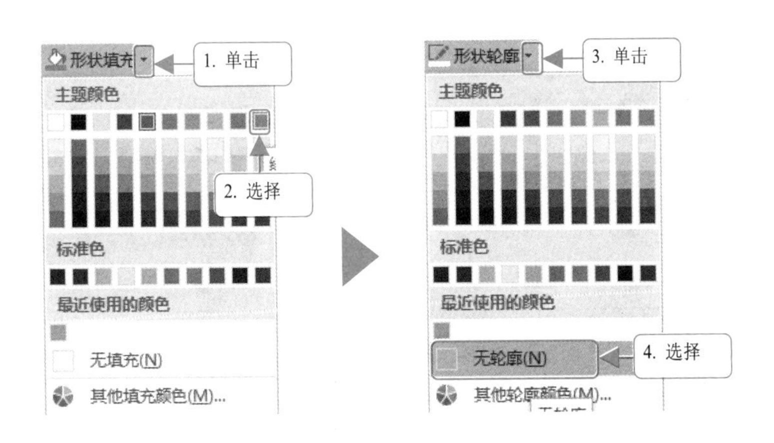

图 4-8　设置泪滴形填充色并取消轮廓线条

第 8 步：单击“形状效果”下拉按钮，选择“阴影”→“透视：下”选项，完成整个操作，投影效果如图 4-9 所示。

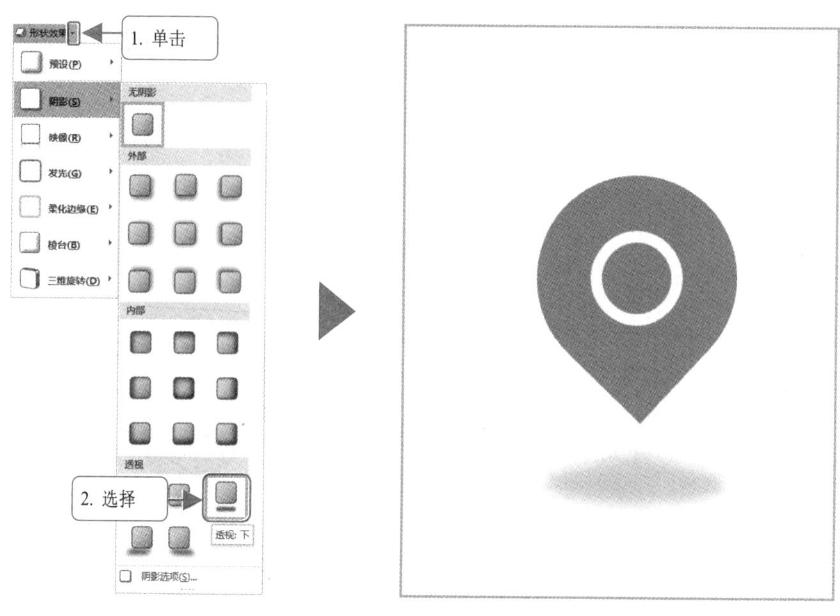

图 4-9　添加投影效果

4.1.2　在模板文件中复制

如果觉得手动绘制图标费时间或自己不擅长手动绘制，可以下载一些 PPT 模板，模板中有很多图标，如图 4-10 所示。我们可以将模板中的图标直接复制粘贴到幻灯片中。

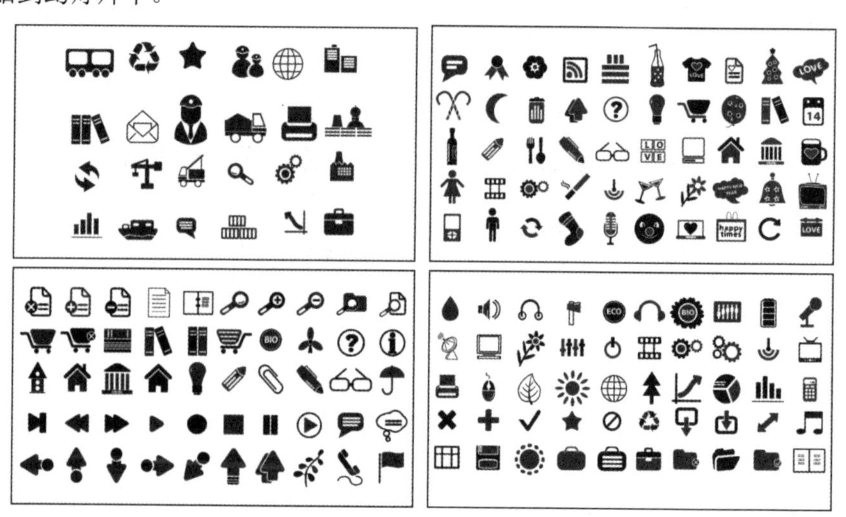

图 4-10　PPT 模板中的图标

PPT 模板中自带的图标都是以独立存在的方式存放的，不仅可以单独复制到指定的位置，还可以对其颜色进行调整。调整颜色只需两步：一是取消组合；二是更换指定部分的填充颜色，如图 4-11 所示。

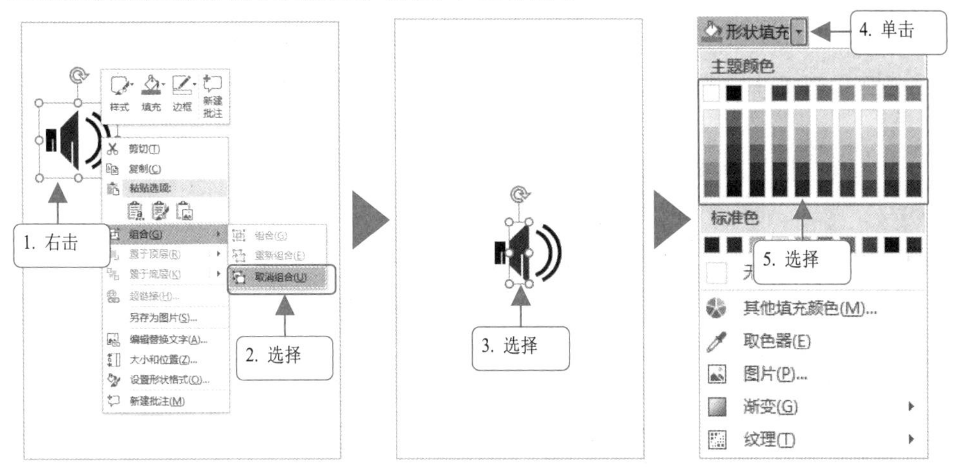

图 4-11　更换指定部分颜色

4.1.3　在网页中搜索

除了在 PPT 中手动绘制和在 PPT 模板文件中复制外，另外较为直接的方式就是在网页中直接成套搜索，如搜索“商务办公图标”，网页中会搜索到很多以成套形式出现的图标，如图 4-12 所示。

图 4-12　在网页中搜索商务办公图标

下面简单演示将网页中的图标应用到 PPT 中的操作过程。

第 1 步：在网页中搜索合适的商务图标图片，单击显示大图，使用截图功能（如在微信中按〈Alt+A〉组合键、在 QQ 中按〈Ctrl+Alt+A〉组合键），然后切换到 PPT 中，按〈Ctrl+V〉组合键粘贴，如图 4-13 所示。

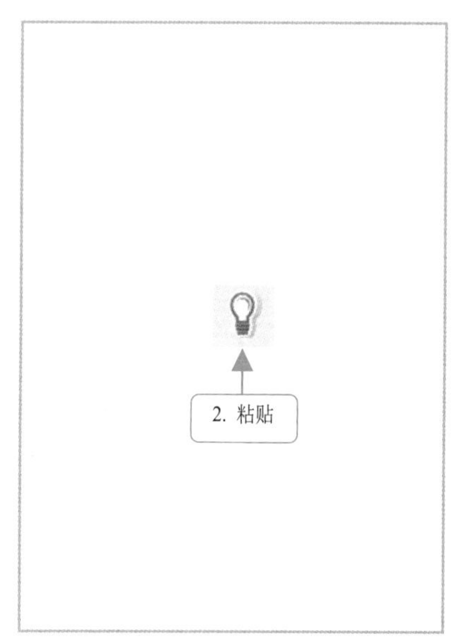

图 4-13　在网页图片中截取需要的图标

第 2 步：选择在 PPT 中所粘贴的图标，选择“图片工具格式”选项卡，单击“删除背景”按钮，进入图标背景删除模式，如图 4-14 所示。

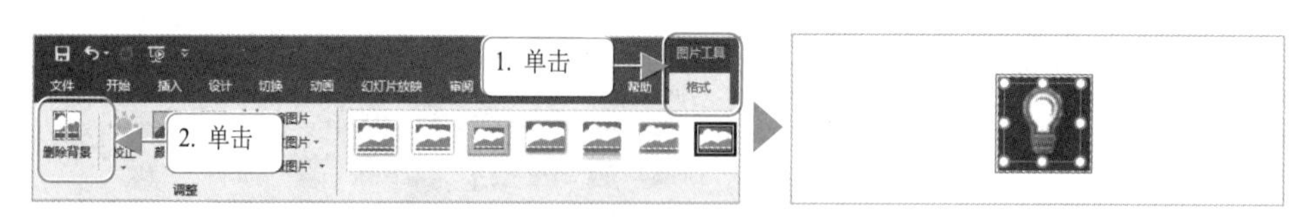

图 4-14　进入图标背景删除模式

第 3 步：分别单击“标记要保留的区域”和“标记要删除的区域”按钮（单击按钮，然后在图标中单击，标记添加或删减），在图标中添加保留和删除标记，以保证删除背景的图标是符合自己要求的，最后单击“保留更改”按钮，如图 4-15 所示。

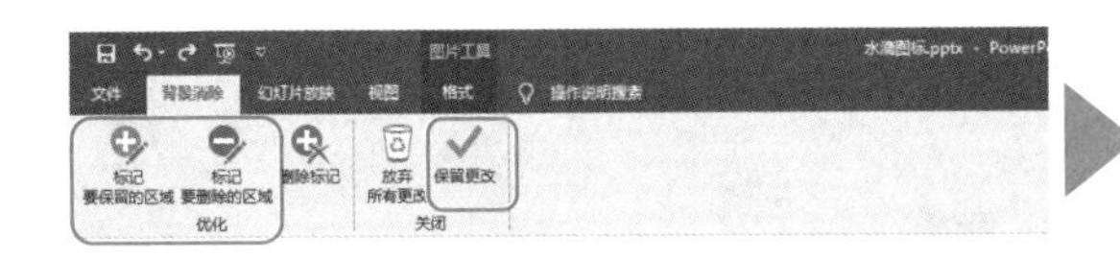

图 4-15　删除图标背景

4.2　搜索高质量图形图像

PPT 设计主要是针对两类对象：一是文字；二是图形、图像。后者通常被理解为图片。要让图片在 PPT 中绽放光彩，基本的要求是图片必须贴合主题、清晰高质。下面分享搜索清晰、高质量图片的技巧。

4.2.1　搜索图形的注意要点

很多读者觉得在网页中搜索图片是一件非常简单的事，认为不就是在网页中直接输入要搜索图片的关键字吗？其实不然，很多读者朋友在搜索想要的图形、图像时，往往会遇到两个问题：一是搜索速度慢；二是找不到最合适的。原因很简单：没有真正掌握在网页中搜索图形、图像的方法，只是凭感觉搜索，但是网页搜索引擎不会按感觉走，而是按关键字搜索，并且是按图形、图像素材贡献者的思维模式搜索，也就是图形、图像的描述。

因此，读者朋友在搜索图形、图像时，一要按关键字进行搜索，二是按专业描述或读者习惯描述搜索。杜绝用一句话去搜索，否则只会搜索到很多无关的结果。同时，在搜索关键字的选择上要有限定，一是关键字如果过少，搜索结果会很多，导致寻找贴合、满意的图片要花很长时间；二是关键字如果过多会导致搜索的结果较少。为避免这两种情况的出现，需要对关键字进行多次搜索（必须是关键字）。

如搜索“宋代景德镇人民生产的瓷器”图片，先提炼关键字宋代、景德镇、瓷器，然后，在搜索引擎的“图片”频道搜索宋代、景德镇、瓷器，很快就会反馈出合适的结果，如图 4-16 所示。

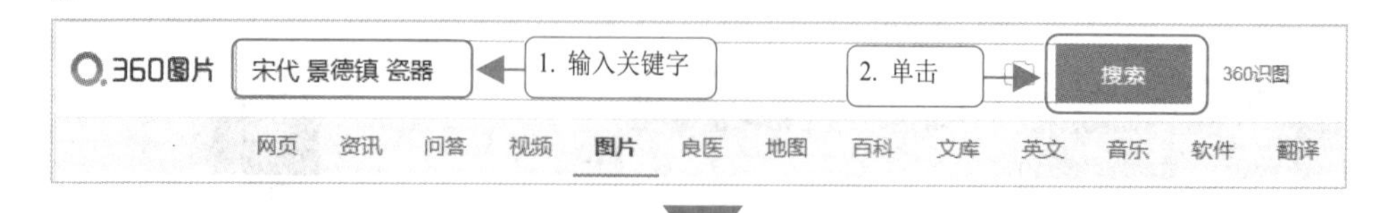

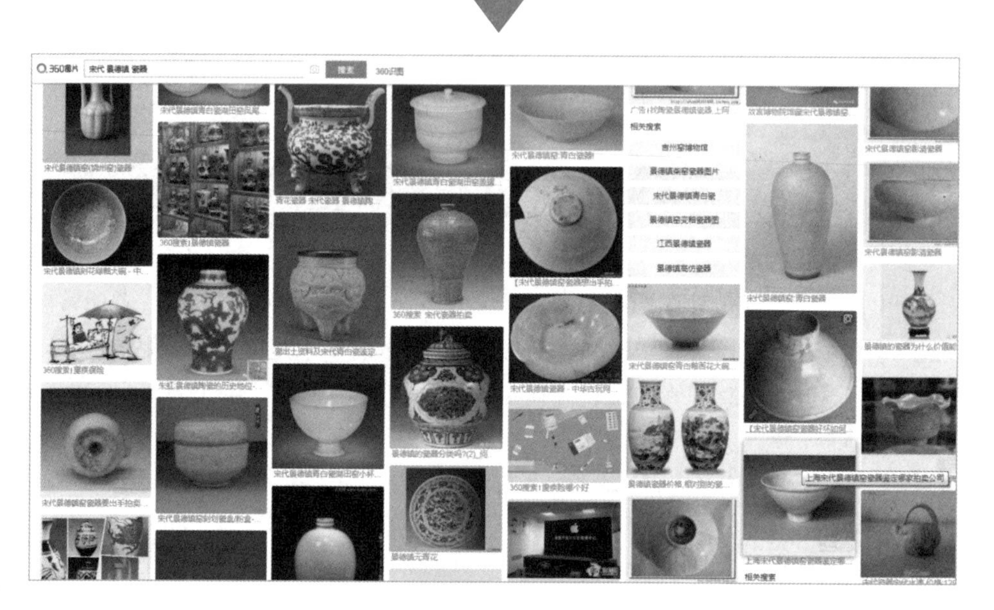

图 4-16　按关键字搜索图片结果

补充：关键字在搜索引擎中的通用技巧。

关键字之间用空格隔开，表示采用多关键字同时模糊搜索的方式；给关键字加上双引号可以实现精确的查询；在关键字之间添加一字线，可以使搜索的结果不包含一字线后面的字的页面（使用这个指令时一字线前面必须是空格，一字线后面不加空格，紧跟着是需要排除搜索的字）。

4.2.2　图片层级衍生搜索

一些抽象图片，若直接用关键字搜索，无论是增加还是减少关键字，通常无法直接找到心仪的图片结果如赤诚、忠贞、思绪等字的搜索。图 4-17 所示为在搜索引擎中直接搜索“赤诚”的反馈结果，但在结果中没有自己满意和合适的，绝大部分是无用的图片，极少几张图片稍微靠近目标要求，却没有什么视觉冲击力。

图 4-17　直接搜索“赤诚”的图片结果

此时，我们必须进行关键字层级衍生搜索，也就是用近义词、同义词或深度隐射含义词语进行搜索。大体思路为先用近义词、同义词搜索，如果仍然没有满意的结果，再用深度隐射含义词语进行搜索，如图 4-18 所示。

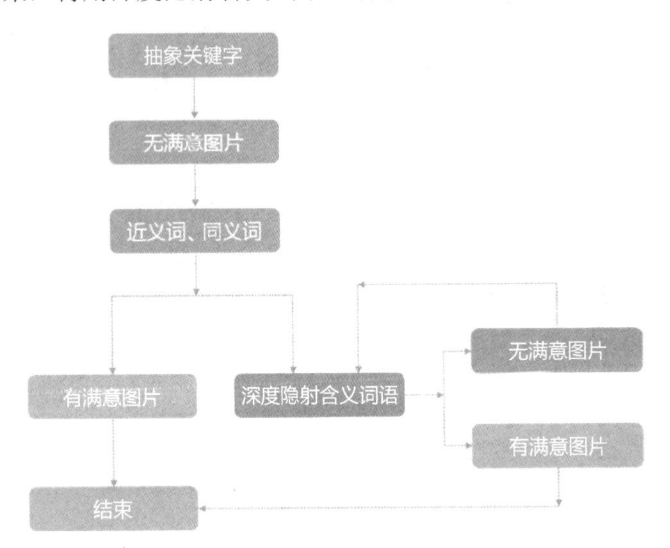

图 4-18　层级衍生搜索流程示意图

根据上面分享的思路，将“赤诚”更改为近义词“忠诚”或“忠贞”进行搜索，这时出现了一些符合主题的图片，但是仍然没有完全满足要求的结果，如图 4-19 所示。

图 4-19 使用“忠诚”或“忠贞”进行搜索

我们再发散一下思维，将代表赤诚、忠诚、忠贞的人和物进行衍生联想，如联想到狼群和军人等关键字，再次进行搜索。

图 4-20 所示为用“狼群”关键字搜索的结果，其中就有多张较为满意的图片。

图 4-20 用“狼群”关键字搜索的结果

图 4-21 所示为用“军人”关键字搜索的结果，其中出现了我们想要的几张图片，但是数量明显还是不够，并且在 PPT 设计时大多是需要剪影图片，而不是具体某一位人物的形象。

图 4-21　用“军人”关键字搜索的结果

衍生添加搜索关键字“军人 剪影 高清”进行搜索，反馈出如图 4-22 所示的高清图片的结果，符合“赤诚”的主题。

图 4-22　衍生添加搜索关键字“军人 剪影 高清”进行搜索的结果

4.2.3　无版权图片下载

商业 PPT 除了需要注意规避字体版权和内容版权的问题外，一定还要规避图形、图像版权的问题，否则，容易引起不必要的版权赔偿纠纷。为了彻底规避这类问题，读者可以使用一些没有版权标识的图形、图像。在网页中如果是有版权的图片，最明显的标志是具有“版权”标识，如图 4-23 所示（此图为无版权图片，笔者人为制作了一张带有版权标识的示意图，本书其他的图片都是无版权的，读者可以放心使用）。

图 4-23　带有版权标识的图片

同时，这里推荐几个基于 CCO 协议的免版税图库：Piqsels、Unsplash、CCO.CN、Pixaboy、Picjumbo。每个图库里都包含许多免版税图片供读者挑选使用，图 4-24 所示为 Piqsels 图库首页的图片（在其搜索栏中输入图片关键字进行搜索即可）。

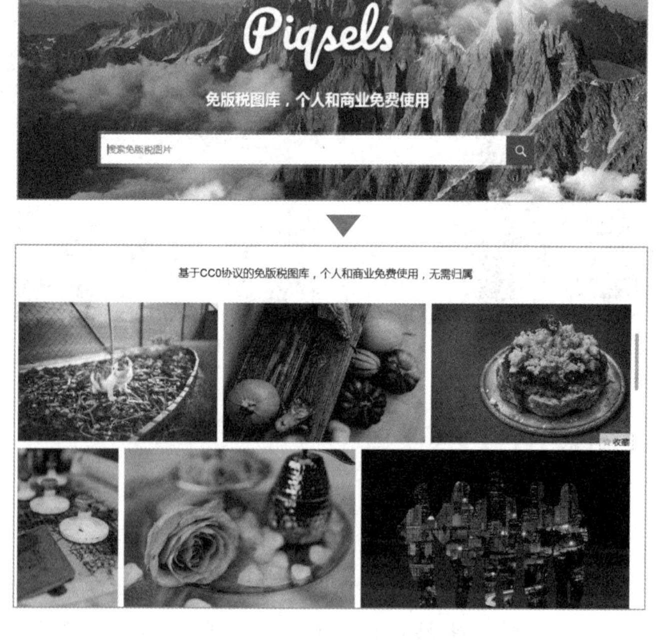

图 4-24　Piqsels 图库首页的图片

4.2.4　图片裁剪

如果想将外部图片导入或复制粘贴到 PPT 中，除了需要调整大小外，很多时候需要对图片进行裁剪，常规裁剪方式是：先选择图片，然后单击“裁剪”按钮，进入裁剪模式，通过鼠标光标拖动裁剪控制柄对图片进行裁剪，如图 4-25 所示。

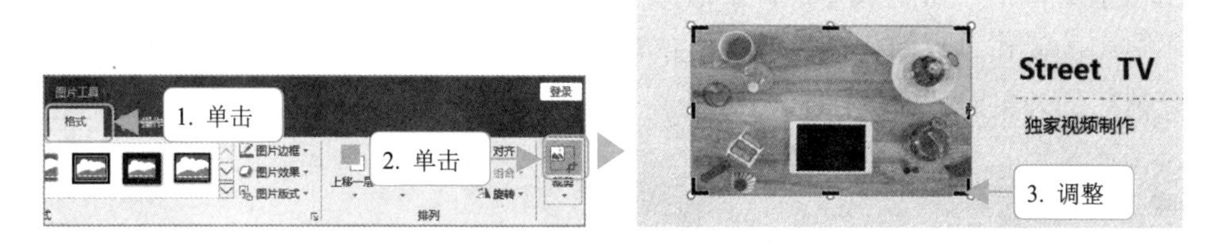

图 4-25　常规裁剪图片方法

另外，还可以进行个性裁剪，裁剪成需要的形状和一定纵横比的图片。对于这类操作读者只需选择对应的裁剪选项即可，如图 4-26 所示。

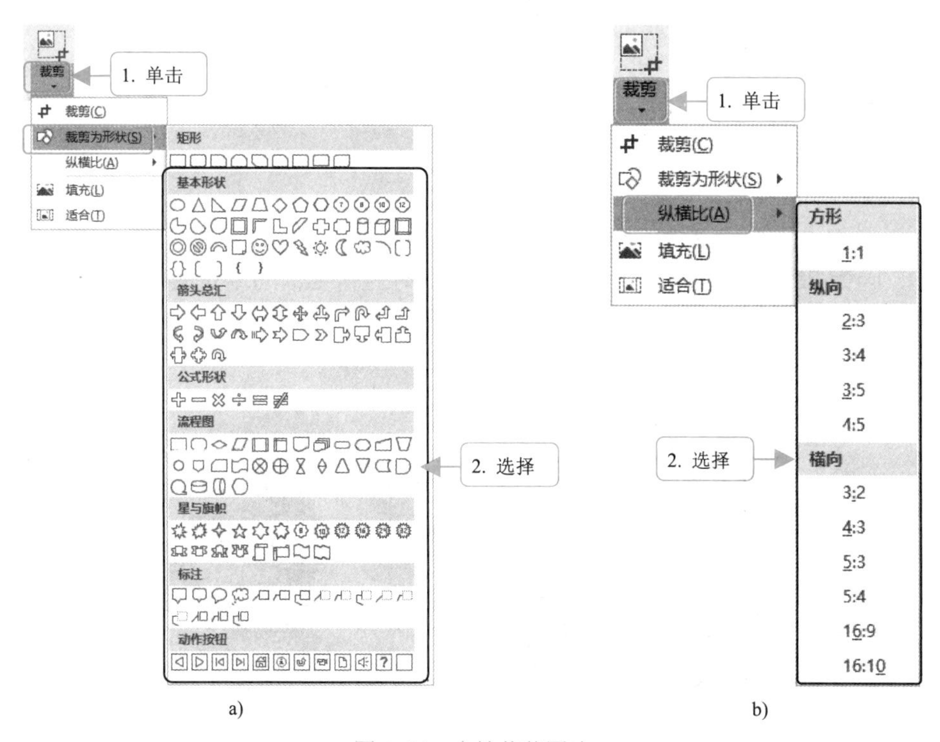

图 4-26　个性裁剪图片
a) 裁剪为需要的形状图片　b) 裁剪为需要一定纵横比的图片

4.2.5 用 Photoshop 抠图

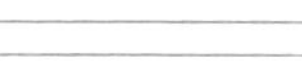
魔棒工具抠图

钢笔工具抠图

在 PPT 设计中，为了让图片放入幻灯片时能完全融合（通常情况是图片背景色与幻灯片底纹颜色不同），有时需要删除图片背景，也就是进行抠图。

对于纯色背景且边缘图案简单的图片，可以在 PPT 中使用“删除背景”功能直接将背景抠掉（具体方法请参考 4.1.3 小节中的操作，这里不再赘述）。图 4-27 所示为图片背景删除前后的效果对比。

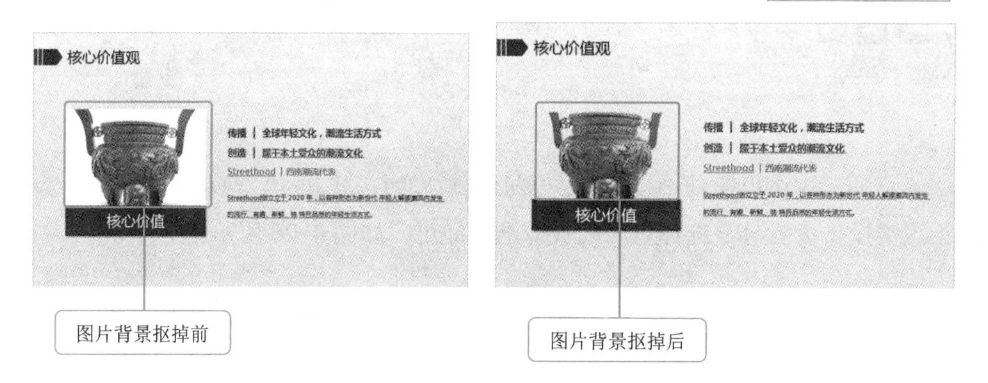

图 4-27　图片背景删除前后的效果对比

对于一些背景复杂的图片，在 PPT 中无法抠出理想的效果，如图 4-28 所示。因为 PPT 的背景抠图功能不能满足，这时就需要借助专业的图片处理软件 Photoshop。

图 4-28　背景复杂的图片在 PPT 中无法抠出理想的效果

使用 Photoshop 抠图的方法如下。

第 1 步：启动 Photoshop，将图片拖动到 Photoshop 界面上（鼠标光标变成类似加号的形状）以加载到 Photoshop 中，单击“魔棒”工具图标按钮，如图 4-29 所示。

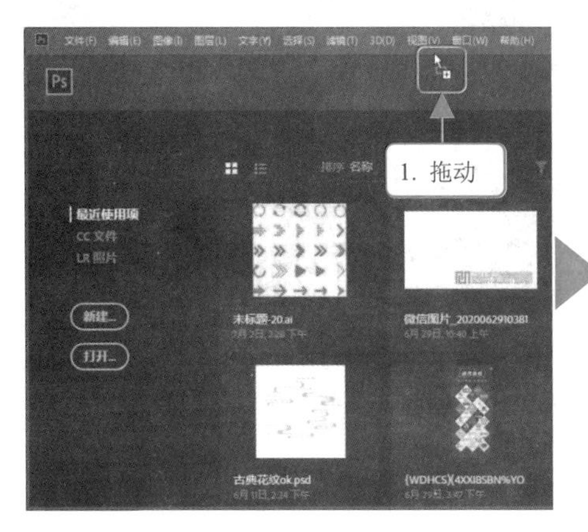

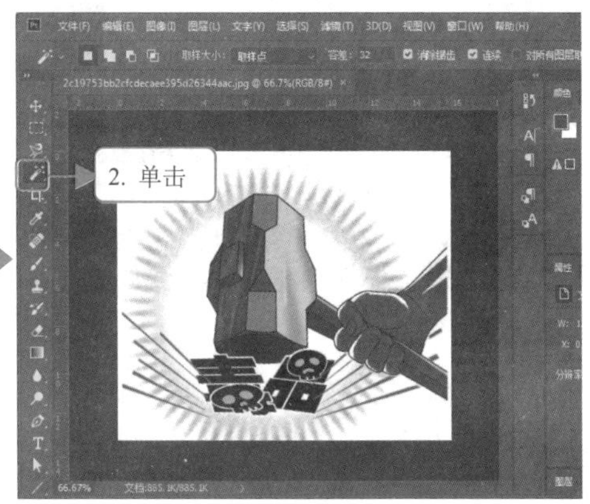

图 4-29　将图片导入到 Photoshop 并启用“魔棒”工具

第 2 步：按〈F7〉键打开“图层”面板，单击“图层”解锁按钮（锁定状态下是无法进行背景删除操作的），如图 4-30 所示。

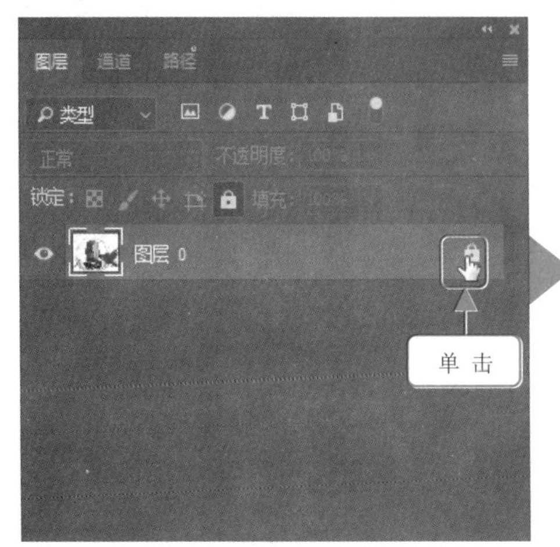

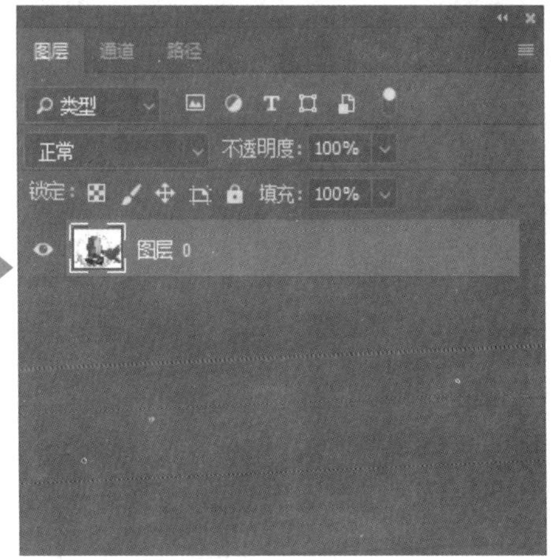

图 4-30　解除图层锁定

第 3 步：单击白色背景区域，Photoshop 会自动识别白色的背景区域并选择，按〈Delete〉键将其删除，如图 4-31 所示。

图 4-31 识别并删除图片背景

第 4 步：按〈Ctrl+D〉组合键取消区域选择状态，单击“文件”菜单，选择“导出”→“存储为 Web 所用格式”命令，如图 4-32 所示。

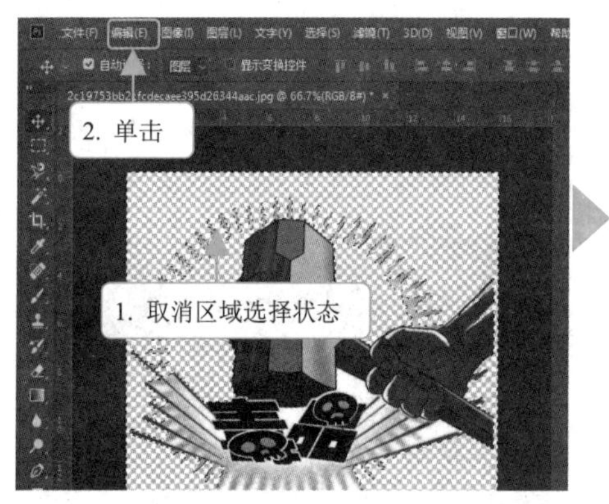

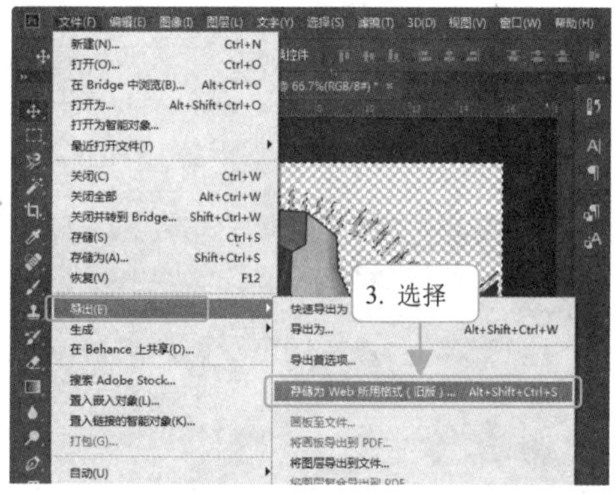

图 4-32 导出图片

第 5 步：在打开的“存储为 Web 所用格式”对话框中单击“存储”按钮，打开“将优化结果存储为”对话框，设置保存路径和名称，单击“保存”按钮将图片保存为 png 格式（透明背景图片），如图 4-33 所示。

要特别强调的是 Photoshop“魔棒”工具对于单一的背景能自动去除，但对于复杂背景，仍然会出现不能识别背景与抠背景图不理想的情况，如图 4-34 所示。此时，我们要用 Photoshop 的“钢笔”工具进行抠图。

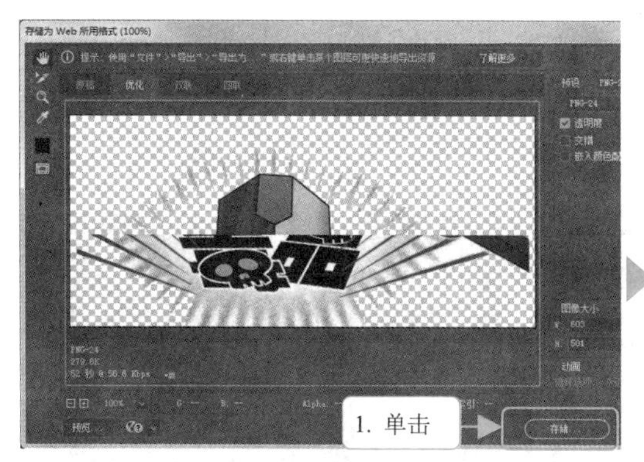

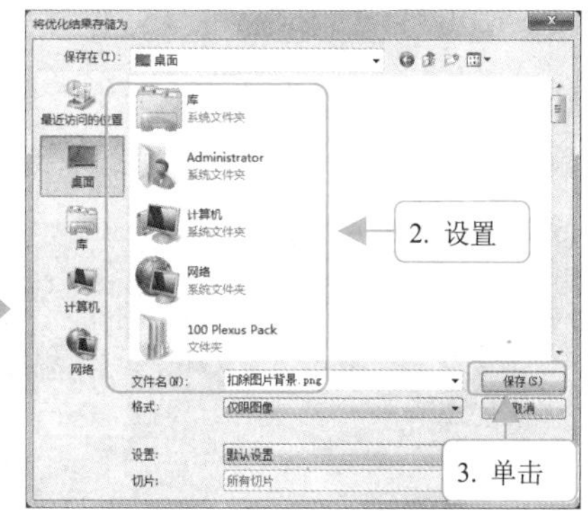

图 4-33　导出 PNG 图片

图 4-34　背景较为复杂的图片

第 1 步：启动 Photoshop，将图片拖动到 Photoshop 界面上以加载到 Photoshop 中，先解锁图层，然后单击“钢笔”图标按钮，沿着边缘单击添加钢笔锚点，如图 4-35 所示。

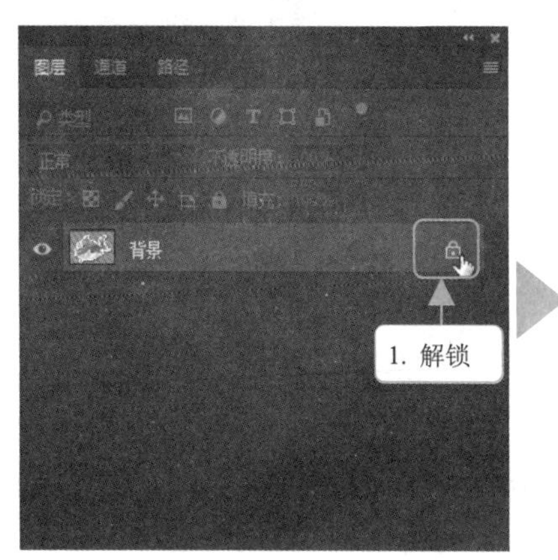

图 4-35　导入图片到 Photoshop 中解锁图层并启用“钢笔”工具

第 2 步：继续使用“钢笔”工具添加锚点（贴合对象边缘单击鼠标添加），在“图层”面板中选择“路径”选项卡，按住〈Ctrl〉键在“预览区”上单击鼠标让 Photoshop 自动识别钢笔路径，将其转换为区域，如图 4-36 所示。

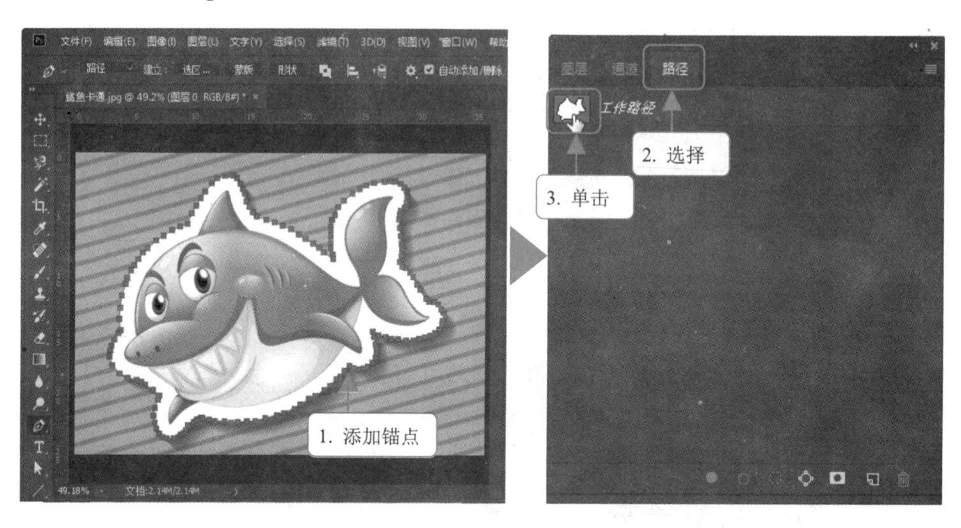

图 4-36　用“钢笔”工具添加锚点并转换为区域

第 3 步：单击“选择”菜单，选择“反选”命令，让 Photoshop 自动识别鲨鱼区域以外的背景区域，按〈Delete〉键将背景删除，效果如图 4-37 所示，最后导出存储为 png 格式即可。

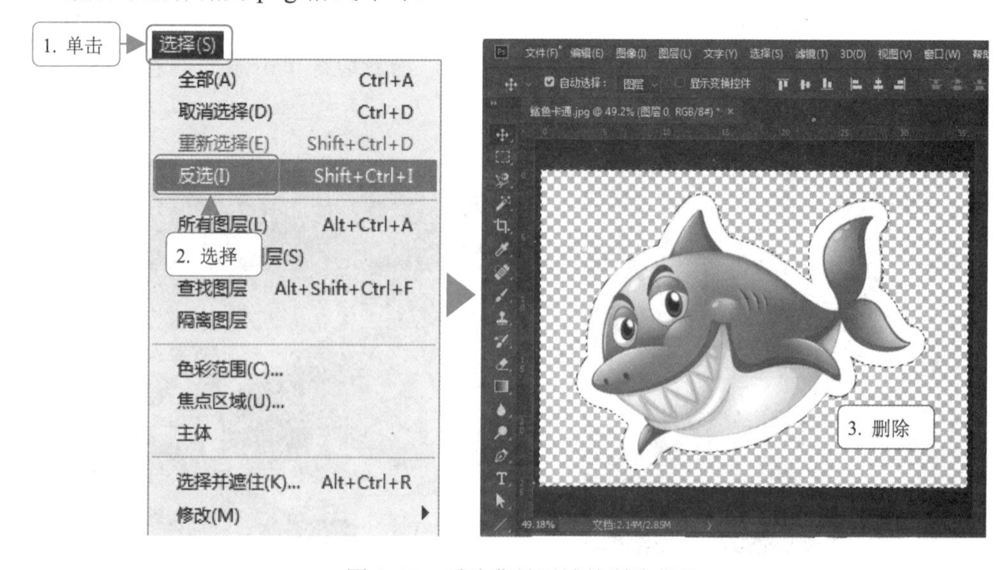

图 4-37　反选背景区域并删除背景

4.2.6　在 PPT 中调整图片样式

图片样式可简单理解为图片的装饰，包括图片边框、阴影、映像、发光等。除了手动添加操作外（如图 4-38 所示），还可以直接使用 PPT 中自带的图片样式，如图片外观样式（基本都是成套的样式）、艺术效果、颜色、校正、图片版式以及 SmartArt 样式。一些读者会认为 SmartArt 样式是架构图的专用工具，其实不然，它也是图片样式快速设置的一个工具，在图片设计中非常好用，而且方便快捷、选择多样。图 4-39 所示为对图片样式进行添加、调整的地方（由于操作简单，笔者对该操作步骤不再进行详细描述）。

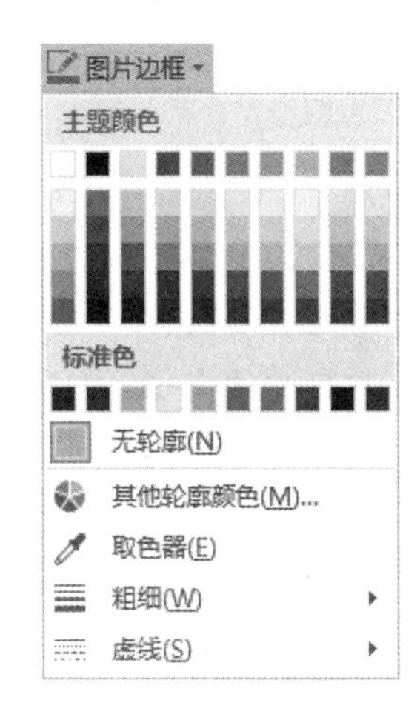

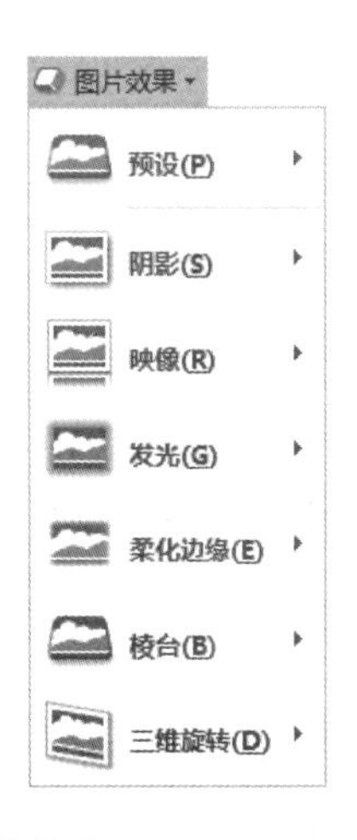

图 4-38　为图片手动添加样式的地方

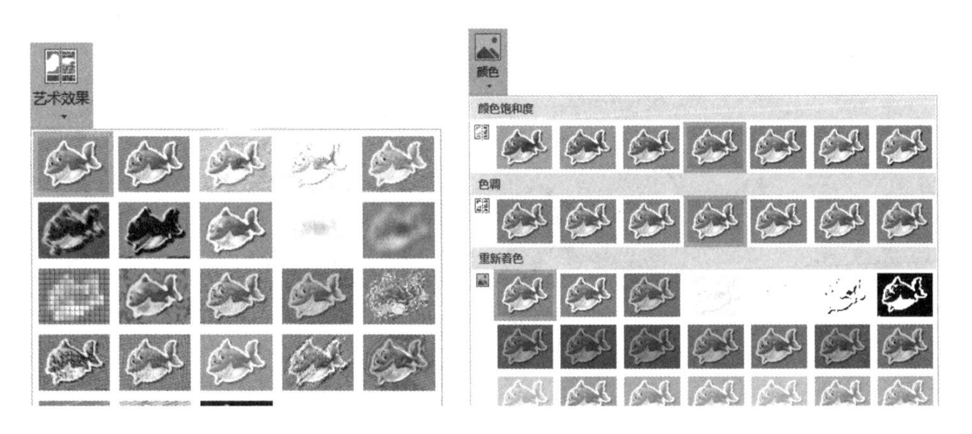

图 4-39　对图片样式进行添加、调整的地方

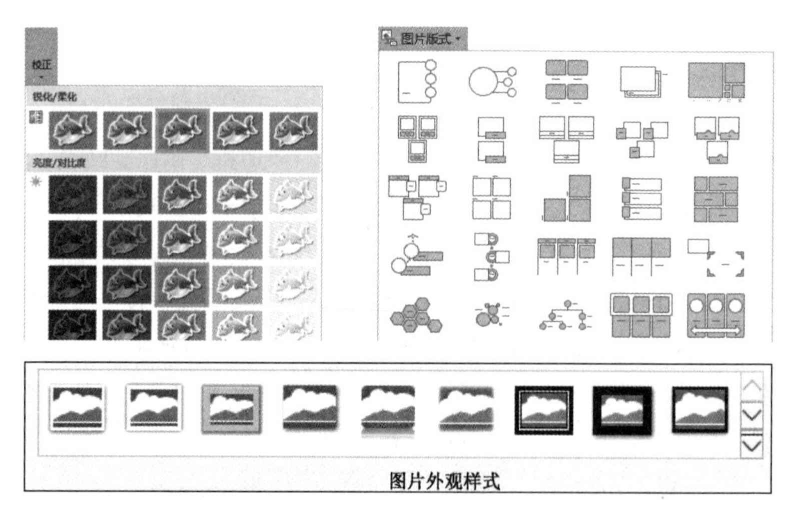

图 4-39　对图片样式进行添加、调整的地方（续）

4.2.7　在 Photoshop 中调整图片样式

纯色插图

局部调色

Photoshop 是专业的图片处理软件，能对图片进行多种样式的调整设计，这正好弥补了在 PPT 中调整图片样式“力道不足”的短板，如纯色插图、局部调色等。下面分别进行演示讲解。

1. 纯色插图

如果要将图 4-40a 所示的奔跑人图片（一张照片）做成图 4-40b 所示的插图人图片（灰色插画），需要借助 Photoshop 软件。

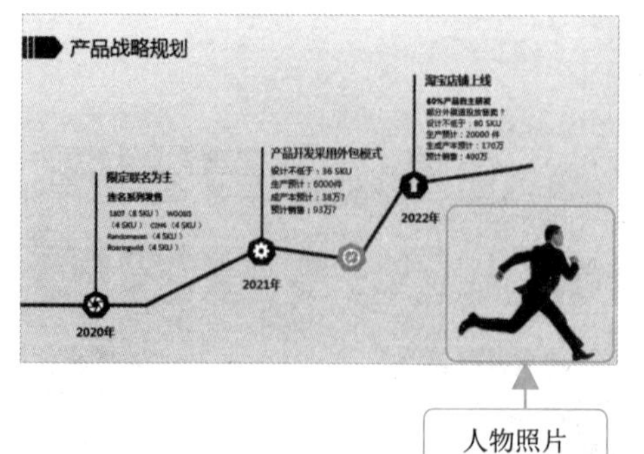

a)

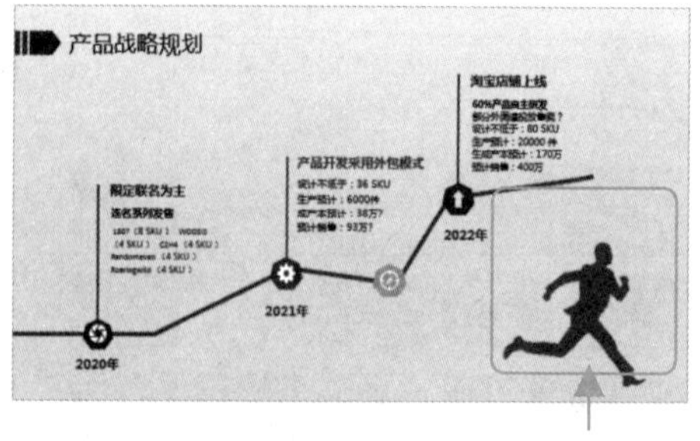

b)

图 4-40　人物插画处理前后效果对比

a) 人物插画处理前　b) 人物插画处理后

操作步骤如下。

第 1 步：在 PPT 中选择人物照片，按〈Ctrl+C〉组合键复制，启动 Photoshop 软件，按〈Ctrl+V〉组合键将图片粘贴到 Photoshop 中，先解锁图层，然后按〈Ctrl+T〉组合键，将鼠标光标移到图片的左上角控制柄上，当鼠标光标变成斜的双箭头时，按住鼠标左键不放拖动缩放调整图片到合适大小，如图 4-41 所示。

图 4-41　调整粘贴到 Photoshop 中的图片大小

第 2 步：单击“魔棒”工具，然后单击选择图片的白色背景区域，再按〈Delete〉键将白色背景删除，如图 4-42 所示。

图 4-42　删除人物背景

第 3 步：按〈F7〉键打开“图层”面板，在人物图层的缩略区域上按住〈Ctrl〉键并单击，选择人物轮廓内的区域，如图 4-43 所示。

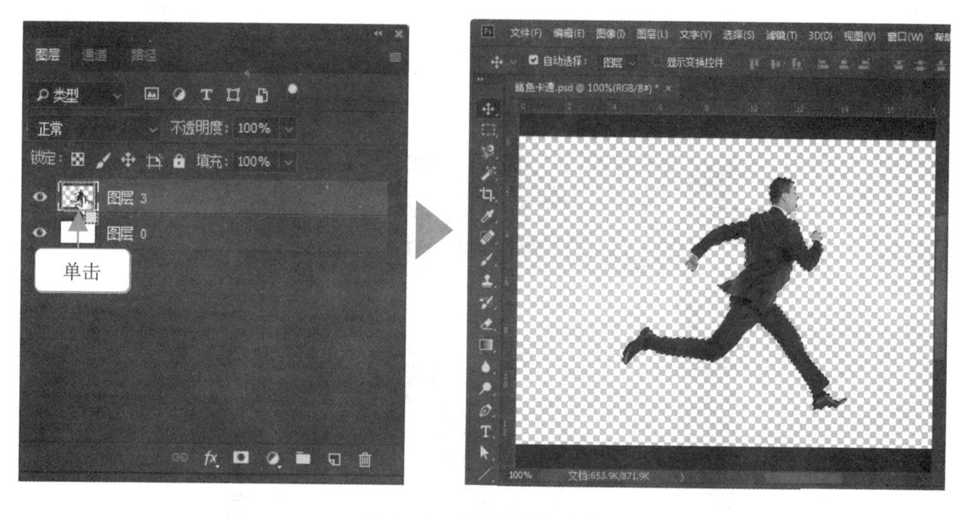

图 4-43　选择人物区域

第 4 步：在“工具箱”中单击选择“前景色”图标按钮，在打开的“拾色器（前景色）”对话框中选择颜色，这里选择灰色，最后单击“确定”按钮，如图 4-44 所示。

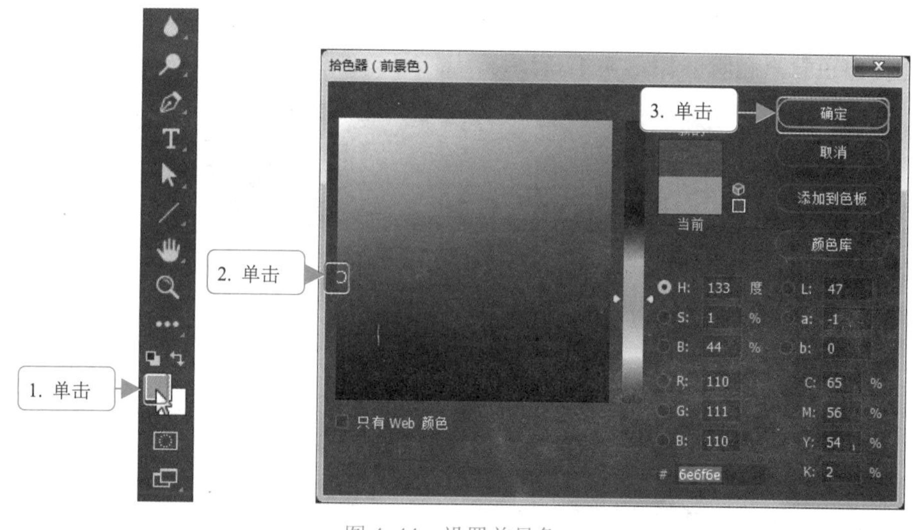

图 4-44　设置前景色

第 5 步：按〈Ctrl+Delete〉组合键填充前景色到选择人物区域，效果如图 4-45 所示。最后导出为 png 格式图片，复制粘贴到幻灯片中即可。

图 4-45　在人物区域内填充前景色

2．局部调色

局部调色是指将图片中某一颜色调整为其他颜色，图 4-46 所示的图片是将黄色替换为天蓝色。

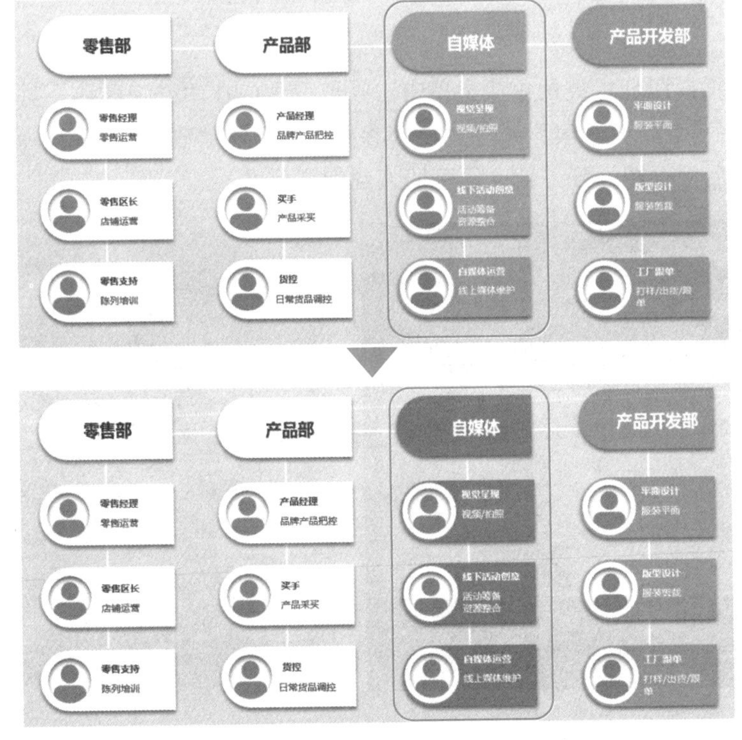

图 4-46　将图片中的黄色替换为天蓝色

操作方法如下。

第 1 步：启动 Photoshop 软件，将图片导入到 Photoshop 中（直接拖入到 Photoshop 中），先解锁图层，然后单击“图像”菜单，接着选择“调整”→“替换颜色”命令，打开“替换颜色”对话框，在对话框中单击“吸管”工具按钮，如图 4-47 所示。

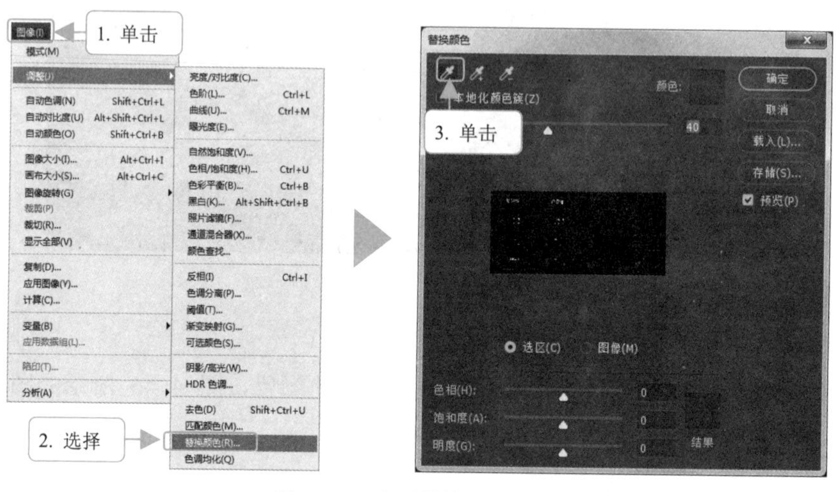

图 4-47　启用替换颜色功能

第 2 步：在任意黄色色块上单击，吸取颜色，在“替换颜色”对话框中分别设置“色相”“饱和度”和“明度”参数，再单击“确定”按钮，如图 4-48 所示。最后保存图片到外部，便可插入到幻灯片中。

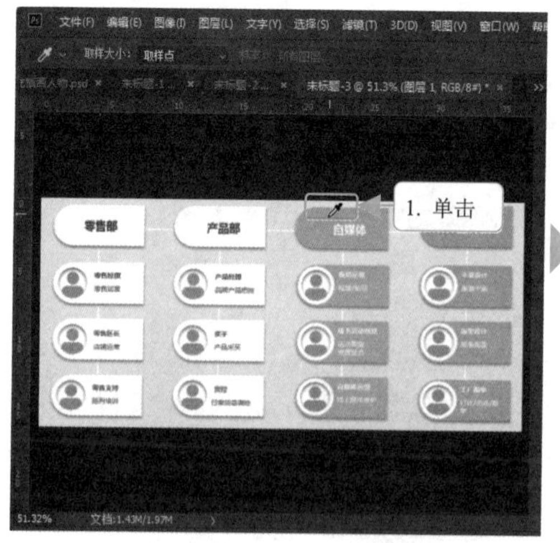

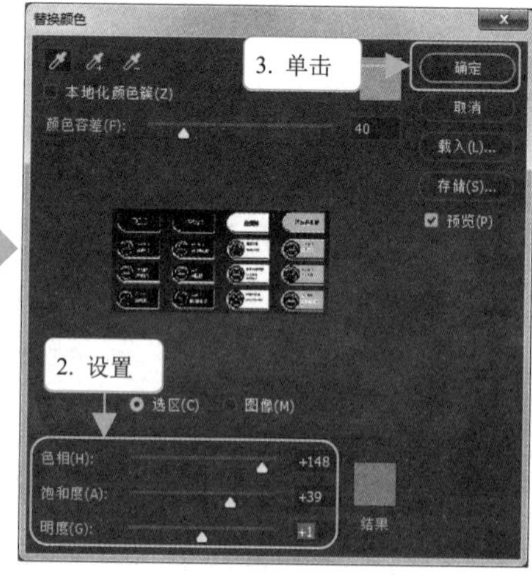

图 4-48　用天蓝色替换黄色

4.3 下载、比对字体

字体是所有 PPT 设计中无法避开的一个元素，合适的字体能让 PPT 的设计清新脱俗又具有非常良好的视觉感。那么，当计算机自带的字体远远不够时，怎么来解决呢？最直接的方法是：下载和比对下载字体。

4.3.1 设计师下载字体的渠道

读者下载字体的方法基本上都是在网络上直接搜索某一字体名称，然后在反馈出的结果中进行下载。这种方法对于一般的用户来说可能够用，但是对于专业的 PPT 设计人员来说还远远不够，需要通过一些专业的免费字体渠道进行下载，如 CYHD 创意互动、图翼网等。它们都是设计师交流的网站平台，且其中的大部分字体可免费下载使用，下面展开介绍这些平台的使用方法。

1. CYHD 创意互动

CYHD 创意互动是设计师交流的平台，发布了很多漂亮、优秀的设计界面和分享了很多设计文章，读者既可以学习同行经验又可以互动交流，同时还能免费下载设计资源素材，如 PPT 设计中所需要的字体。下面演示其下载流程。

第 1 步：启动搜索引擎，输入“CYHD”，在搜索结果中单击官网超链接进入官网，在官网单击“资源下载”菜单，在弹出的下拉菜单中选择“字体”选项，如图 4-49 所示。

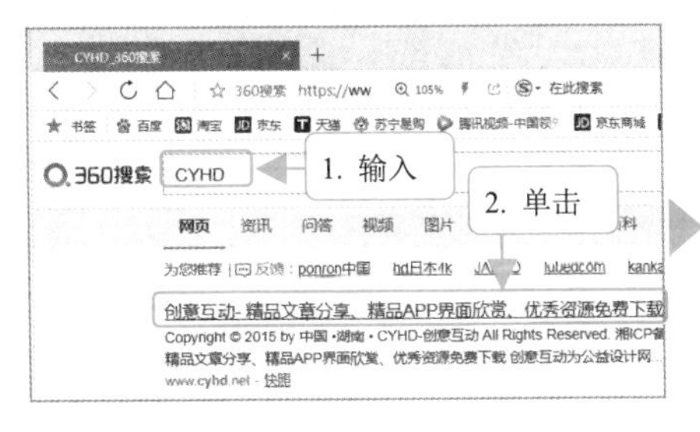

图 4-49 打开“CYHD 创意互动”官网下载字体

第 2 步：单击需要下载字体的文章或超链接，跳转到下载区域，单击“戳我下载”超链接，如图 4-50 所示。

第 3 步：在打开的“百度网盘”中单击“下载”按钮。在打开的保存对话框中设置文件名和保存路径，最后单击“下载”按钮，如图 4-51 所示。

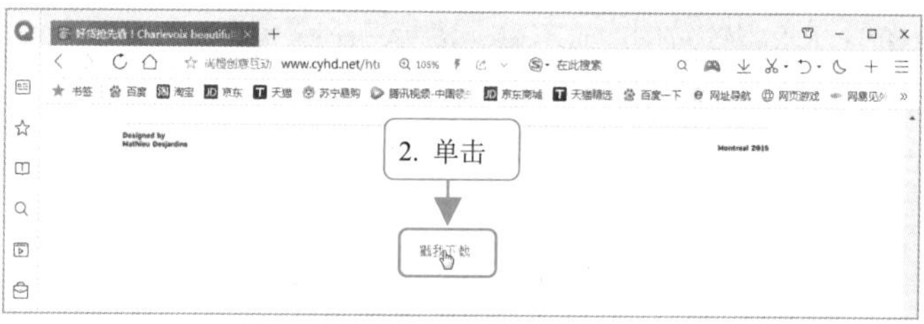

图 4-50　下载字体

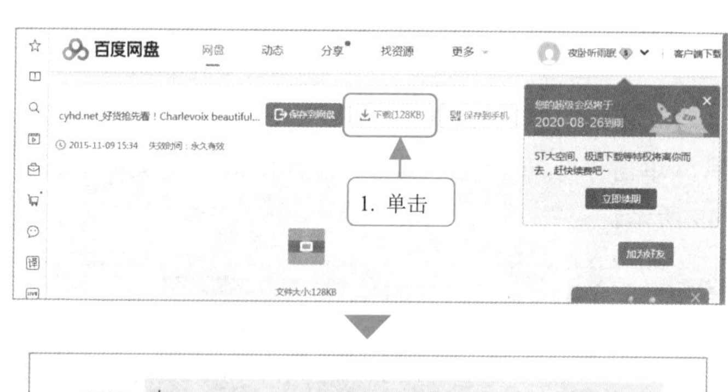

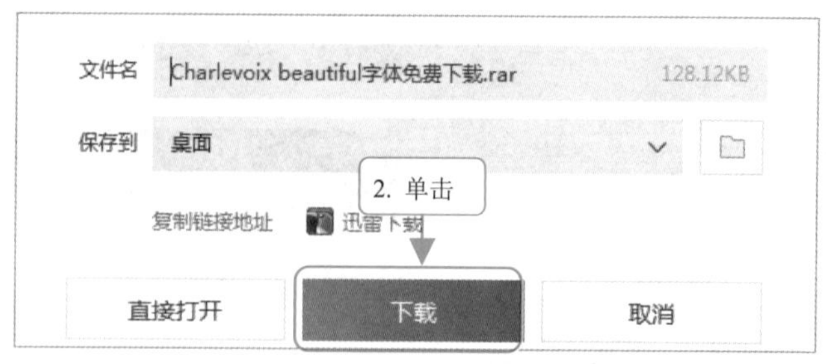

图 4-51　下载并保存字体

2. 图翼网字体下载

图翼网是一个 UI 设计师的互动平台，虽然是 UI 设计交流平台，但不影响我们进行字体下载和寻找灵感。在该网站下载字体的操作演示如下。

第 1 步：在搜索引擎中输入“图翼网”，按〈Enter〉键搜索，在搜索结果网页中单击官网超链接进入官网，如图 4-52 所示。

图 4-52　搜索图翼网官网并进入

第 2 步：单击“下素材”菜单，在弹出的下拉列表中选择“字体下载”选项，在打开的网页中选择标识有“免费”字样的字体选项，如图 4-53 所示。

图 4-53　选择免费字体下载

补充：图翼网中其他素材的充分利用。

在网站中，还可以下载其他素材资料，如免抠图片、图标等，这些资源建议读者朋友好好利用起来。

第 3 步：在跳转的页面中单击“立即下载”按钮，在打开的面板中记住密码，然后单击“前往下载页面”按钮，如图 4-54 所示。

第 4 步：在打开的界面中输入提取码，单击“提取文件”按钮，然后在打开的“百度网盘”页面单击“下载”按钮，如图 4-55 所示。在打开的保存对话框中设置文件名和保存路径，最后单击该对话框的“下载”按钮完成下载。

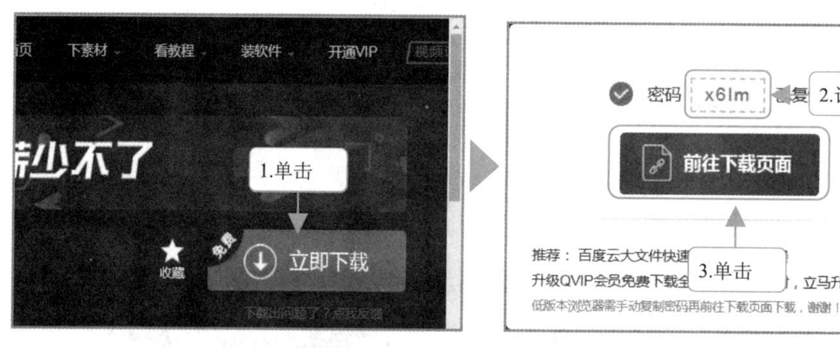

图 4-54　前往下载页面

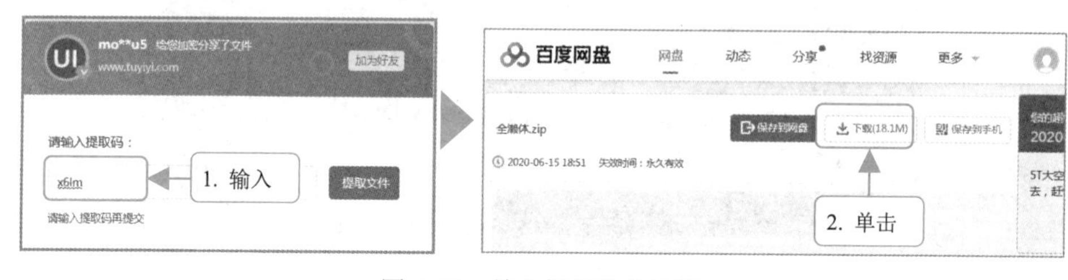

图 4-55　输入提取码并下载

4.3.2　截图比对字体下载

当需要使用其他设计作品中的字体，但又不知道该字体名称时，可以借助一些商业字体网站进行截图比对，然后在免费网站中下载(也可直接付费购买)。截图比对字体的网站有很多，如识字体、字由、字魂等，读者朋友可以自行选择。这里以使用“识字体”网站比对字体为例，为读者演示截图比对字体的操作步骤。

第 1 步：先将需要识别的字体截图并保存，打开“识字体”官网后，单击“上传图片”按钮，如图 4-56 所示。

图 4-56　保存字体截图并打开“识字体”官网

第 2 步：在“打开”对话框中选择所截取的字体图片，单击“打开”按钮，返回到“识字体”网页中单击“开始识别”按钮，如图 4-57 所示。

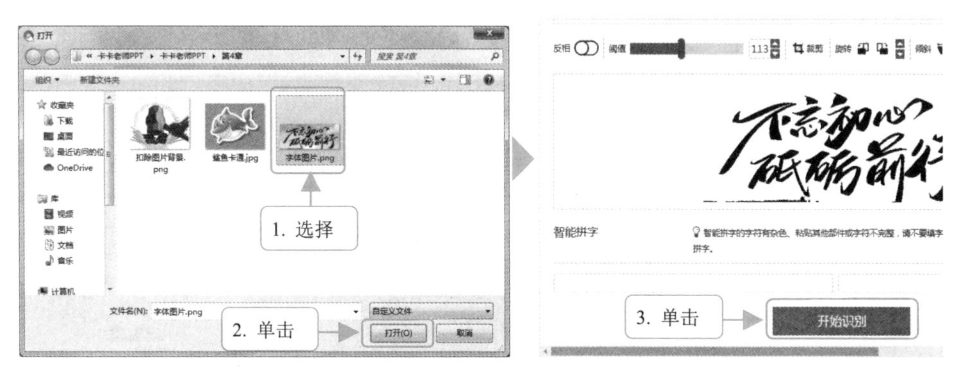

图 4-57　将字体图片导入“识字体”网站中

第 3 步：“识字体”网站会自动识别出字体或相似字体，如图 4-58 所示。通过识别字体结果，读者就可以到网站中下载这些字体，然后使用。

图 4-58　自动识别出的字体结果

4.3.3　检测字体是否授权

前几年的“微软雅黑”字体侵权事件，让设计师开始注意字体版权的问题。

在商用 PPT 中，使用字体一定要规避侵权行为。作为普通大众，我们无法精准地判别哪些字体可以商用，哪些字体不可以商用（除了通过付费获得授权或其他渠道授权的），因此，为了安全起见，读者可以在字体版权网站中进行在线识别，如借助 360 查字体进行查询，如图 4-59 所示。

图 4-59　360 字体商用版权检测

360 查字体既可以自动识别计算机中已安装的字体是否可以商用，也可以检测即时输入的字体的版权情况，如图 4-60、图 4-61 所示。

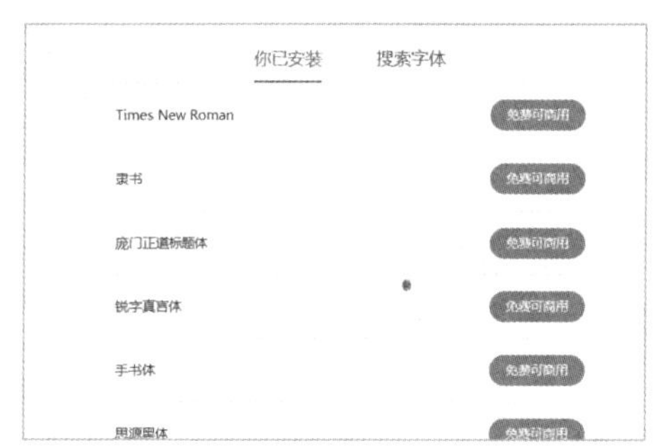

图 4-60　自动检测当前计算机中已安装的字体是否可以商用

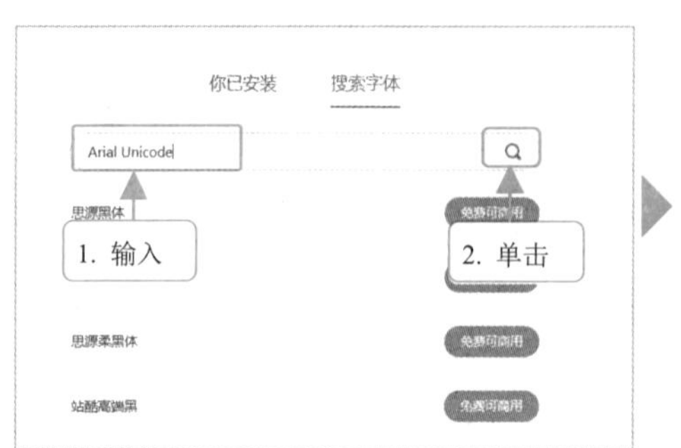

图 4-61　自动检测即时输入的字体是否可以商用

4.4 音乐的搜寻精选

在很多 PPT 中都会添加背景音乐，如产品推介 PPT、求婚告白 PPT、产品宣传 PPT 以及历史人物介绍 PPT 等。对于知晓歌曲名称的音乐，读者可以通过各大音频软件进行搜索，如百度音乐、360 音乐、网易云音乐、千千静听、优酷音乐等。

不过，对于那些不知晓歌曲名称且只知道旋律、用途的音乐，很多读者朋友想找到它们就觉得束手无策了。鉴于此，下面分享几种方法，帮助读者解决这些问题。

4.4.1 用关键字精选

对于只知晓其用途的音乐，如用于年会、庆功、告白等，读者可以根据相应的用途直接在网页中输入关键字进行搜索，反馈的结果可以是音乐素材，也可以是网友推荐的音乐名，这时去音乐频道或音乐 APP 中下载即可。

由于 PPT 中需要的音乐通常是背景音乐，所以，在网页中需要在主要关键字后添加“背景音乐”几个字，如“年会 背景音乐”“告白 背景音乐”“热血拼搏 背景音乐”等，如图 4-62 所示。

图 4-62 “关键字+背景音乐”搜索音乐

4.4.2 使用听歌识曲的 APP 寻找

对于有名称、已知用途或者知道部分歌词的音乐，都可以在网页中使用关键字搜索下载。但是对于那些只知部分旋律的音乐该怎么精确寻找呢？笔者通常会借助智能手机的听音搜歌功能进行查找。

方法很简单：下载具有听歌识曲功能的 APP，然后打开 APP 的语音功能，对着手机“哼调调”，APP 就会自动识别歌曲。由于是使用手机操作，这里不方便展示对应的截图，只推荐几款听歌识曲的 APP，如猎曲奇兵、听音识曲、音乐雷达、音乐猎手等，如图 4-63 所示。

图 4-63　听歌识曲的几款手机 APP

4.4.3　在 PPT 中裁剪音乐片段

在 PPT 中导入的音乐因为时间、转场（进场、出场）的关系，不一定能完全匹配，需要对音频进行“掐头去尾”的裁剪操作。大部分读者可能会认为需要使用专业的音频剪辑软件，其实不然，PPT 高版本中已经自带初级裁剪功能，能够进行前端和后端的音频剪辑，同时，不会影响音乐的播放质量。

操作方法也非常简单：在 PPT 中选择插入音频的小喇叭图标，在激活的“音频工具→播放”选项卡中单击“裁剪音频”按钮，打开“裁剪音频”对话框，滑动左右两个滑块对音频的进场和出场音轨进行裁剪，最后单击“确定”按钮，实现“掐头去尾”的音乐裁剪目标，如图 4-64 所示。

图 4-64　在 PPT 中裁剪音乐

第 5 章

PPT 视频、背景视频的处理与应用

视频是解决 PPT 中局部片段信息量特别大的问题的有力助手，只需将视频插入指定的幻灯片位置就能播放展示给受众，而不必使用过多幻灯片逐一展示。同时，还会让 PPT 更加灵动，特别是将视频用作幻灯片背景，能使 PPT 变成一个立体的多媒体，而不是平面的动态画布。

要想在 PPT 中用好视频需要注意的地方有很多，希望通过本章知识的分享能帮助读者更好、更快地使用视频。

5.1 视频处理

很多 PPT 设计制作者都会觉得 PPT 中只需要文字、图片或背景音乐就行了。其实这是一个误区，很多 PPT 中都需要用视频，特别是企业或个人录制的专有视频，如各类推广 PPT 中会插入企业宣传视频，年会 PPT 中会插入高管或异地人员的祝福视频，告白或求婚 PPT 中会插入好友助力/祝福视频等。同时，很多读者朋友会觉得视频处理一定要用专业视频编辑软件，如 Premiere、EDIUS 等，其实，对于简单的视频处理可直接在 PPT 软件中进行，而且操作简单，如视频封面、裁剪、视频画面跳跃播放以及触发，甚至是视频画面亮度的调整等都可以。

视频画面作为框架画面

5.1.1 视频框架封面

外部图片作为框架画面

插入到 PPT 中的视频，默认的框架封面是"黑屏"，如果演讲人不将 PPT 切换方式设置成按所设定时间自动切换或视频自动播放（演讲人手动单击播放），受众第一眼看到的会是一块黑色矩形，这在一定程度上会影响受众的视觉体验。甚至当多个视频出现在同一张幻灯片中时，演讲人会因为没有框架封面不清楚视频的主题和内容，容易导致播放"失误"。因此，建议读者最好为 PPT 中的视频添加框架封面：一是截取视频中的画面作为框架封面，二是用指定的图片作为视频框架封面。

前者只需在播放视频的过程中确定一帧画面即可，操作的方法如下。

第 1 步：将鼠标光标移到视频上，在浮现的工具栏中单击"播放/暂停"按钮播放视频，当视频播放到被选中的画面时再次单击"播放/暂停"按钮暂停视频，如图 5-1 所示。

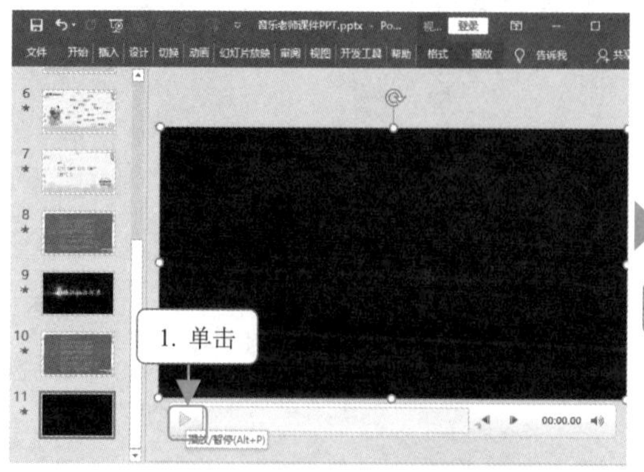

图 5-1 播放视频到框架封面帧

第 2 步：保持视频选择状态，单击“视频工具→格式”选项卡下的“海报框架”按钮，在下拉菜单中选择“当前帧”选项，将当前帧画面设置为视频框架封面，如图 5-2 所示。

图 5-2 将当前帧画面指定为视频框架封面

补充：快速添加视频和精确调整视频帧。

在 PPT 中添加视频，虽然上述插入的方式完全没有问题，但这种方法不够快速、便捷，笔者通常是通过复制粘贴的方式。同时，在播放视频时，精彩的画面往往一闪而过。要想准确地停留在精彩的画面上，可以单击视频播放的“向前移动 0.25 秒”按钮和“向后移动 0.25 秒”按钮◀ ▶，以精确调整停留的画面。

具体操作时需先准备一张框架封面图片放在指定位置，然后添加到 PPT 里作为视频封面图片，具体的操作过程如下。

第 1 步：选择视频，单击“视频工具→格式”选项卡下的“海报框架”按钮，在下拉菜单中选择“文件中的选项”选项，打开“插入图片”面板，单击“从文件”按钮，如图 5-3 所示。

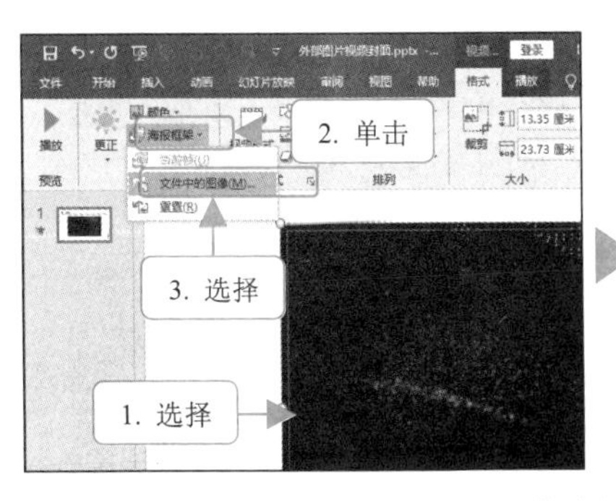

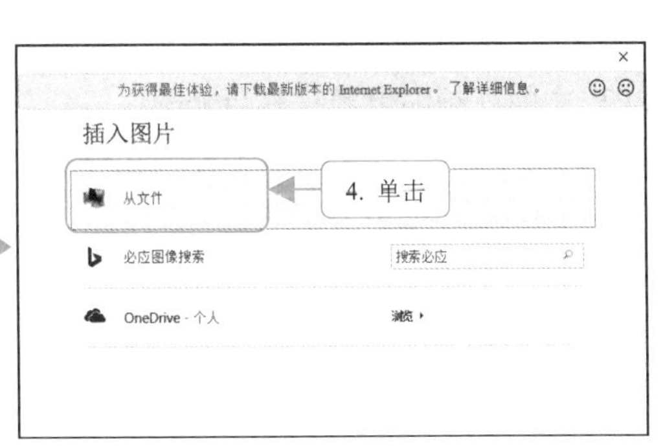

图 5-3 指定视频封面为文件中的图像

第 2 步：在打开的“插入图片”对话框中，选择“封面图片”文件，单击“确认”按钮，如图 5-4 所示。

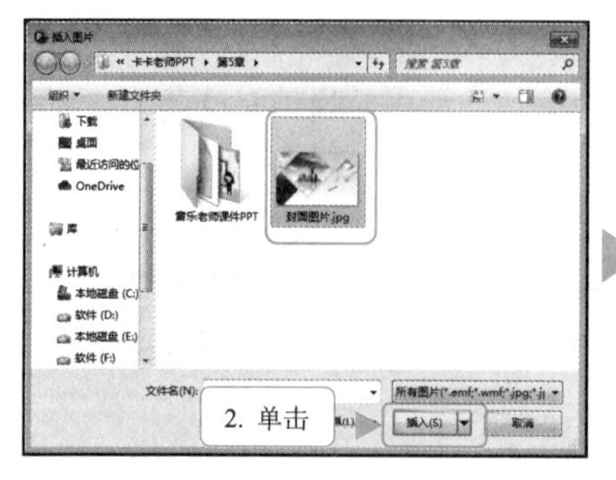

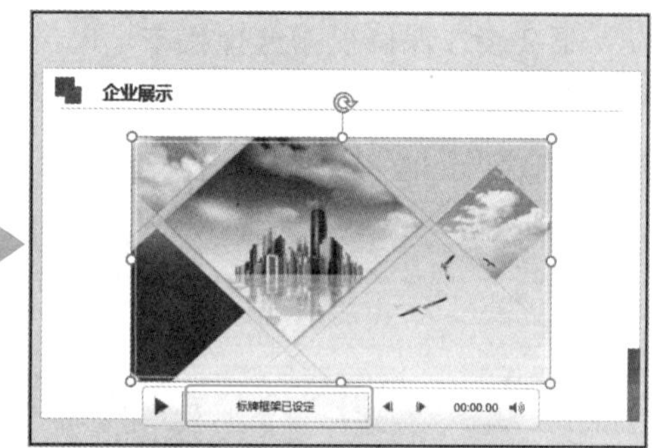

图 5-4　指定视频封面为文件中的图像

补充：更换和删除视频封面。

如果要更换视频封面图片，可按上面两种方法重新设计添加；若要删除视频封面，也很简单，只需选择视频，单击“视频工具→格式”选项卡下“重置设计”按钮，在下拉菜单中选择“重置”选项即可，如图 5-5 所示。

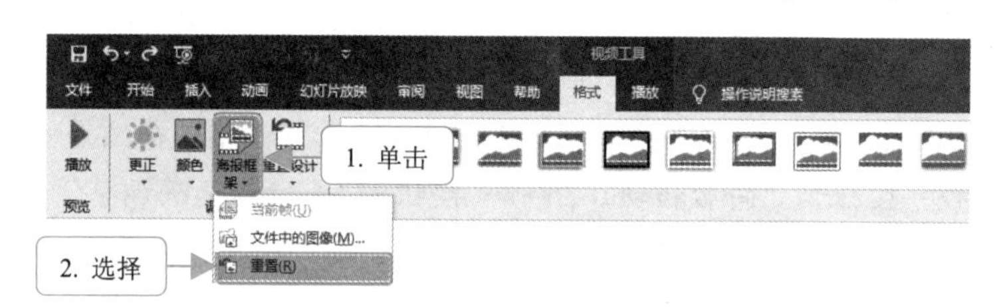

图 5-5　更换和删除视频封面

5.1.2　视频内容裁剪

PPT 中视频内容的裁剪只能简单地“掐头去尾”，因为 PPT 中的视频编辑器只有两个滑块——左、右两端各一个，如图 5-6 所示，这就限制了视频裁剪的位置：左端（视频开头）和右端（视频结尾）。

读者只需将鼠标光标移到滑块上，按住鼠标左键不放左右拖动对视频进行“掐头去尾”的剪辑，最后单击“确定”按钮即可。

对象触发播放暂停

书签触发暂停

5.1.3　触发播放

视频播放可以分很多种，如单击播放、自动播放、全屏播放、循环播放和触发播放。除了最后一种触发播放方式外，前面播放方式的设置都非常简单，相信读者都会设置（在图 5-7 所示的位置设置即可），这里就不再赘述。

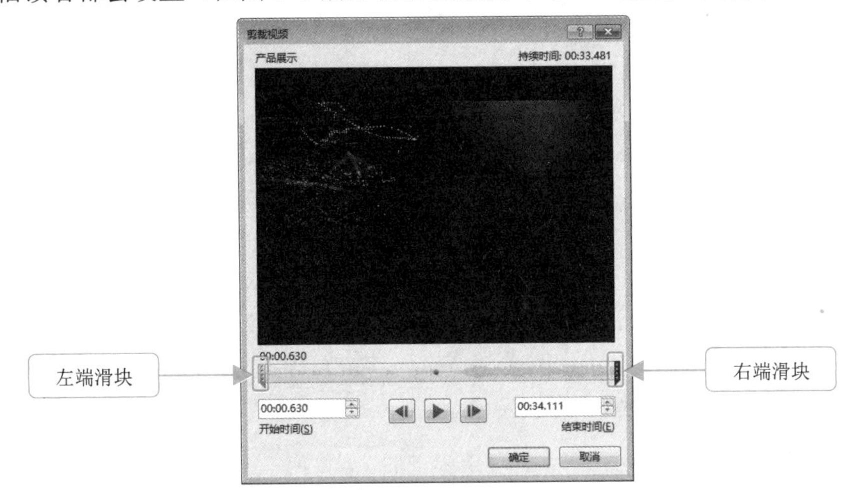

图 5-6　PPT 中视频编辑器的两个滑块

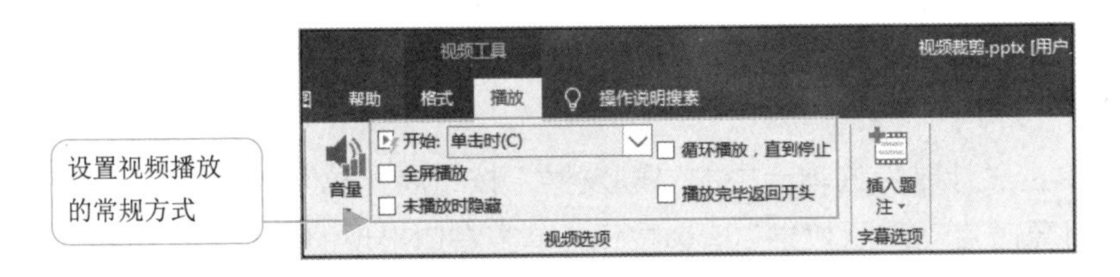

图 5-7　视频播放的设置位置

这里主要分享两种“好玩的”视频触发播放方式：一是设置控件触发播放/暂停，如单击形状、文字等使视频自动播放；二是设置书签触发暂停。

1. 对象触发播放/暂停

设置控件触发播放或暂停，是指在幻灯片中为视频设置“播放”或“暂停”的控制对象，类似于“控制开关”，单击鼠标就能控制视频播放或暂停，完全可以摆脱对视频控件自带的播放和暂停按钮的依赖，毕竟有时操作不是特别方便。当然，为视频添加触发播放/暂停的控件后，视频播放不能设置为全屏播放，否则所有对象都会被全屏播放的视频完全遮挡，触发功能的设置变得毫无意义，反而成了画蛇添足。

具体操作步骤如下。

第 1 步：单击“动画”选项卡中的“动画窗格”按钮，打开“动画窗格”面板，在视频播放动画选项上单击鼠标右键，在弹出的快捷菜单中选择“效果选项”命令，打开“播放视频”对话框，如图 5-8 所示。

图 5-8　视频播放的设置位置

补充：视频触发暂停播放。

若为视频添加单击触发暂停，只需在视频暂停动画项上单击鼠标右键，在弹出的快捷菜单中选择“效果选项”命令，然后按视频触发播放的方法继续操作完成。

第 2 步：单击“计时”选项卡中的“触发器”按钮展开触发事项选项，选中“单击下列对象时启动动画效果”单选按钮，单击右侧出现的下拉选项按钮，在弹出的下拉选项中选择触发对象选项，最后单击“确定”按钮，完成操作，如图 5-9 所示。

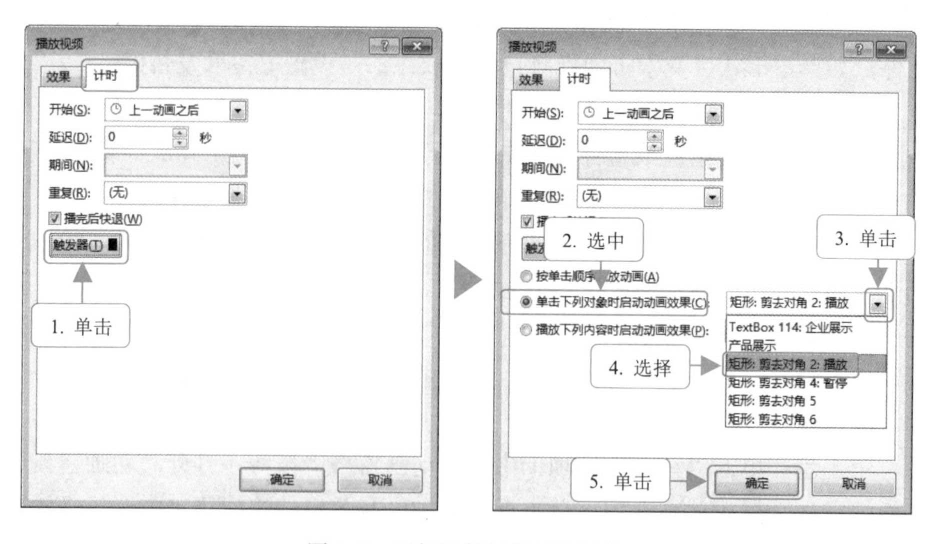

图 5-9　添加视频触发播放对象

2. 书签触发暂停

书签触发暂停是指视频在播放过程中一旦播放到预定的书签位置就自动暂停，画面固定在书签位置处，待演讲者手动播放时再继续播放。它有两个核心技术点：一是添加书签；二是触发暂停。下面详细讲解步骤。

第 1 步：将鼠标光标移到视频上，在自动出现的视频播放控制条上需要暂停的位置单击，单击“视频工具→播放”选项卡下的“添加书签”按钮添加书签，如图 5-10 所示。

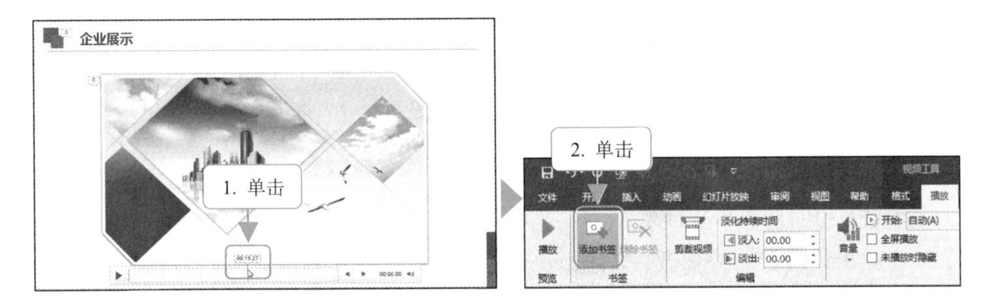

图 5-10　在视频指定位置添加书签

第 2 步：打开“动画窗格”面板，在暂停播放动画选项上单击鼠标右键，在弹出的快捷菜单中选择“效果选项”命令，打开“暂停视频”对话框，单击“计时”选项卡中的“触发器”按钮展开触发事项选项，如图 5-11 所示。

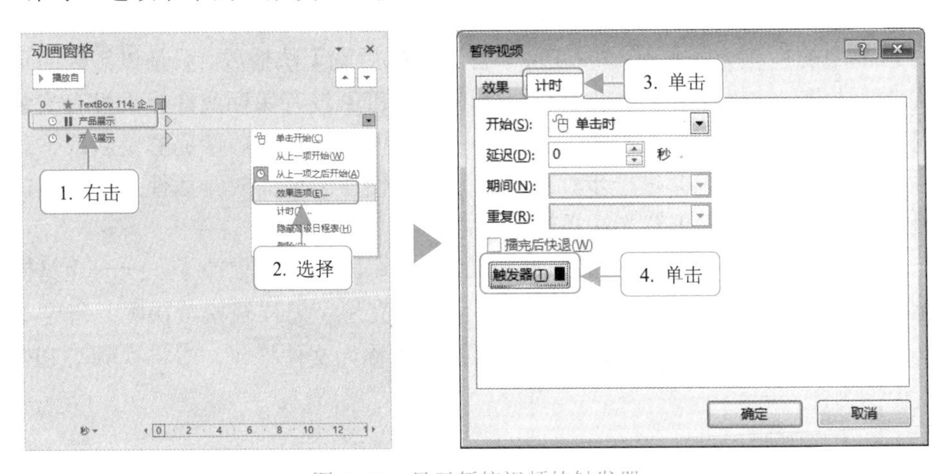

图 5-11　显示暂停视频的触发器

第 3 步：单击“播放下列内容时启动动画效果”单选按钮，单击右侧出现的下拉选项按钮，在弹出的下拉选项中选择触发书签选项，最后单击“确定”按钮确认，如图 5-12 所示。

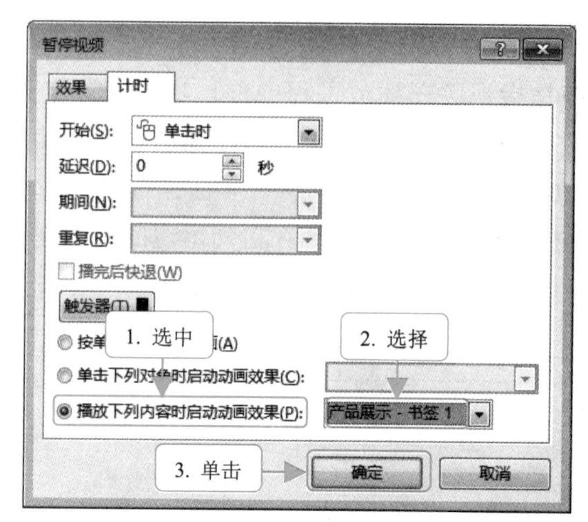

图 5-12　显示暂停视频的触发器书签

补充：只能是书签触发。

自动触发视频暂停播放，只能由视频控制条上的书签来实现。因为视频的进度条只能识别书签，其他手动的对象无法嵌入视频进度条中，因此，这里的触发对象只能是书签，没有其他方法替代。如果是单击触发暂停，可采用 5.1.3 小节的操作实现。

5.1.4　视频打包

视频打包

很多人在播放 PPT 时有时会碰到一个严重的问题：添加到 PPT 中的视频无法正常播放或换一台计算机后就无法播放，只是以黑色的形状“摆放”在幻灯片里。他们一开始会以为是 PPT 没有保存或计算机没有安装视频播放器或 Flash 播放器的原因，特别是遇到 Flash 播放插件提醒更新或下载时，脑海里这种意识会进一步强化。但是，即使 Flash 播放器插件或视频媒体播放器全部更新后，仍然无法播放。

其实，PPT 视频不能正常播放，最直接的原因是“视频掉了”——计算机无法调用视频，因为路径和视频源文件全都没有了。怎样轻松解决呢？肯定不是反复添加视频到 PPT 里，而是将视频打包或称为文件打包，即将视频与 PPT 文件捆绑在一起。

操作步骤如下。

第 1 步：单击 PPT 软件左上角的“文件”选项卡进入 Backstage 界面，选择“导出”选项，单击“将演示文稿打包成 CD”按钮，然后单击在右侧弹出的“打包成 CD”按钮，如图 5-13 所示。

第 2 步：在打开的“打包成 CD”对话框中单击“添加”按钮，打开“添加文件”对话框，选择已添加到 PPT 中的视频文件（将视频与 PPT 打包在一起），这里选择“汇报”视频，然后单击“添加”按钮，如图 5-14 所示。

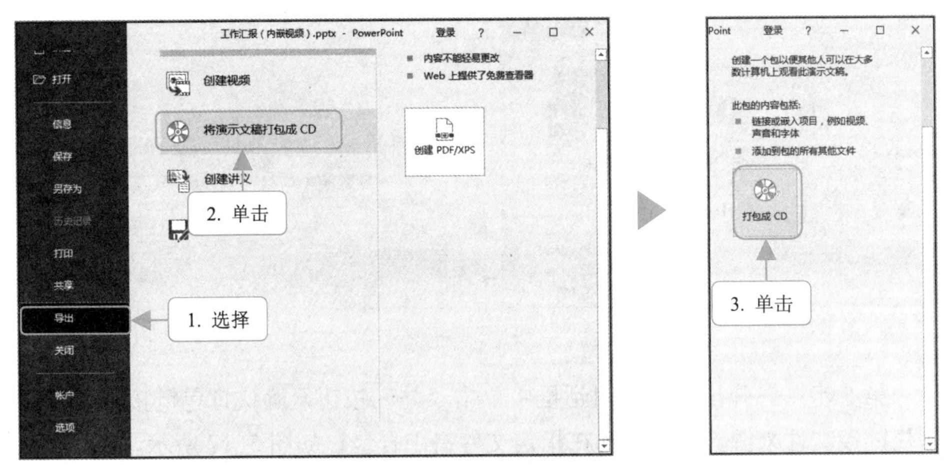

图 5-13　启用“打包成 CD”功能

图 5-14　选择 PPT 中使用的视频文件

第 3 步：返回到“打包成 CD”对话框中，单击“复制到文件夹”按钮，打开“复制到文件夹”对话框，设置文件夹名称，然后单击“浏览”按钮，如图 5-15 所示。

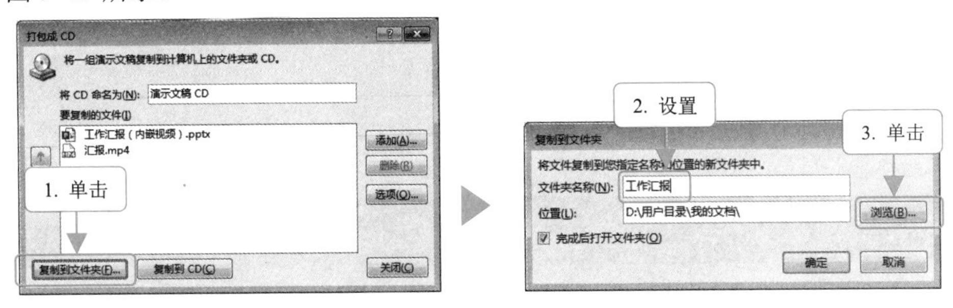

图 5-15　设置文件夹名称

第 4 步：在打开的“选择位置”对话框中选择放置文件夹的位置，单击“选择”按钮，返回到“复制到文件夹”对话框中单击“确定”按钮，如图 5-16 所示。

图 5-16　指定打包文件夹放置的位置

第 5 步：在弹出的提示对话框中单击“是”按钮，确认打包链接被复制并信任链接文件来源，PPT 自动在指定文件夹中打包，如图 5-17 所示。

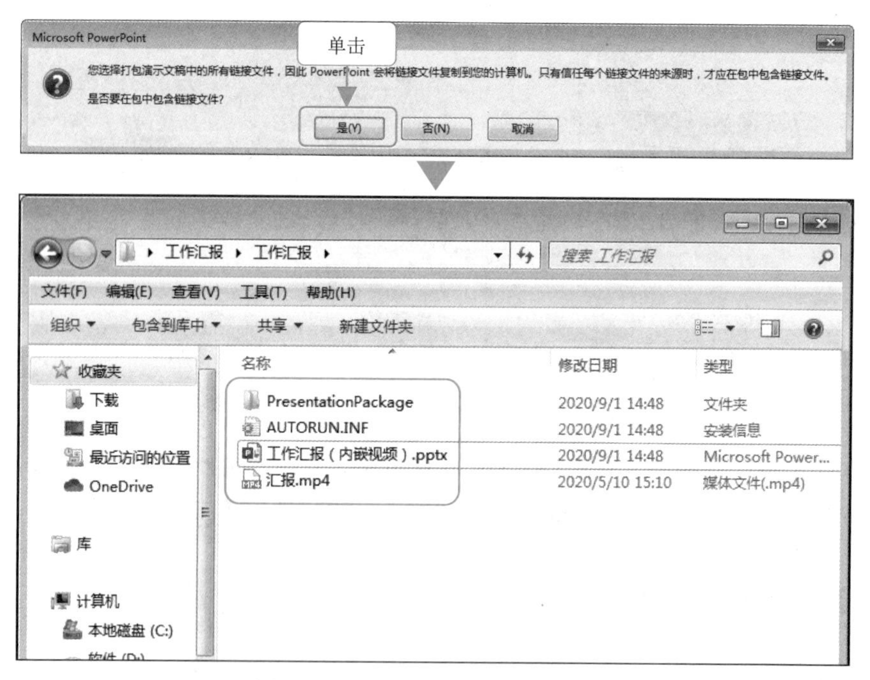

图 5-17　信任链接来源并完成打包

5.2　视频背景的选用与设置

制作一个炫酷的视频背景不仅可以节省作图的时间，还可以让 PPT 更具说服力，这也是制作动态背景成为流行趋势的主要原因。合理、适当地使用视频动态背景，不仅能让 PPT 显得更加灵动，还能带给受众不一样的视觉体验。根据笔者的经验和对各类风格的“进化”趋势的分析（随意堆砌→扁平风→微立体→动态视频背景→3D 模型设计），设置视频背景将会成为未来 PPT 设计风格的主要流行方向。同时，在当下的设计中，也可以看到很多炫酷的视频背景，下面展示几张图片，如图 5-18 所示。

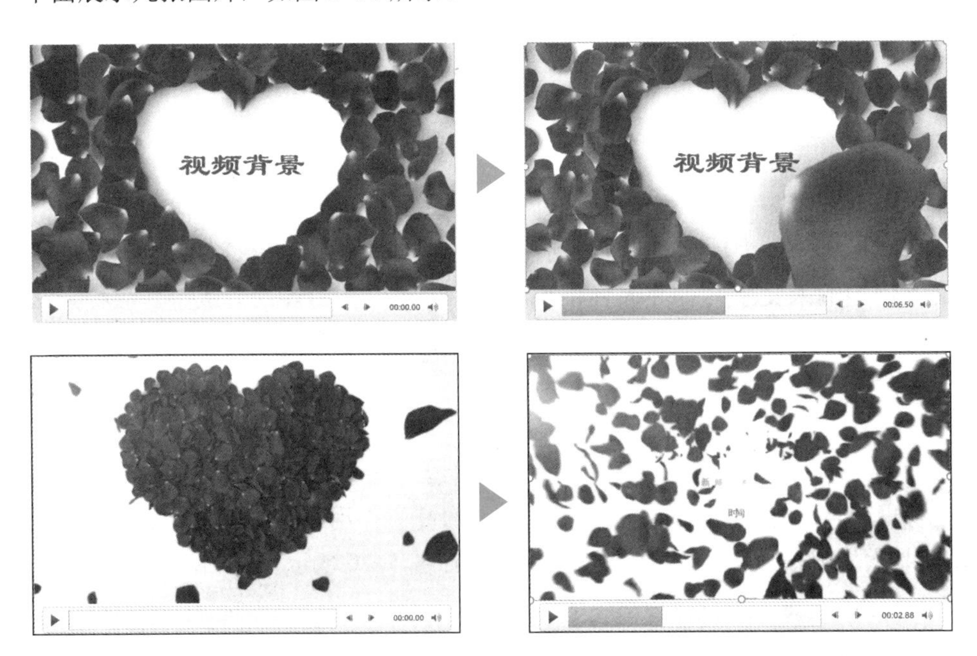

图 5-18　视频作为幻灯片背景的放映截图

虽然视频作为背景能带给受众视觉的灵动体验，不过也需要注意选用和设置要点。

5.2.1　背景视频选择要点

在视频背景没有发展为 PPT 设计重要元素的潮流前，视频背景一般在封面背景中使用。因此，在选择视频素材时需要注意两小点：一是视频必须与 PPT 主题相贴合；二是视频内容必须简短，传递的信息最好单一，装饰和衬托是主要目的，因此视频内容不能太复杂，示意图如图 5-19 所示。

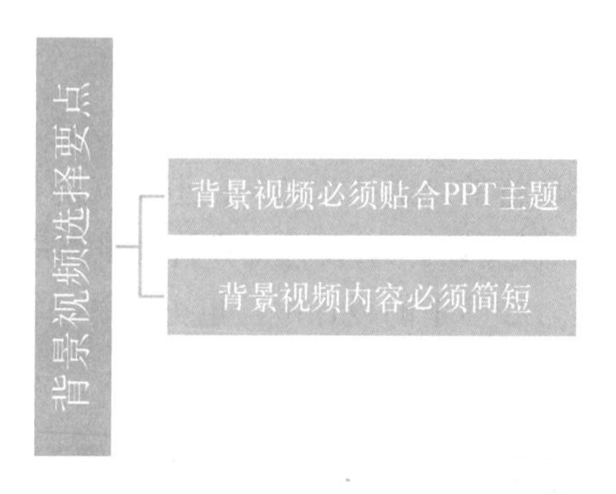

图 5-19 背景视频选择要点

5.2.2 设置 3 要点

使用视频作为动态背景的方法：一是可以直接放置在幻灯片上，然后在文本框中输入文字内容并放置在视频上；二是用在幻灯片母版中。两种方法都可以，读者可以根据需要灵活选择。不过，在设置时，一定要注意以下 3 个要点：

1. 视频亮度合适

视频作为背景虽然有其独特的优势，且具有一定的通俗性，但归根结底还是背景元素，它不能喧宾夺主，必须起“衬托”作用。因此，视频自带的亮度（一是太抢眼，二是视频上的文字看不清，如图 5-20 所示）必须降低，让它“暗淡”一点。

图 5-20 视频亮度太高存在的问题

通常采用两种方法降低视频亮度：一是直接调低亮度；二是添加半透明隔板。下面分别进行讲解。

- **直接调低亮度：** 选择视频后，单击“视频工具→格式”选项卡的“更正”下拉按钮，选择调暗的选项，如这里选择深度调暗选项，整个背景视频亮度会降低很多，此时视频的文字完全能看清楚，且整体效果协调，如图 5-21 所示。

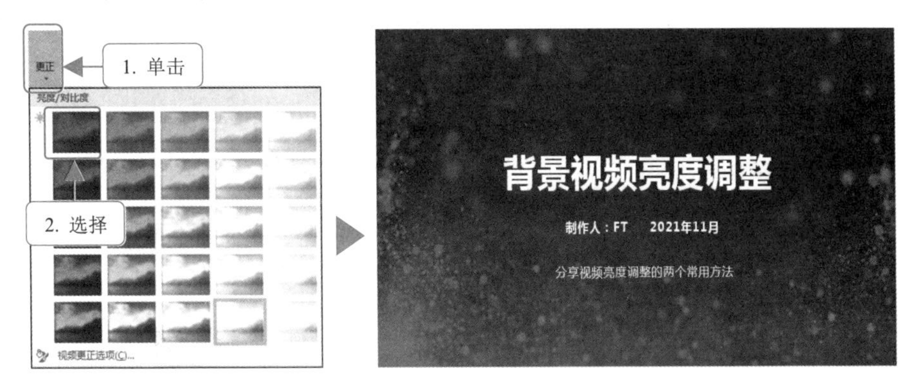

图 5-21　直接降低视频亮度

- **添加半透明隔板：** 视频太亮可以在上面覆盖一张半透明的隔板，方法是绘制一张与背景视频一样尺寸的矩形图片（与幻灯片大小一样的矩形也行），然后放置在背景视频上，文字下面（视频与文字中间层）完全覆盖，最后调整透明度到适中即可，如图 5-22 所示。

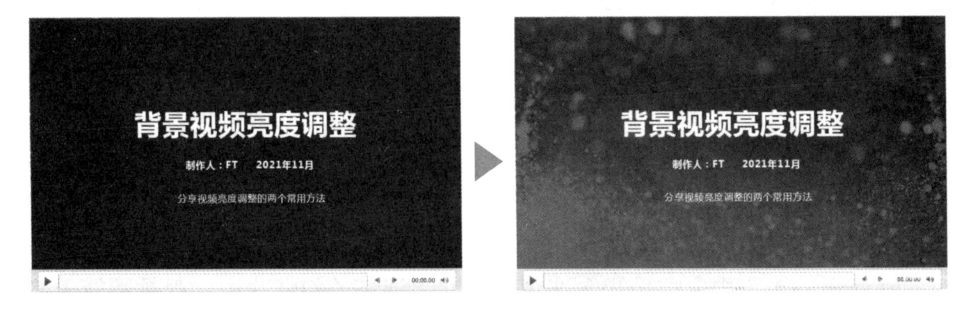

图 5-22　使用半透明隔板隔开文字和背景视频

补充：半透明度调整。

一些读者朋友可能不知道怎么调整形状图片的透明度，现截图简单展示，如图 5-23 所示。

2. 视频声音关闭

在没有特殊要求的情况下，PPT 的背景视频通常保持静音状态，受众只看影像，不听声音，以免出现“喧宾夺主”的情况，分散受众看视频内容信息的精力。因此，要将视频声音设置为静音，操作方法如图 5-24 所示（在一些宣传英雄事迹的 PPT 中，英雄事迹视频作为背景时可以有声音，这类 PPT 的制作可以理解为是在特殊情况之下）。

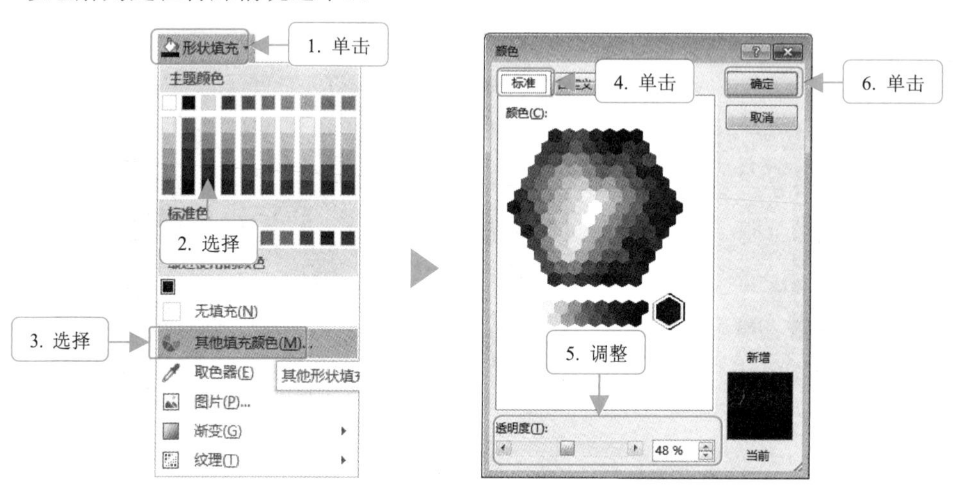

图 5-23　设置形状图片的透明度

（背景视频与文字之间的隔板透明度设置方法）

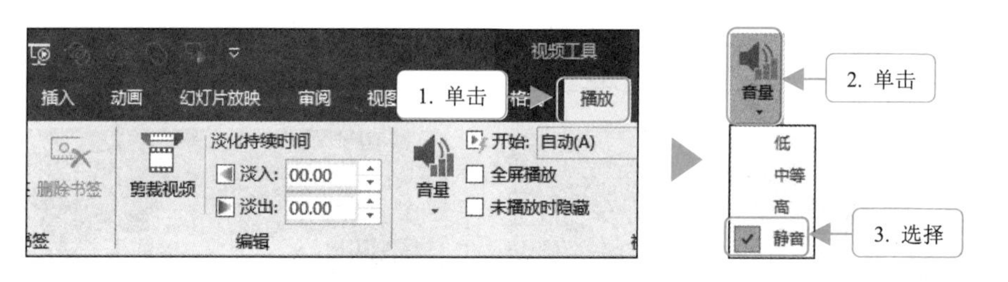

图 5-24　将视频声音设置为静音

3. 循环播放

在前面的内容中，已经提到在视频与文字混搭的幻灯片中，视频不能全屏播放，因为视频全屏播放文字会被全部“掩盖”，造成放映文字丢失的后果。设置背景视频还必须遵循一条：循环播放直到幻灯片切换。因为背景视频的目的之一是实现展示动态背景效果，如果背景视频播放结束后停止，则会直接变成静态背景，与初衷违背。另外，如果背景视频放置结束后出现黑屏，又会让整张幻灯片显得难看而降低受众的体验感。因此，背景视频必须设置为循环播放，设置方法如图 5-25 所示。

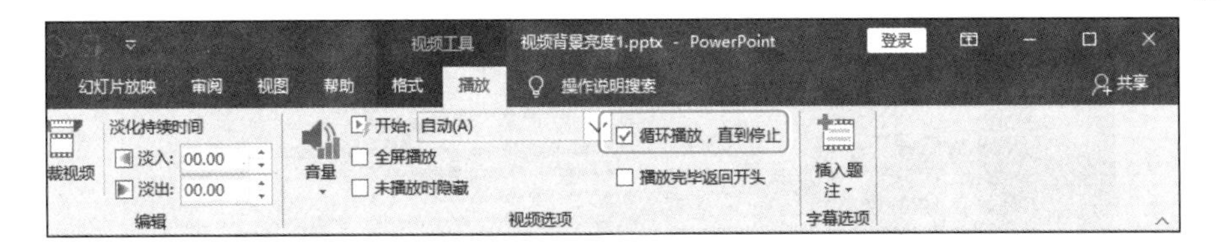

图 5-25　背景视频循环播放设置

5.3　用 PPT 制作个性化短视频

很多软件都可以制作个性化短视频，如抖音、快手、火山、爱剪辑等，甚至用智能手机的录像功能都可以。笔者作为 PPT 的使用者和爱好者也会用 PPT 制作出个性化短视频。方法有两种：一是导出视频；二是屏幕录制。导出视频很多读者朋友都会操作，只要先做好 PPT，然后保存为视频即可。为了照顾新手，特意介绍使用 PPT 制作一个"文字快闪"短视频的操作步骤，具体如下。

第 1 步：制作快闪 PPT 内容（根据时长自己定制，与一般的 PPT 制作方法一样，只需将幻灯片自动切换时间缩短，每一页正常制作即可），然后单击"文件"选项卡，如图 5-26 所示。

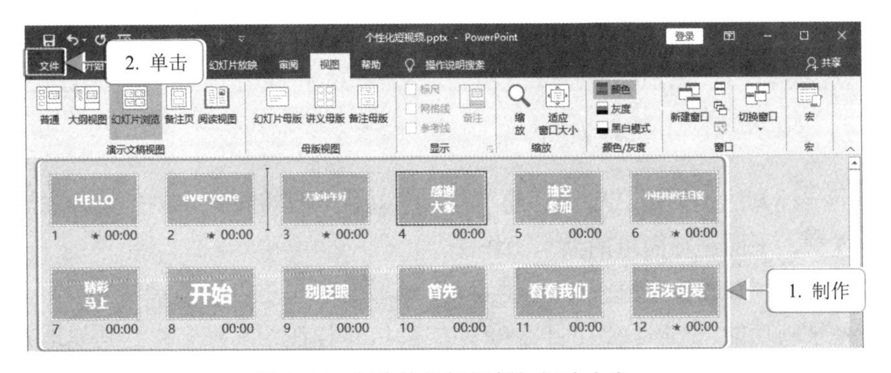

图 5-26　制作快闪短视频幻灯片内容

第 2 步：选择"导出"选项，在右侧的界面中选择"创建视频"选项，然后单击"创建视频"按钮，如图 5-27 所示。

第 3 步：在打开的"另存为"对话框中选择保存位置并选择保存为 mp4 格式后，单击"保存"按钮，完成整个操作，如图 5-28 所示（导出的短视频已放在配套资源第 5 章的文件夹里，读者可以播放观看）。

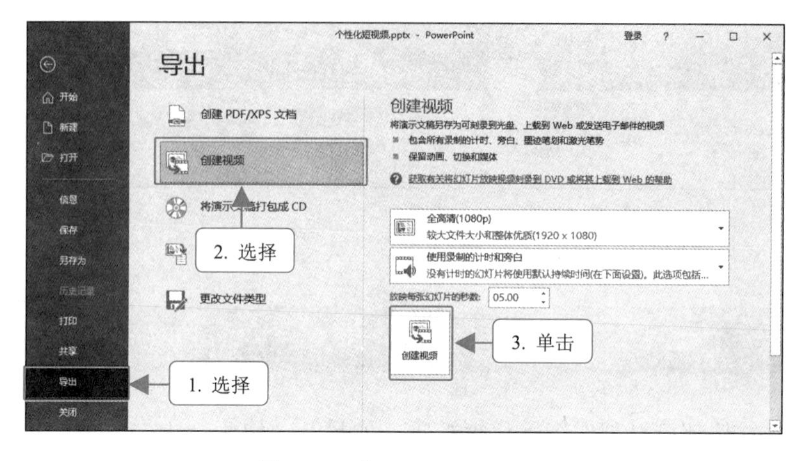

图 5-27　将 PPT 导出为视频

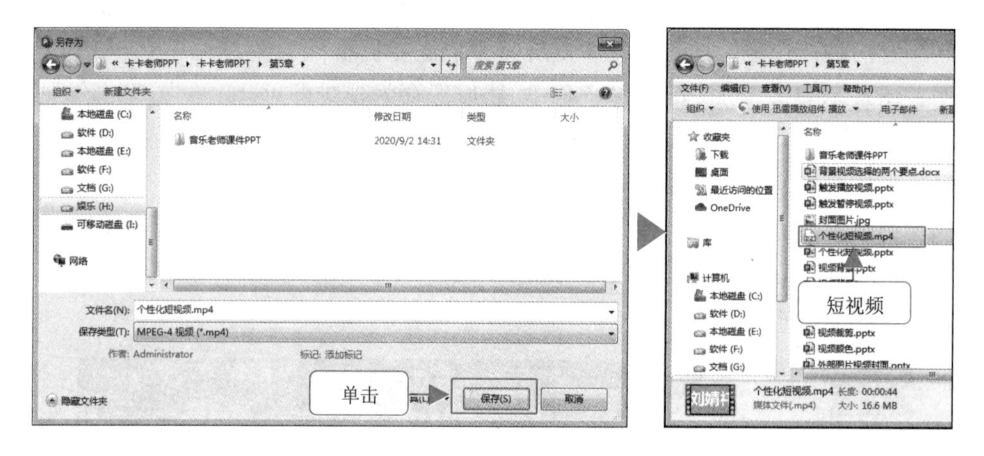

图 5-28　将 PPT 导出的短视频保存为 mp4 格式

另一种方法是使用 PPT 的“屏幕录制”功能，直接将指定的幻灯片内容录制为视频，下面进行简单的演示操作。

第 1 步：在其他 PPT 中选择“插入”选项卡，单击“屏幕录制”按钮，启用屏幕录制功能（一定不要在目标PPT中启动，这样在录制时会跳到其他地方），在弹出的控制浮动工具栏上单击“选择区域”按钮，如图 5-29 所示。

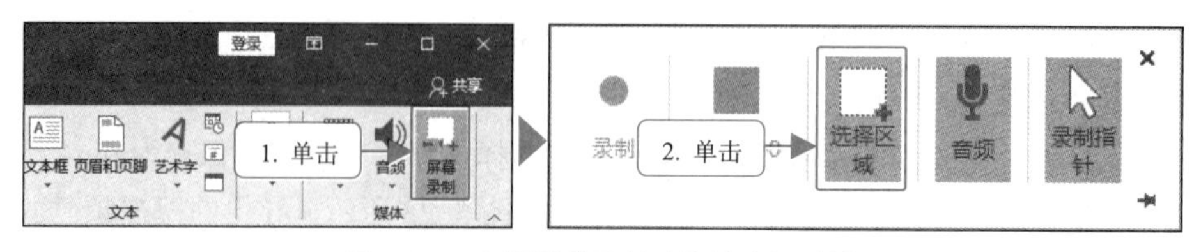

图 5-29　启用屏幕录制功能并选择区域

第 2 步：将整个屏幕显示的幻灯片全部框选在视频录制区域，即整个计算机显示屏幕（注意不是幻灯片所在区域，因为幻灯片是全屏放映的），如图 5-30 所示。

图 5-30 框选整个计算机显示屏幕作为录制区域

第 3 步：在录制视频的浮动工具栏中单击“录制”按钮开始录制，然后放映幻灯片，将事先制作的 PPT 内容录制为视频，制作成短视频，如图 5-31 所示。最后再次单击“录制”按钮，完成整个视频的录制。

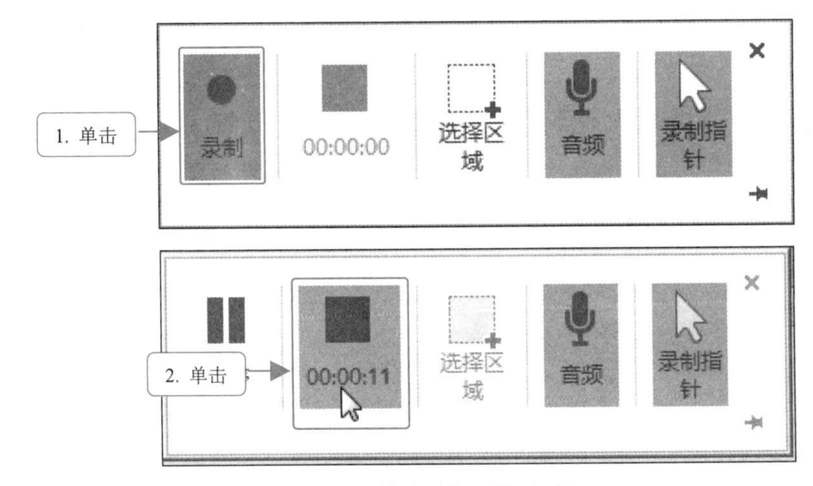

图 5-31 屏幕录制

补充：PPT 视频录制不仅限于 PPT 的录制。

PPT 的屏幕录制功能不仅可以对 PPT 进行录制，还可以录制外部的其他对象，如视频和某些操作过程的视频。

第 6 章

在 PPT 中使用图表

PPT 是传递信息的媒介之一，在工作中经常用到，无论是说服性 PPT 还是单向展示的传播性 PPT，都要求数字信息能直观传递。基于“文不如图”的设计理念，在 PPT 中应将数字做成图表。

本章将具体讲解如何在 PPT 中使用图表。

6.1　PPT 图表的 5 大基本功能

在商业计划书、项目投资方案、市场情况、总结报告、年度汇报、融资方案等用数据说话的 PPT 中，图表常常被用到，因为图表的直观表达力和说服力特别强。但是，在 PPT 中不是所有图表都具有“直观表达力和说服力”的，因为，PPT 中的图表只具有 5 大基本功能：表示关系、表示比较、表示分布、表示构成和表示趋势/走势，分别介绍如下。

表示关系：表示两组或多组数据之间的相互关系，常用折线图、柱形图、散点图等表示，图 6-1 所示为广告投入与市场占有份额的关系图表。

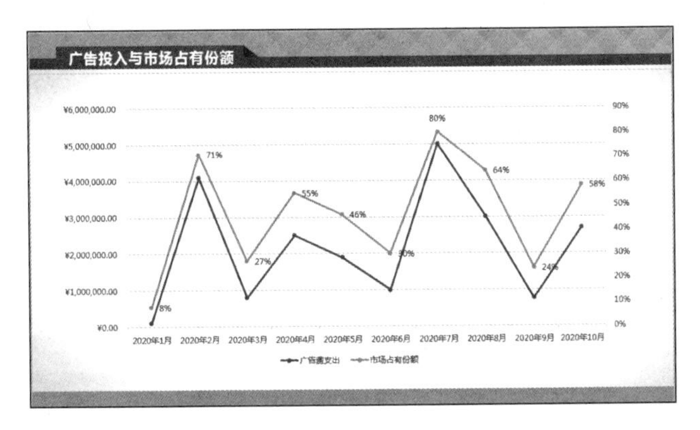

图 6-1　广告投入与市场占有份额的关系图表

表示比较：表示两组或多组数据之间的比较/对比关系，常用柱形图和条形图等表示，图 6-2 所示为宠物市场不同年份的市场规模及宠物狗和宠物猫相关数据比较的图表。

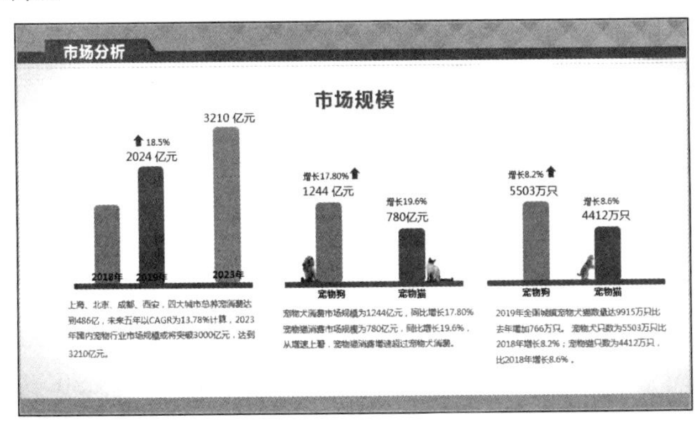

图 6-2　宠物市场不同年份的市场规模及宠物狗和宠物猫相关数据比较的图表

表示分布：表示几组数据在不同区域的分布关系、占有份额关系或各项能力分布关系，图 6-3 所示为宠物市场各渠道销售额分布图。

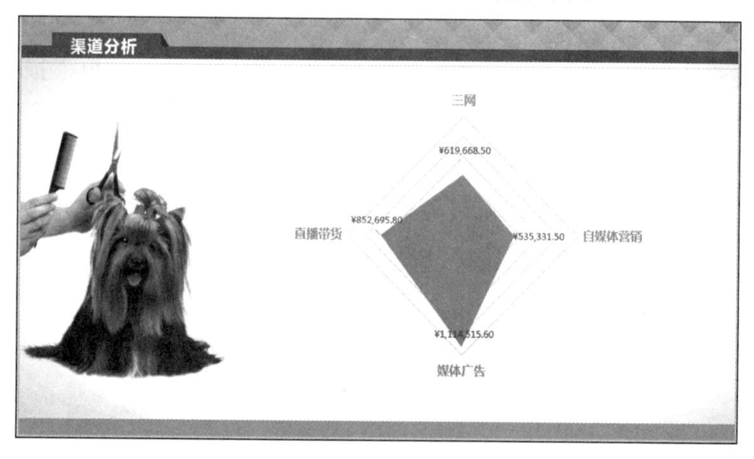

图 6-3　宠物市场各渠道销售额分布图

表示构成：表示至少有两组数据构成一个整体的数据关系，如各渠道的销售占比、小组成员的各构成占比等，通常用饼图表示，图 6-4 所示为宠物市场各渠道销售构成占比图。

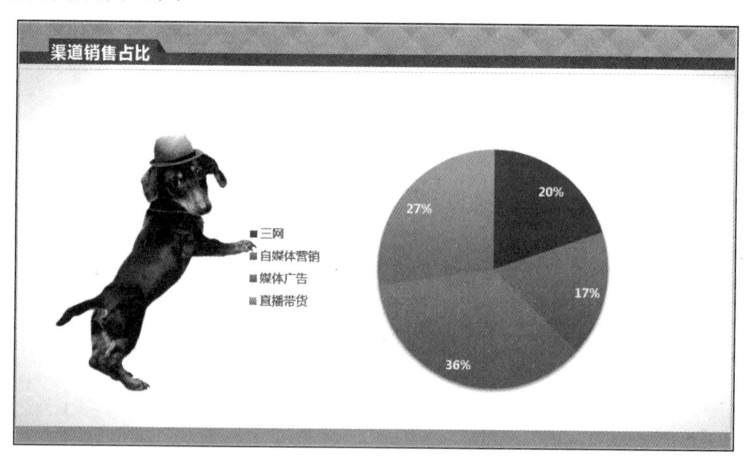

图 6-4　宠物市场各渠道销售构成占比图

表示趋势/走势：表示一组或几组数据的走势，通常按时间/日期呈现，以观察数据整体走势情况或预测未来趋势。因此，折线图或带有趋势线的图表都适用（柱形图中添加走势线也符合需要），图 6-5 所示为 2020 年 1～10 月某公司广告费用投入走势情况。

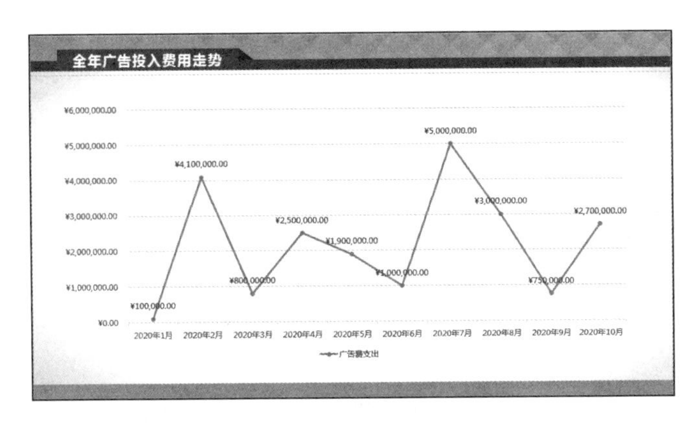

图 6-5　2020 年 1～10 月某公司广告费用投入走势情况

6.2　垃圾图表的界定与处理

在 PPT 中，图表最基本的作用是传递数字信息。因此，我们将影响数字信息传递的图表或带有影响数字信息传递元素的图表界定为垃圾图表。对于影响数字信息传递的图表最直接的处理方式是删除或更换，让数字信息能正常传递。对于带有影响数字信息传递元素的图表的处理方式是降噪——将多余的元素、设计删除或将不应该强调的数据格式取消。图 6-6 所示为两组图表降噪处理的前、后对比效果图。

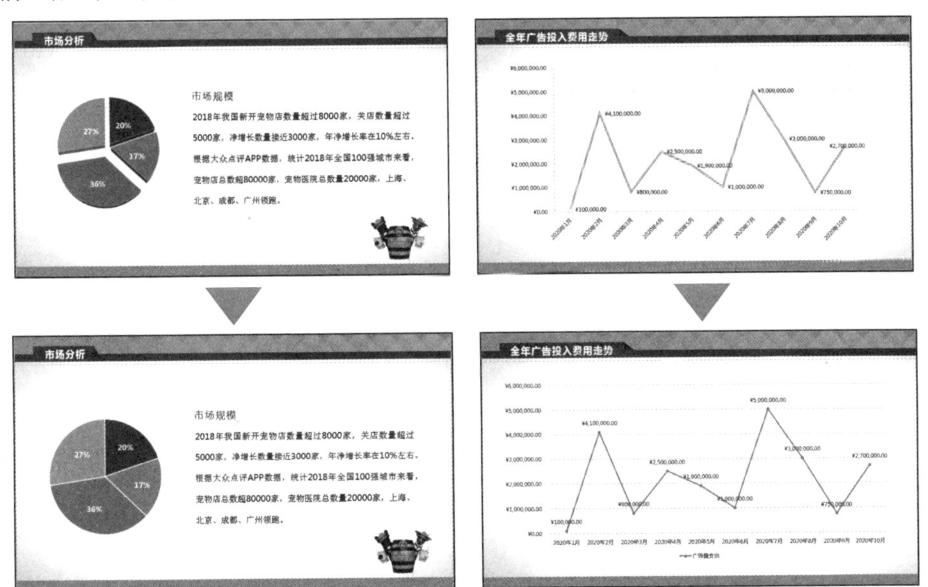

图 6-6　两组图表降噪处理前后效果对比

6.3 图表优选

在 PPT 中，对于同一组数据可以用多个图表共同展示（或通过类似图表的图形展示），怎样能让图表更恰当和更精确地展示数据，这里介绍如下几种图表优选的方式。

6.3.1 趋势展示：折线图比柱形图好

柱形图和折线图都能展示数据的趋势情况，图 6-7 所示的两幅图为同一组数据的两种不同表示方法，虽然通过它们都可以看出广告费用投入的走势情况，但折线图更能直观地展示 3～10 月广告费用投入的走势情况。

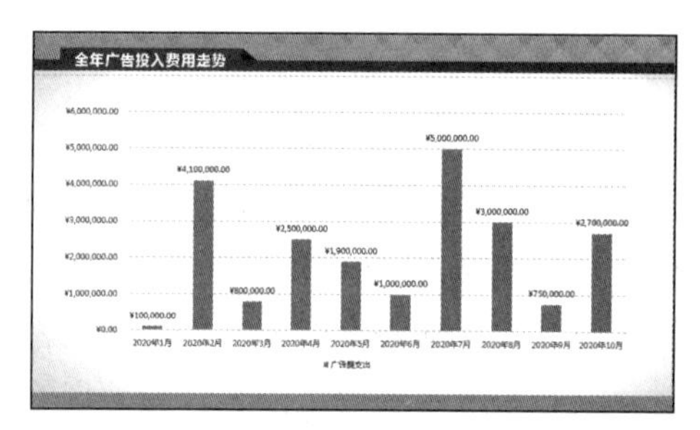

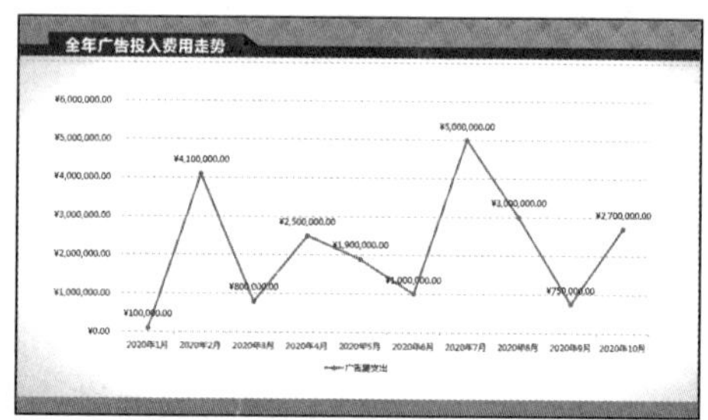

图 6-7　柱形图与折线图展示数据走势对比

虽然柱形图在展示数据趋势或走势方面不如折线图的效果好，但是也可以提高柱形图展示数据趋势的效果——添加趋势线，让它与折线图相似，如图 6-8 所示。

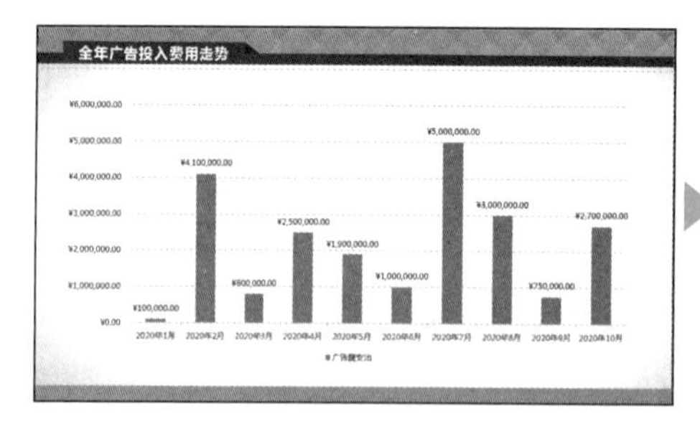

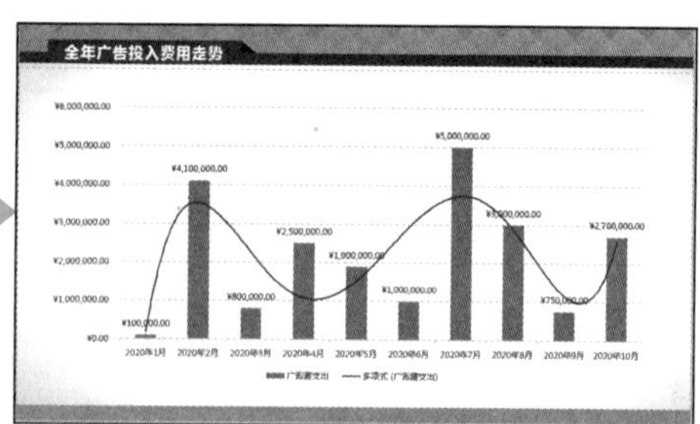

图 6-8　添加趋势线后的柱形图

6.3.2 数据比较：条形图优于柱形图

在变量相同的情况下，通常会使用柱形图进行数据比较，如比较大小等。

其实在很多数据对比实例中，可以看出条形图相对于柱形图表达效果更优，如图 6-9 所示。

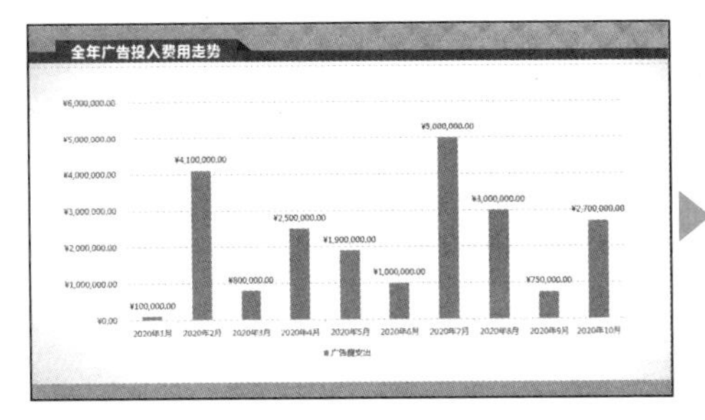

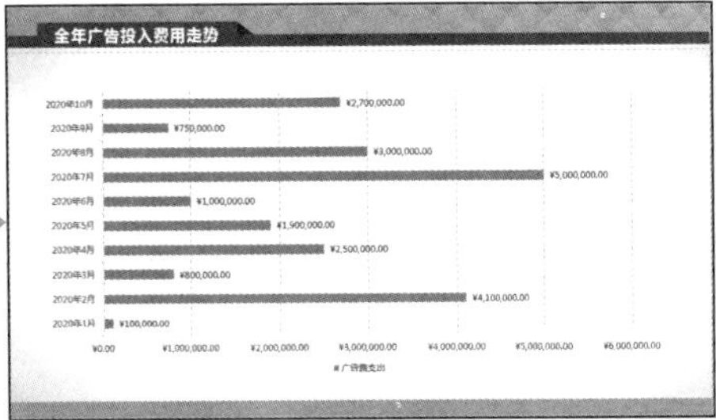

图 6-9　柱形图与条形图分别展示数据比较关系

6.3.3　结构展示：饼图优于柱形图

饼图与柱形图不会用于同一组关系数据中，不过，工作型 PPT 常常会出现这种情况：柱形图合适、饼图也合适。这时会让领导或客户自己选择该用哪一种，如果设计者有决定权，一定要选择饼图，因为饼图展示数据结构的效果优于柱形图，如图 6-10 所示。

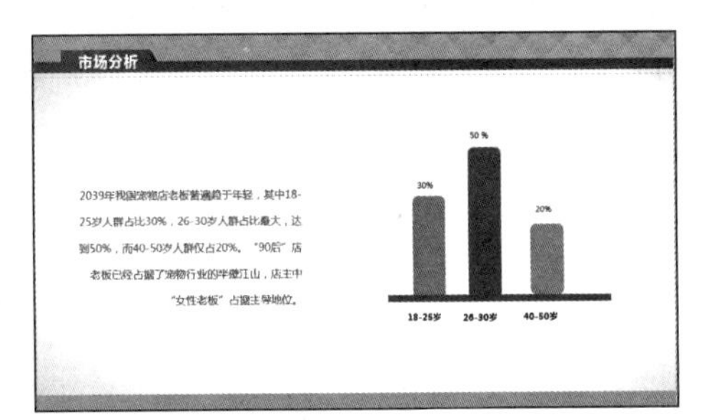

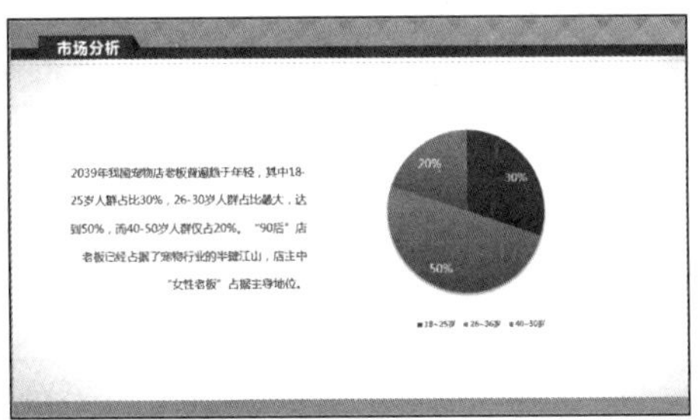

图 6-10　饼图优于柱形图展示数据结构

6.3.4　用不同颜色标识散点图的数据点

用散点图展示数据的分布有着独特的魅力，不过对于大多数受众而言，散点图通常会显得很散。图 6-11 所示为使用同一颜色分别标识 2014 年和 2016 年的市场指数的效果，受众会觉得点比较多，甚至认为这张图感觉像是一盘散沙。作为工作型 PPT 必须让信息表达清晰，需要用不同的颜色标识散点图的数据点，以便受众理解。图 6-12 所示是使用两种不同颜色分别标识 2014 年和 2016 年的市场指数的效果。

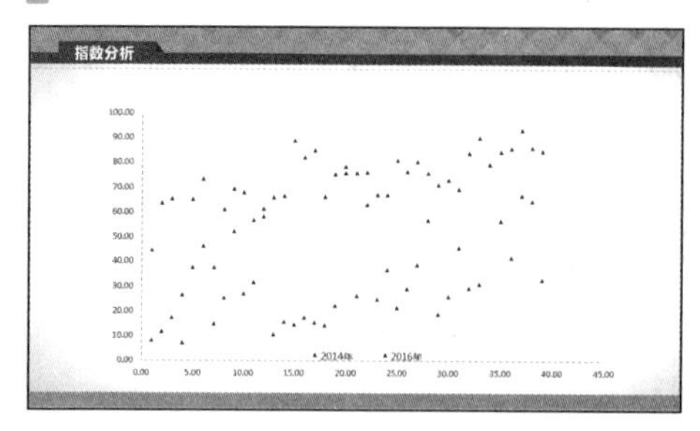

图 6-11　同一颜色标识不同数据点

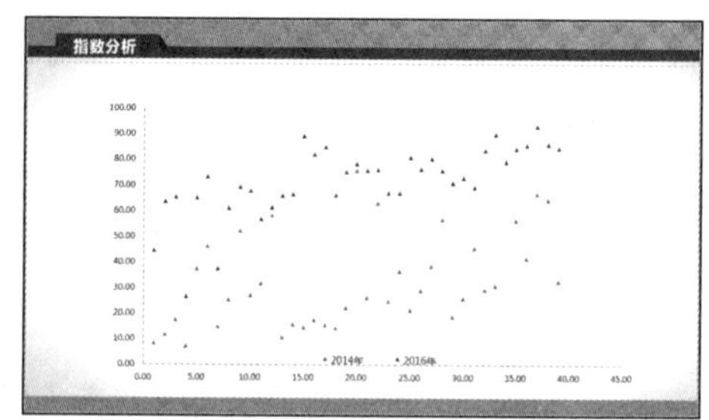

图 6-12　不同颜色标识不同数据点

6.4　在 Excel 中创建图表

在 PPT 中虽然可以创建图表，具体操作如图 6-13 所示。但是在编辑图表数据时操作较为不便，特别是创建双坐标图表时更是如此。不过 Excel 与 PPT 可以通用，Excel 图表可以直接复制粘贴到 PPT 中。因此，选择在 Excel 中创建图表比在 PPT 中快捷便利。

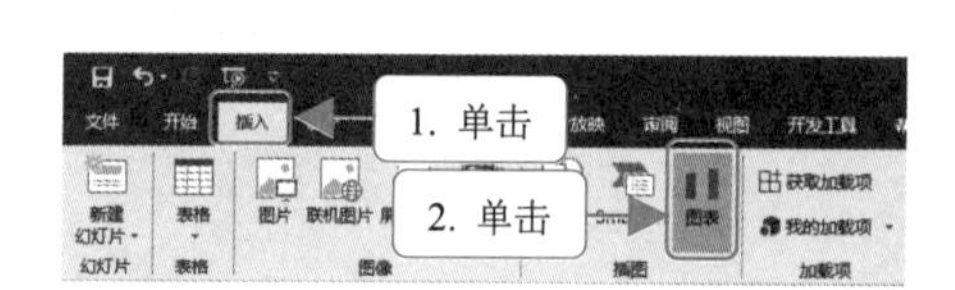

图 6-13　在 PPT 中创建图表的操作

6.4.1　创建图表

数据准备好后，在 Excel 中只需 3 步就能创建一张适用于 PPT 的图表，方法非常简单：选择表格中任一数据单元格，单击“插入”选项卡，单击“图表”组中“推荐的图表”下拉按钮，在打开的“插入图表”对话框中双击适合的图表选项即可，如图 6-14 所示。

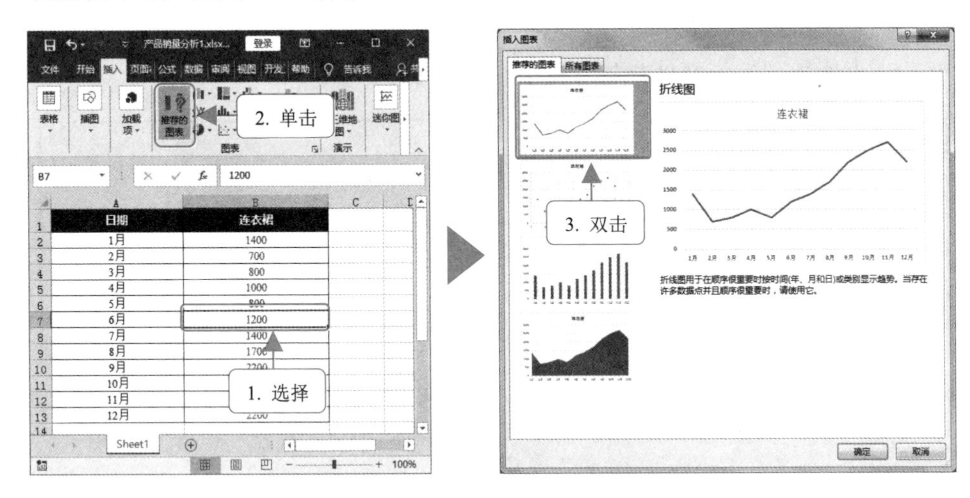

图 6-14　在 Excel 中创建图表

提示：在“所有图表”选项卡里挑选图表样式。

如果在 Excel“推荐的图表”里没有找到理想的图表样式，可在“插入图表”对话框中单击“所有图表”选项卡，在里面选择更合适的图表样式，最后单击“确定”按钮。如图 6-15 所示。

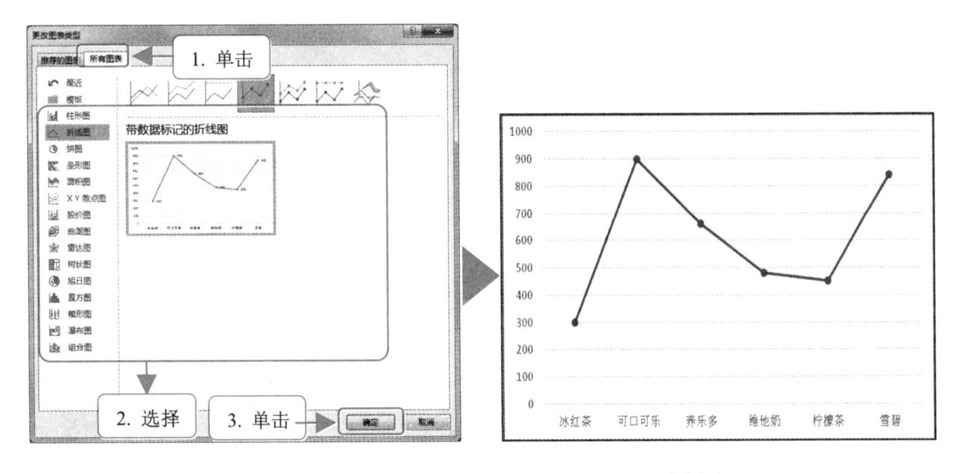

图 6-15　在“所有图表”选项卡里挑选图表样式

6.4.2　添加数据标签和趋势线

为了使受众在看 PPT 图表时能一目了然，如对具体数据的走势/趋势等，可以在 Excel 中为图表添加数据标签和趋势线。

- **添加数据标签**：选择数据系列并在其上单击鼠标右键，在弹出的快捷菜单中选择“添加数据标签”命令，如图 6-16 所示。

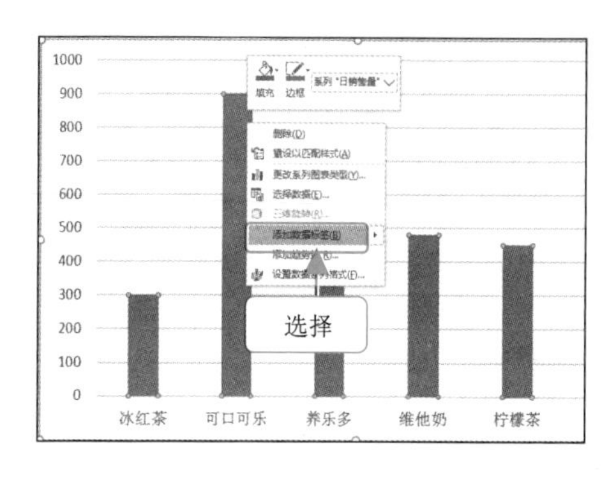

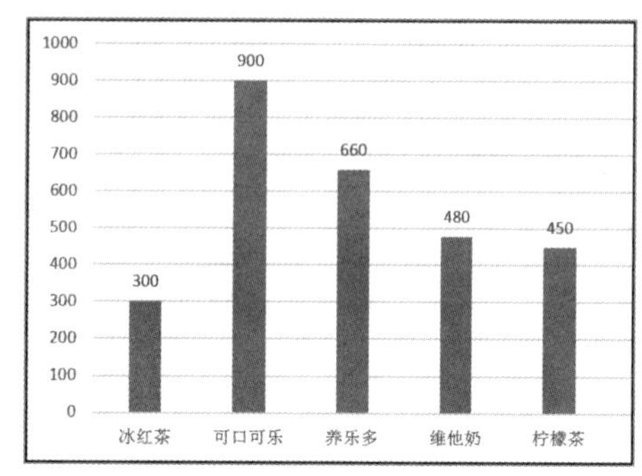

图 6-16 在 Excel 中添加数据标签

- **添加趋势线**：选择数据系列并在其上单击鼠标右键，在弹出的快捷菜单中选择“添加趋势线”命令，如图 6-17 所示。

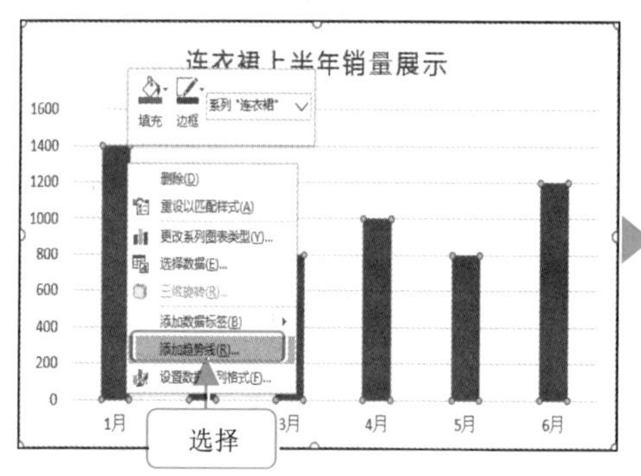

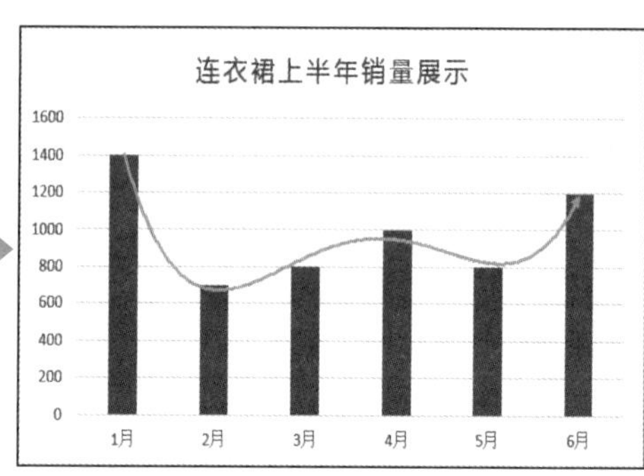

图 6-17 Excel 中添加趋势线

6.4.3 制作双坐标图表

双坐标图表可简单理解为同一图表中有两个坐标，以保证图表中两组不同类型数据的正常绘制显示，如实际完成业绩额与完成业绩占比的两组数据在同一表格中展示。在季度报告、销售报告或项目进度汇报 PPT 中经常会遇到，具体示例如图 6-18 所示。

在 Excel 中制作双坐标图表非常简单，图 6-19 所示为销量与完成率不是同一类型数据。

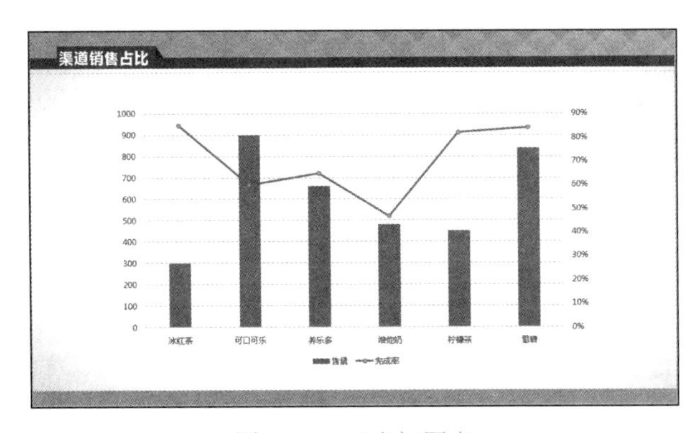

图 6-18　双坐标图表

	A	B	C	D
1	产品名称	售量	完成率	
2	冰红茶	300	85%	
3	可口可乐	900	60%	
4	养乐多	660	65%	
5	维他奶	480	47%	
6	柠檬茶	450	82%	
7	雪碧	840	84%	
8				

图 6-19　销量与完成率不是同一类型数据

以图 6-19 所示数据制作双坐标图表的操作步骤如下。

第 1 步：在 Excel 中选择数据区域，单击插入图表任一按钮，这里单击“插入柱形图或条形图”按钮，选择“更多柱形图”选项，打开“插入图表”对话框，如图 6-20 所示。

	A	B	C	D
1	产品名称	售量	完成率	
2	冰红茶	300	85%	
3	可口可乐	900	60%	
4	养乐多	660	65%	
5	维他奶	480	47%	
6	柠檬茶	450	82%	
7	雪碧	840	84%	

1. 选择

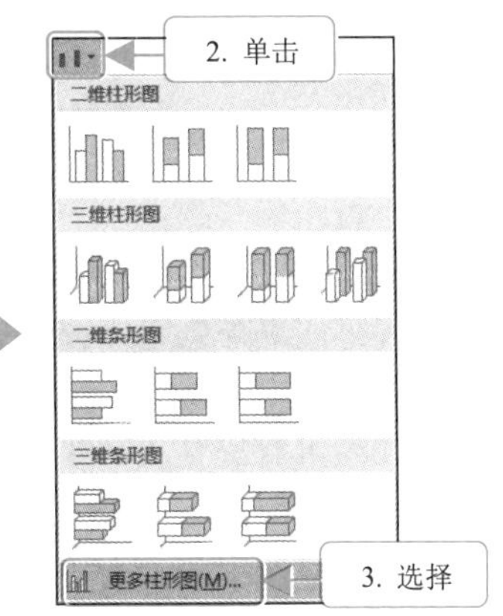

图 6-20　选择指定图表数据源

第 2 步：在“插入图表”对话框中，选中“次坐标轴”复选框，单击“完成率”对应的下拉按钮，选择不同于簇状柱形图选项（因为原有的就是簇状柱形图)，单击“确定”按钮，如图 6-21 所示。

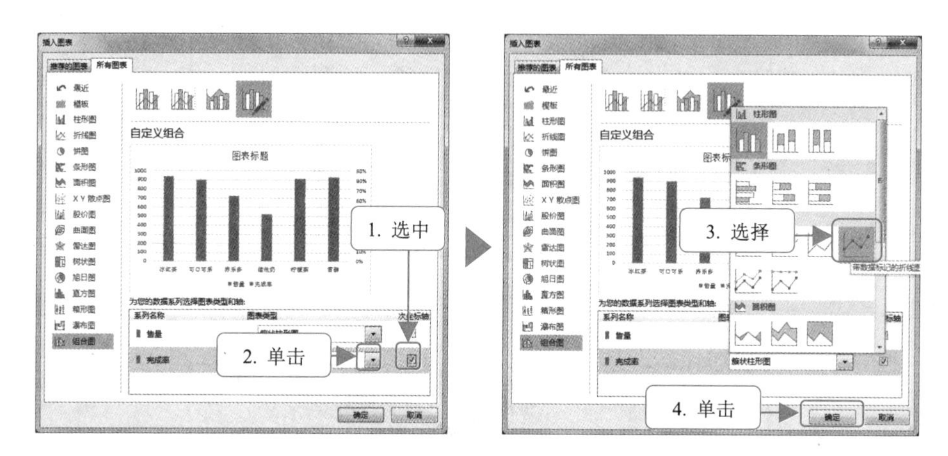

图 6-21　添加次要坐标轴并选择系列类型

第 3 步：在 Excel 中创建的双坐标图表，如图 6-22 所示。

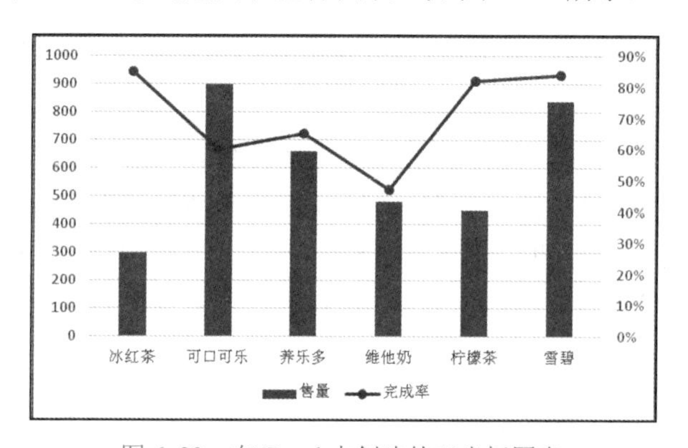

图 6-22　在 Excel 中创建的双坐标图表

6.5　在 PPT 中绘制个性图表

除了可以在 Excel 中创建精准的图表外，还可以在 PPT 中手动绘制一些个性图表，如图 6-23 所示。

这些图表没有复杂的格式和创意设计，整体具有 3 个特点：简洁、大方和贴合数据主题。它们都是由 PPT 自带的形状绘制而成，方法非常简单：单击“插入”选项卡中的“形状”下拉按钮，在弹出的下拉选项中选择对应的形状选项，然后在幻灯片中绘制，最后填充颜色即可，如图 6-24 所示。

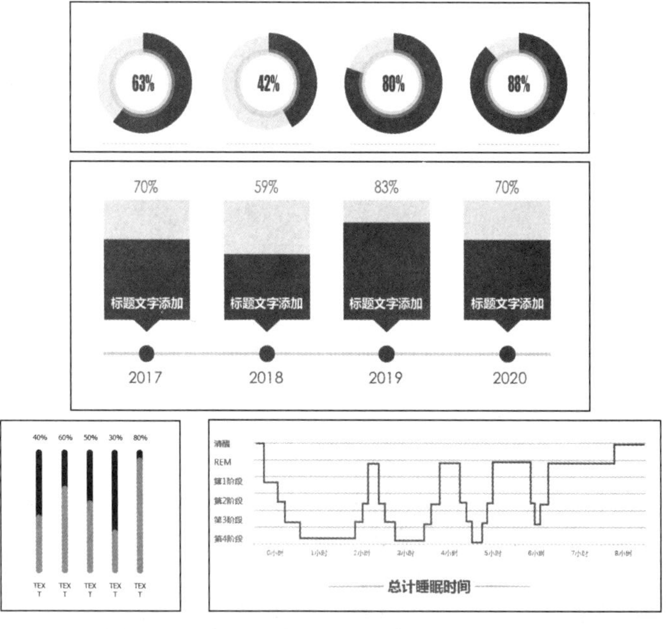

图 6-23　在 PPT 中手动绘制的一些个性图表

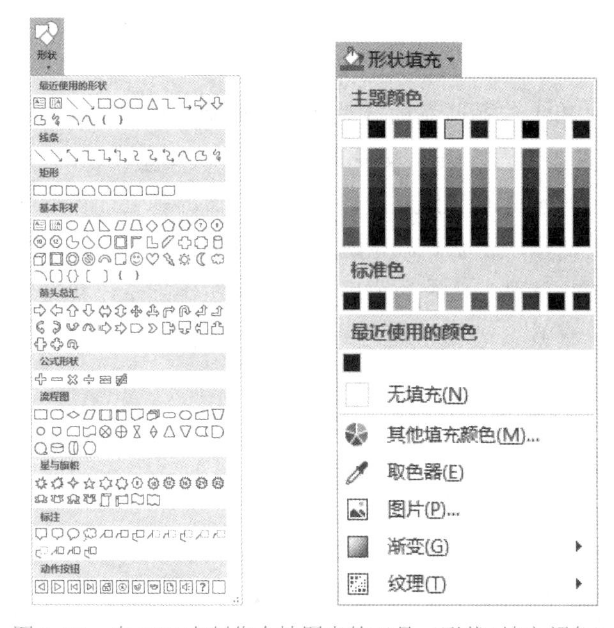

图 6-24　在 PPT 中制作个性图表的工具（形状+填充颜色）

提示：形状填充颜色的选择。

在 PPT 中绘制个性图表所构成形状的填充颜色必须与当前 PPT 的主题颜色保持一致，以保证所绘制的个性图表与主题匹配，不能显得突兀。

第 7 章

PPT 版式布局的 3 块设计

一套完整的 PPT 作品必备的 3 块架构有封面（封底直接复制封面后修改文字内容即可）、目录和内容页。其中，封面设计决定整个 PPT 的风格样式，也直接决定目录和内容页的设计走向，奠定了后面的基调。内容页体现架构和主题，不仅要强调内容，还要有漂亮的版式，让受众喜欢。

本章中将分享封面、目录和内容页的设计制作方法，帮助读者既能快速设计制作出漂亮、精致、大气、简约的 PPT，又能厘清优秀的 PPT 作品的设计思路。

7.1　封面版式布局设计

笔者设计 PPT 多年，感觉很多客户有一个明显的误区：认为封面是 PPT 中最简单的设计，只需一张图片、几个文字就能搞定。其实封面的设计直接关系到整个 PPT 的风格和元素样式的确定，因为封面的颜色和元素直接决定了目录页和内容页的主颜色和装饰元素。因此，封面设计是整套 PPT 设计的“根”。要设计出好的封面，除了对文字样式进行设计外，如描边、投影、裁剪、勾画等，最重要的是版式布局设计。

在本节中分享几个版式设计给读者，以便在以后的封面设计中直接套用。

7.1.1　竖向三分式和水平长宽式

封面设计有 3 个重要因素：一是文字（主标题、副标题和其他信息）；二是图片；三是背景。如果将 3 者的关系同时考虑，有些读者会觉得很困难，特别是设计新手。

以主、副标题和其他信息文字布局设计为例，讲解图片蒙版和图片子版面的设计方法。

1. 竖向三分式

竖向三分式是指主标题、副标题和补充信息文字以竖向排版布局的方式排列设计，其中主标题字号最大、副标题次之、补充信息文字字号最小，同时，主、副标题靠近，补充信息与二者稍微有一定的距离，示意图如图 7-1 所示。

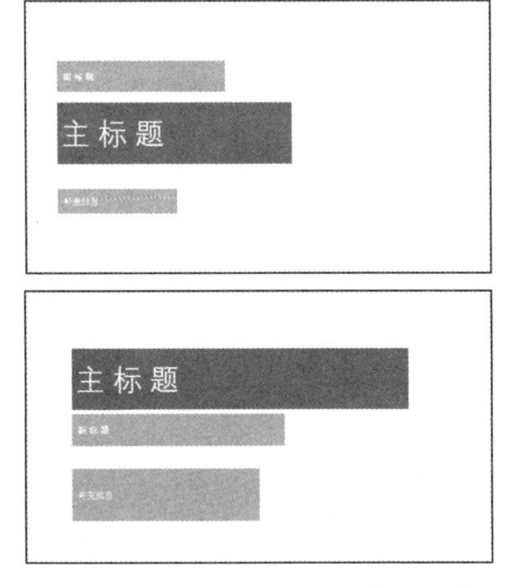

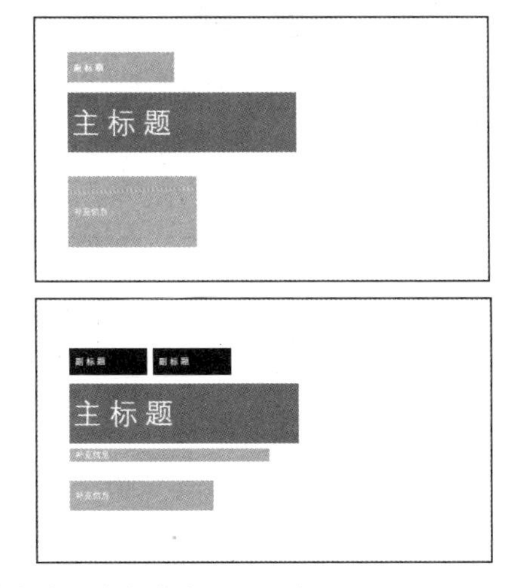

图 7-1　主副标题文字+补充信息文字竖向布局三分式

按照上面的排版布局方式安放文字后，就可以相对随意地添加背景和图片了，添加背景和图片后的封面设计效果图如图 7-2 所示。

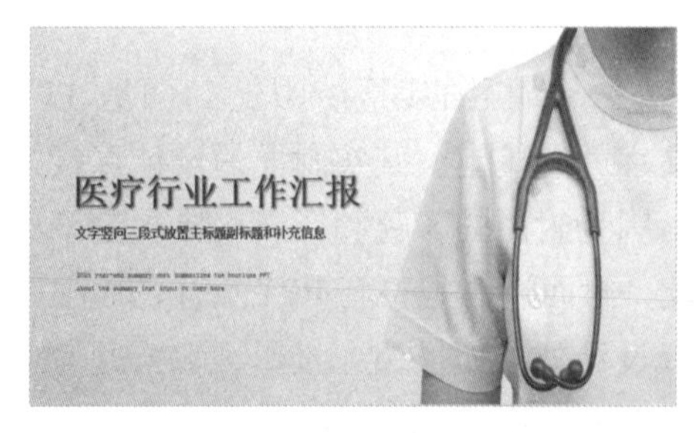

图 7-2　添加背景和图片后的封面设计效果图

图 7-2 所示的都是左对齐的三分式竖向设计排版布局，还可以通过其推演出居中对齐以及右对齐的布局样式，封面设计效果如图 7-3 所示。

图 7-3　居中对齐以及右对齐的布局样式

2．水平长宽式布局

水平长宽式布局主要有两种布局排列方式，示意图如图 7-4 所示（整体呈横向长方形，摆放位置可以是幻灯片的居中位置，也可以是上、下位置）。

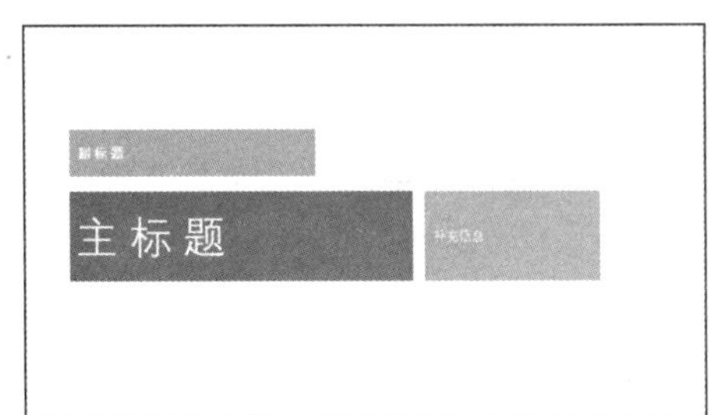

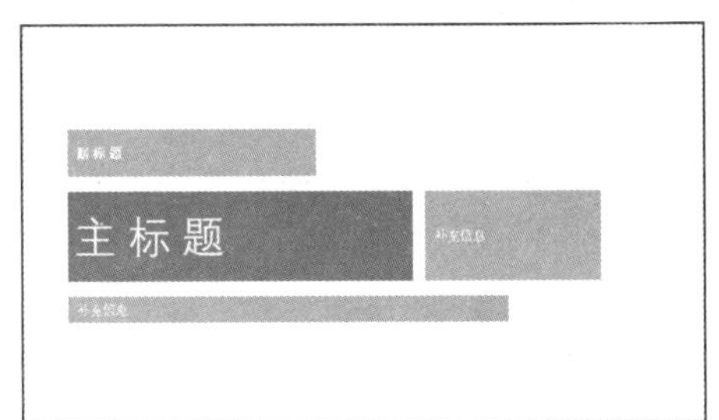

图 7-4　水平长宽式布局示意图

水平长宽式布局效果图如图 7-5 所示。

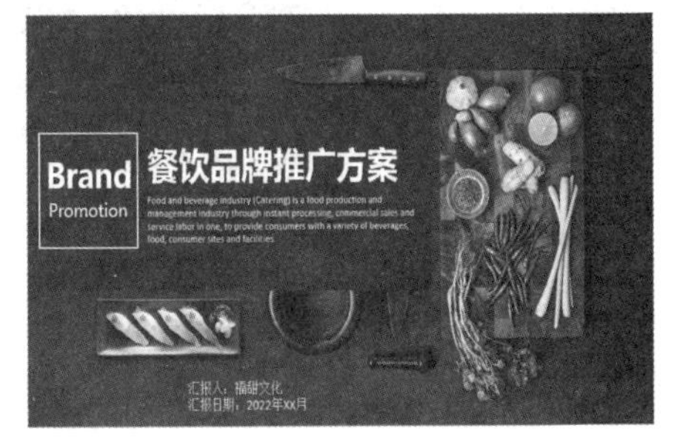

图 7-5　水平长宽式布局效果图

7.1.2　框线式文字装饰布局设计

在工作型 PPT 设计中，应避免设计单调，因此需添加一些元素。在上一节中直接将标题竖向三分，其内容往往都是文字。此时，还要添加一些元素让其不单调，直接的方式是用较粗的竖线或较窄的矩形作为装饰线，如图 7-6 所示。

图 7-6　添加较粗的竖线或较窄的矩形作为装饰线

下面展示一组实例，如图 7-7 所示。

图 7-7　两种竖线装饰效果实例

另外，添加缺口框线也是文本装饰的妙招。也就是用没有封闭的圆或矩形等形状将文字框在其中，实现框线装饰效果，如图 7-8 所示。

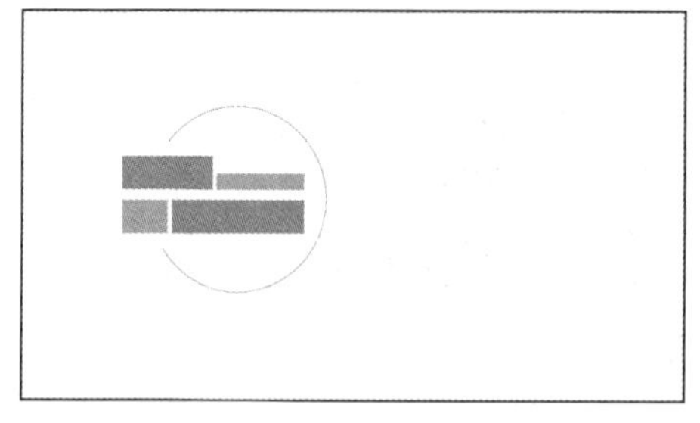

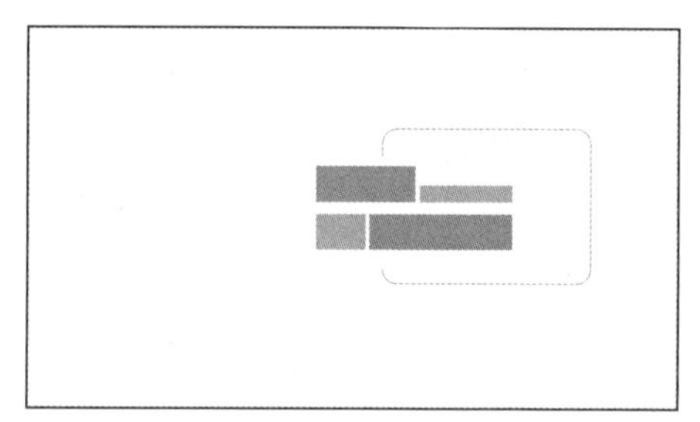

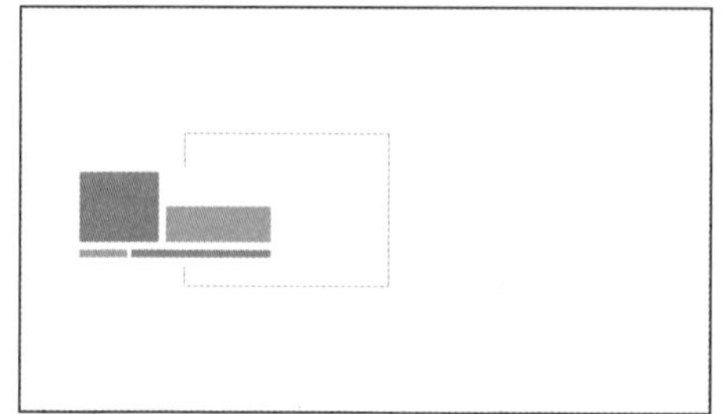

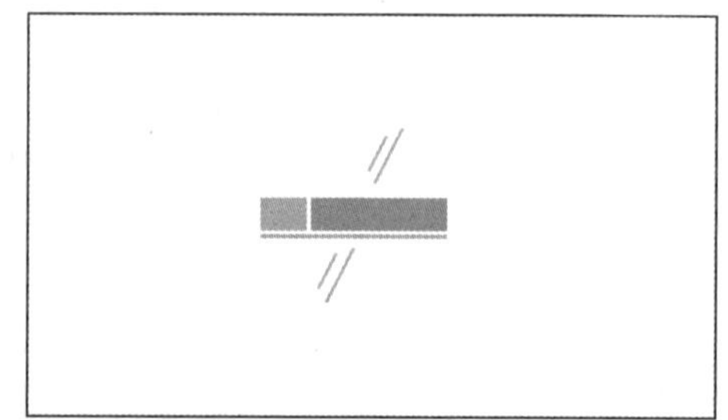

图 7-8　缺口框线装饰效果

下面展示一组添加缺口框线装饰效果实例，如图 7-9 所示。

图 7-9　添加缺口框线装饰效果实例

7.1.3　蒙版与平行卡片布局方式

在纯色背景或有大区域的背景图片中，可以使用 7.1.1 节中所讲解的封面文字布局方式，随意进行左、中、右、上、下位置的摆放，只要文字能显示清晰且协调美观即可。对于比较鲜艳、复杂或没有大片空白区域放置文字的背景，简单实用的方法是添加蒙版。半透明或不透明蒙版用于放置文字，能让受众一眼就能看清楚。方法很简单，只需根据文字摆放、大小和长度绘制矩形框，然后调整位置和透明度即可，操作如图 7-10 所示。

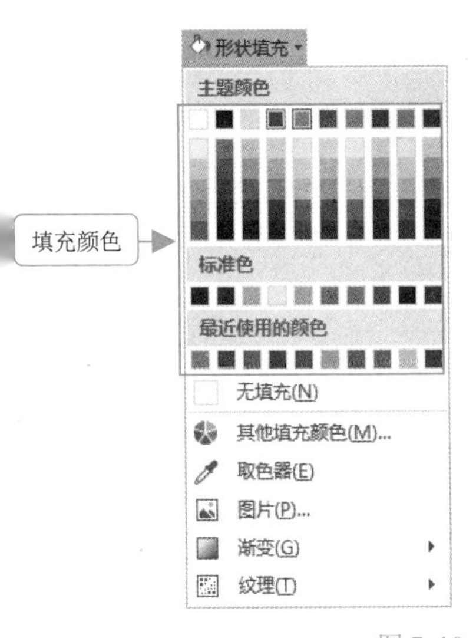

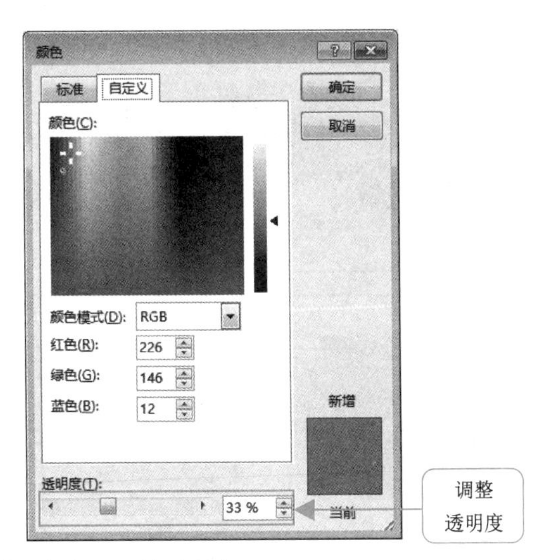

图 7-10　为形状填充颜色和调整透明度

下面展示一组使用形状图形作为文字蒙版的实例，如图 7-11 所示。

图 7-11　添加蒙版的实例

蒙版除了发挥“使文字清晰显示”的功能外，还可以升级为一种很常用的设计布局版式：平行卡片布局版式。它是指用两个矩形或斜角矩形平行拼接占位的布局方式，其中矩形区域可以用于摆放文字或图片。笔者推荐几种常用的平行卡片布局方式，示意图如图 7-12 所示（示意图中的矩形可以根据设计元素调整外形大小）。

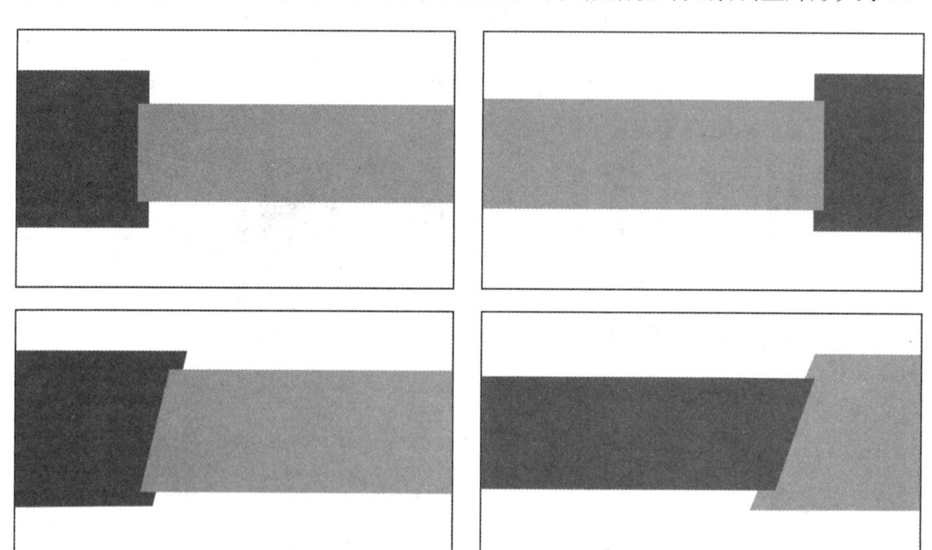

图 7-12　平行卡片布局方式示意图

下面展示一组使用平行卡片布局方式设计的封面实例，如图 7-13 所示。

图 7-13　使用平行卡片布局设计的封面实例效果

7.1.4　画中画版式设计

从设计角度而言，空白的幻灯片就像一张“白纸”，设计者可以在上面任意“挥墨”。画中画版式设计可以简单理解为：在原有的“白纸”上再铺上一张“白纸”（可以是形状图形，也可以是其他图片），然后在新铺的“白纸”上进行设计制作（新的“白纸”以外的区域不进行任何设计，也不添加任何设计元素）。同时，这张“白纸”没有固定的样式，也没有固定的大小，全凭设计者自己构想。

下面展示几张画中画版式的示意图，供读者打开思路，如图 7-14 所示。

图 7-14　画中画版式的示意图

虽然图 7-14 中的示意图并不美观，但在幻灯片实例设计中，设计制作出的效果比较新颖，充满个性，如图 7-15 所示。

图 7-15　画中画版式设计实例

7.1.5　子版面版式设计

子版面版式可简单理解为将幻灯片划分为多个版块，然后在每一版块中都可以添加文字内容和设计元素（这点与画中画版式有明显区别），由于子版面版式多样且随意，这里不再展示示意图，直接展示实例幻灯片，如图 7-16 所示。

图 7-16　子版面版式设计实例

7.2　目录页版式设计

工作型 PPT 中封面页后紧接着的是目录页，也就是大纲目录（通常是大标题的罗列），用于展示整套 PPT 的层次，展示演讲的主要架构和内容顺序。

如果演讲者根据文案制作 PPT，那么既可以先做目录大纲，也可以根据内容倒推制作目录。对于暂时没有文案内容的设计制作者，可先列出大纲目录作为内容幻灯片的架构指导，以保证整个 PPT 是系统而有条理的。

当然，为了让受众的视觉体验感良好，需要对目录页进行设计。很多读者朋友可能会觉得它是一个全新的设计，需要各种创意、元素或颜色，这里要特别强调：封面设计已经确定了目录页的主题颜色、风格和元素等，目录页应延续封面风格形成统一体。

因此，目录页的设计变得尤为简单，只需两步：一是延续封面元素的风格；二是呈现数字编号与目录大纲，在视觉上产生关联。下面分别进行说明。

1. 延续封面元素的风格

挑选封面元素可分两种方式：一是直接挑选封面主要元素；二是利用封面表达的内在含义进行“软”关联，如同一意境、同一文化、同一思想内核等。第一种是最简单、最直白的方式，实例效果如图 7-17 所示。

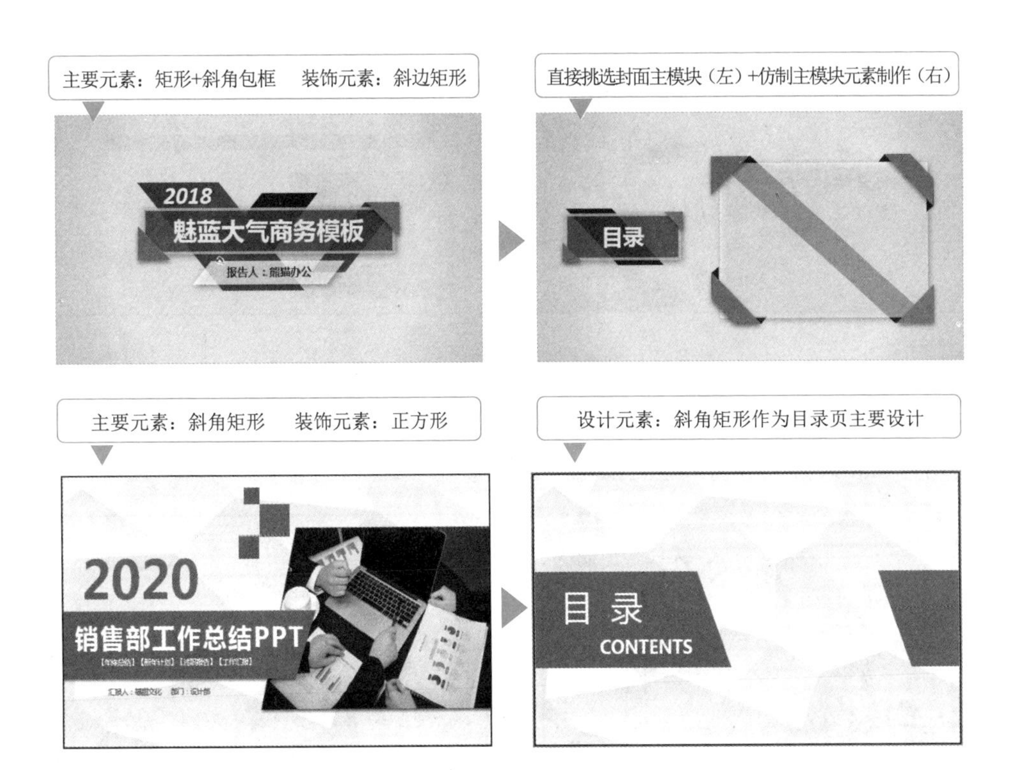

图 7-17　目录页设计元素直接挑选封面主元素的实例效果

主要元素：民族元素

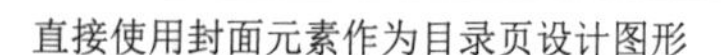

图 7-17　目录页设计元素直接挑选封面主元素的实例效果（续）

第二种是对封面内涵意思的继承、延续，只要能抓住“内在关联”，无论是视觉上的统一，还是思维上的统一，都能让受众感受到“一体性”，在视觉上和思维上感觉舒服。图 7-18 所示为目录页延续封面的工匠内涵意思，用红色和工匠精细制作（内在表达：精雕细作、专注、敬业）的相似图片进行表达。

图 7-18　目录页延续封面的工匠内涵意思

图 7-19 所示为目录页延续封面的“酒”意境（竹叶、水墨、亭台、洒脱、自由自在和孤舟蓑笠翁）进行的延续设计。

图 7-19　目录页延续封面的“酒”意境

2. 呈现数字编号与目录大纲

目录页中另一核心呈现是目录大纲和对应的数字编号。这一部分内容的布局设计“依附”于目录的风格设计，因为目录的风格设计相当于为目录文字内容和编号的制作定了“基调”。因此，只需在合适位置进行“摆放”文字，并且使各要素相互有关联性，形成统一的风格。

图 7-20 所示为在已有的目录页上添加目录大纲的效果。

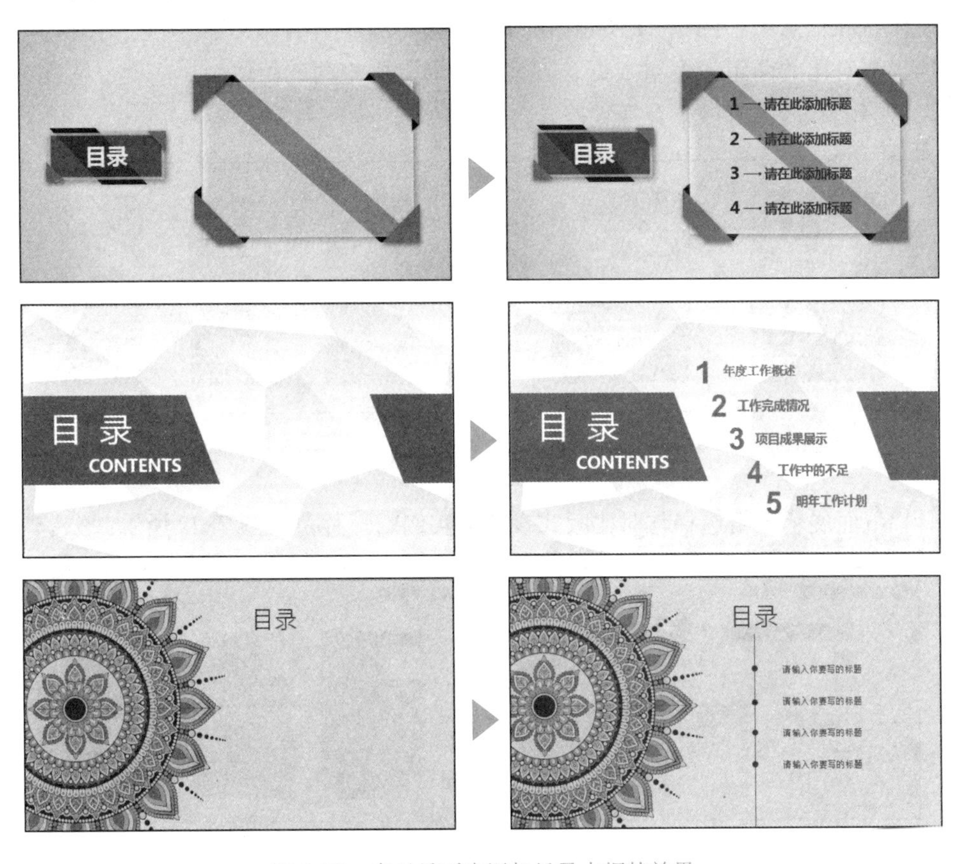

图 7-20　在目录页中添加目录大纲的效果

7.3　页面版式设计

页面版式是指 PPT 内容页版式，它是 PPT 的构成核心，也是演说者主要内容和信息的传播载体。因此，每一页内容幻灯片不仅要承载关键信息，还要有“吸引力”，让受众在专注地看的同时，还应认真地听，全程被幻灯片的内容和版式所吸引。页面版式设计的关键在于抓住受众的兴趣点并传播有用的信息。怎样才能做到呢？下面分享一些常用和实用的布局版式来达到这一目的。

7.3.1 选择与对比版式

选择与对比版式是指在两组或多组内容、数据和方案中进行选择与对比的版式。通常情况下，两组或多组选择与对比的呈现更加直观，较为常用。版式设计布局示意图如图 7-21 所示（在每一模块中添加和编辑文字、图形和图像等，选择与对比的两组或多组数据、方案在外形上要相同或相似，如高度、宽度、风格等，不过也可以稍有视觉差异，如颜色）。

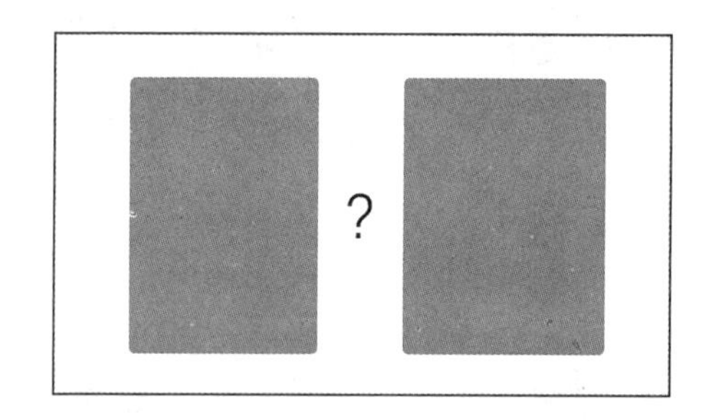

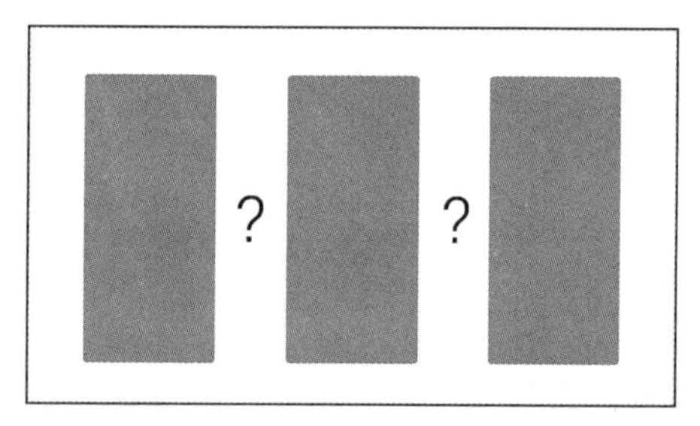

图 7-21 选择与对比版式设计布局示意图

下面展示一组选择与对比版式设计的实例幻灯片，如图 7-22 所示。

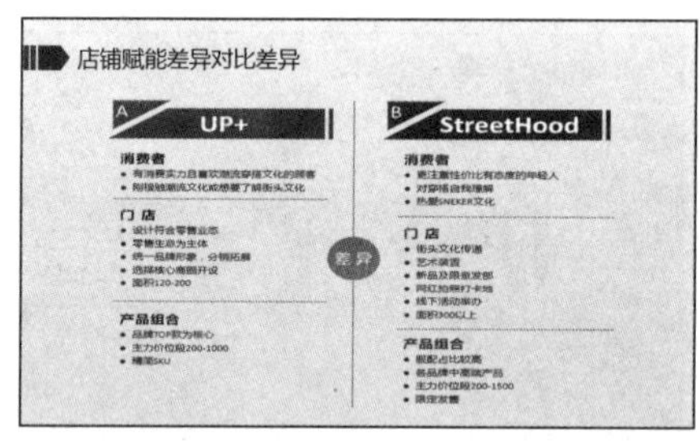

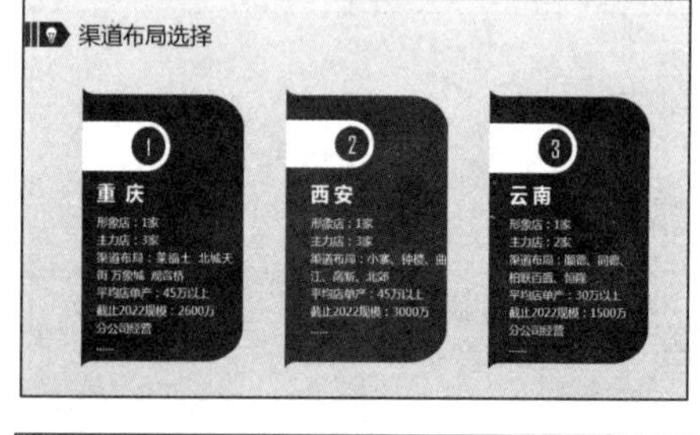

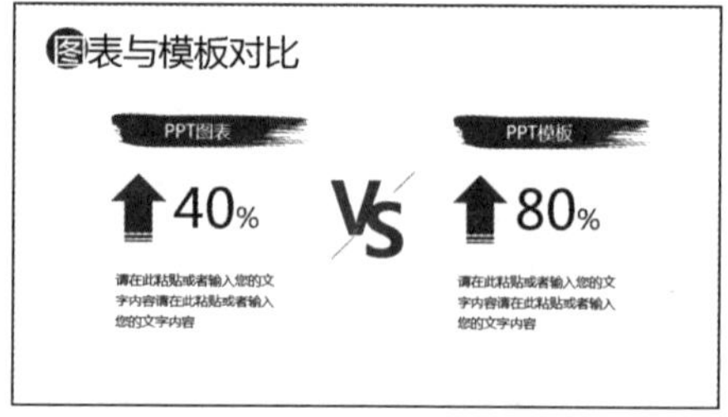

图 7-22 选择与对比版式设计的实例幻灯片

7.3.2　聚合因素版式

聚合因素版式是指多个因素共同作用得到某一综合结果的版式。可简单理解为通过多个因素或多个方案、想法实现指定结果，常见的聚合因素版式设计布局示意图如图 7-23 所示，读者朋友可以通过示意图进行拓展、衍生。

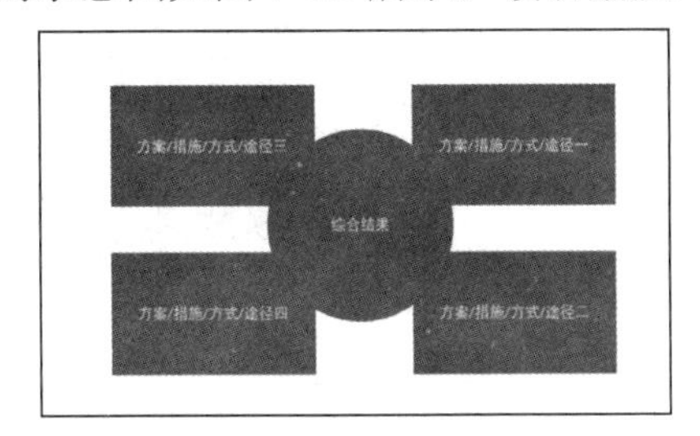

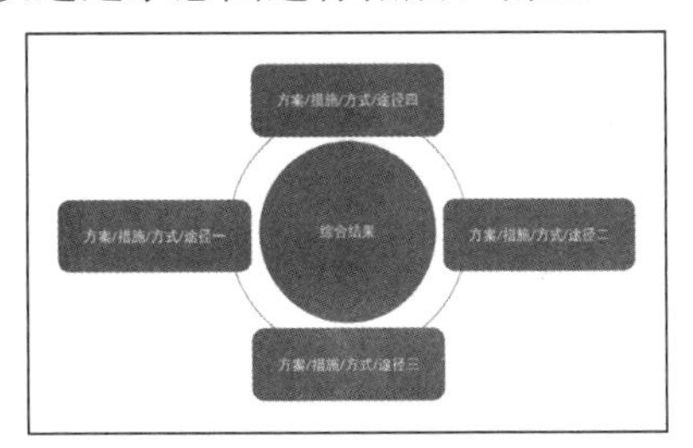

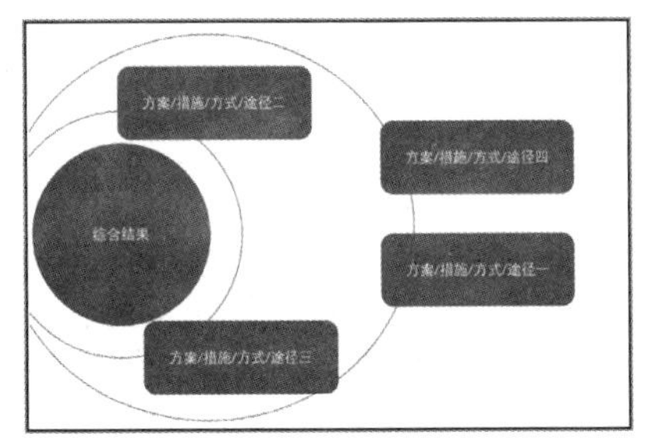

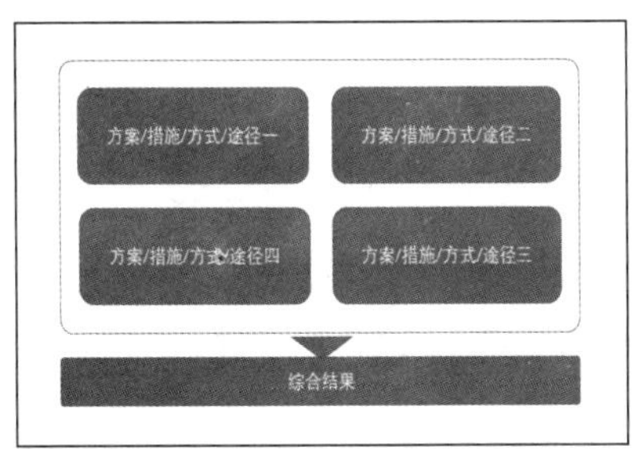

图 7-23　聚合因素版式设计布局示意图

下面展示几张不同行业、不同用途的聚合因素版式的实例幻灯片，如图 7-24 所示。

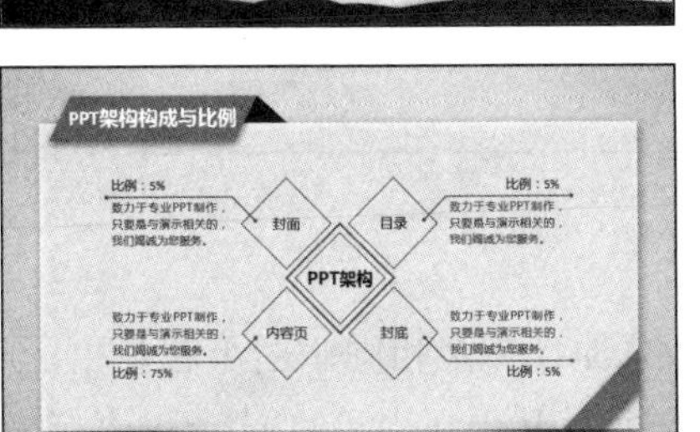

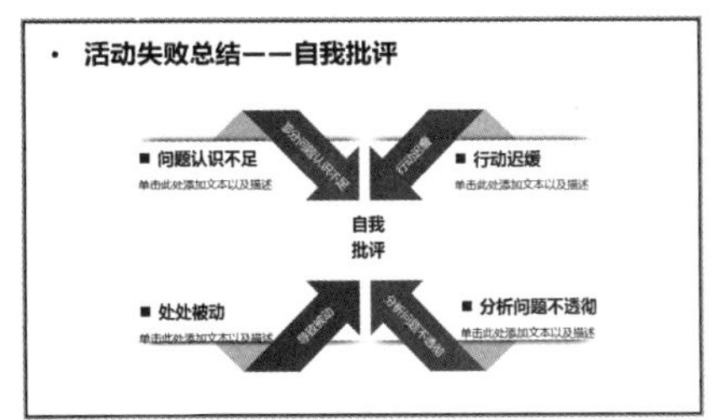

图 7-24　聚合因素版式实例幻灯片

一些可能读者会问：有聚合元素版式，那有没有分散或是发散版式呢，答案是肯定的。这里推荐树状分散模型，在枝叶末端添加对应的文字内容或其他元素，如图 7-25 所示。

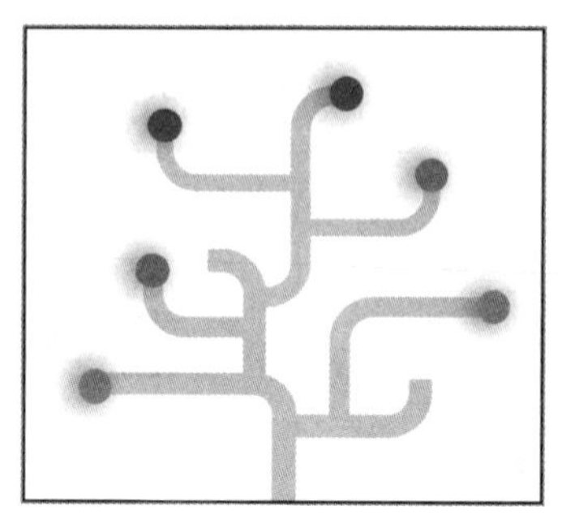
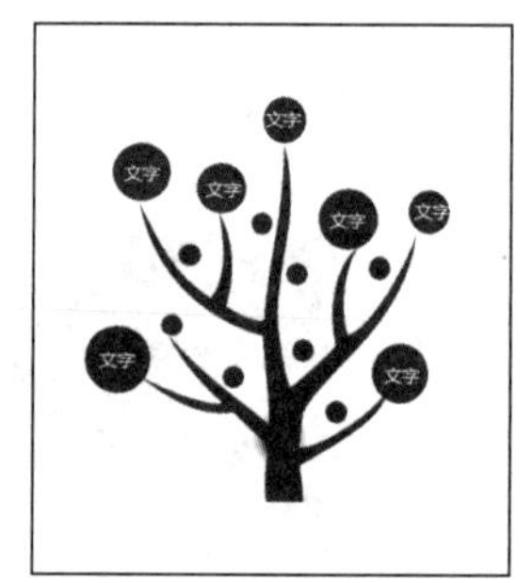

图 7-25　发散版式布局示意图

7.3.3　过滤式版式

过滤式版式，可简单理解为一层一层过滤的版式（每一层都会进行过滤，信息逐渐减少或被逐层提取），如图 7-26 所示。幻灯片实例效果如图 7-27 所示。

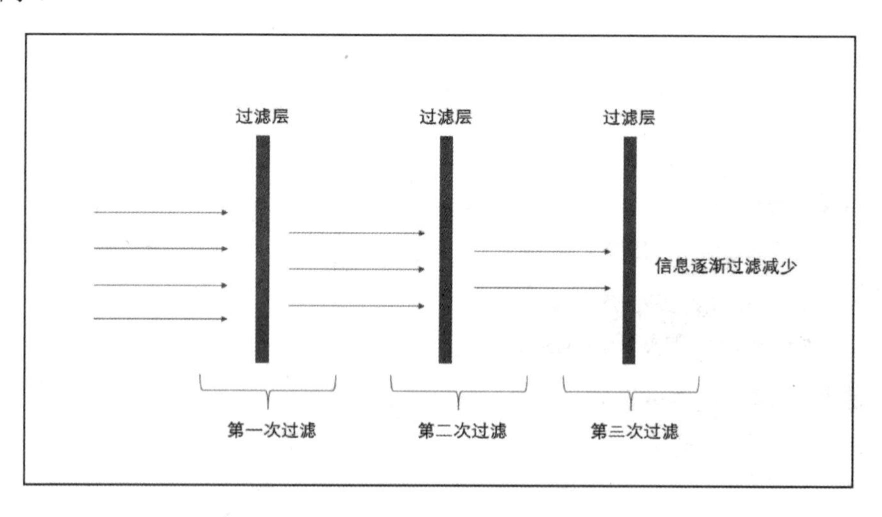

图 7-26　过滤式版式示意图

纵向过滤式版式原理与横向过滤式版式原理完全相同，由于它是由下而上逐步过滤的，往往呈现出金字塔样式（倒金字塔几乎很少见），读者可直接应用，如图 7-28 所示。

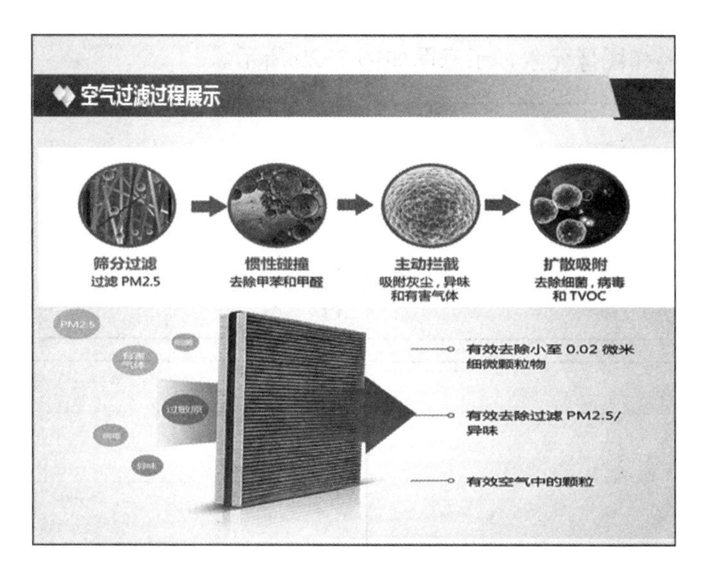

图 7-27　过滤式版式幻灯片实例

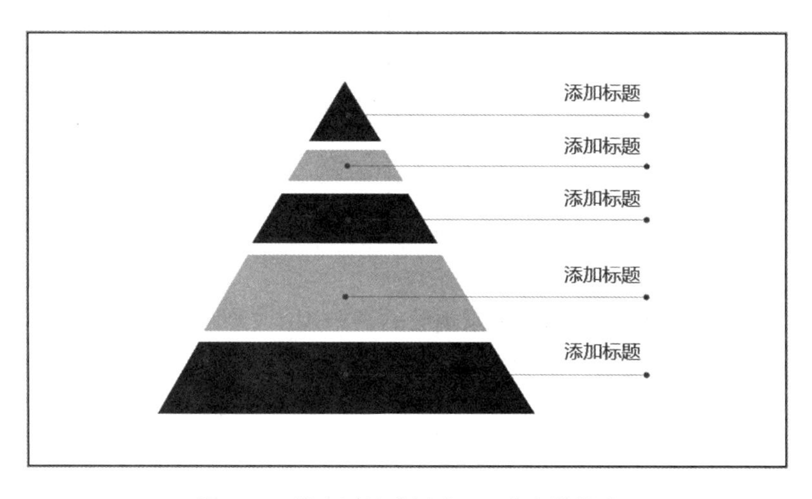

图 7-28　纵向过滤式版式——金字塔样式

7.3.4　全局分区版式

全局分区版式是将内容页幻灯片划分为多个区域，然后在每一个区域里面进行文字、图形和图像的放置，使幻灯片整体布局呈现整齐、规范和舒服的视觉感受。下面介绍 3 种常规全局分区版式。

1．二分区

二分区是指将幻灯片横着、竖着等分或不等分为两个区域，每个区域都放置文字、图形和图像元素，示意图如图 7-29 所示。

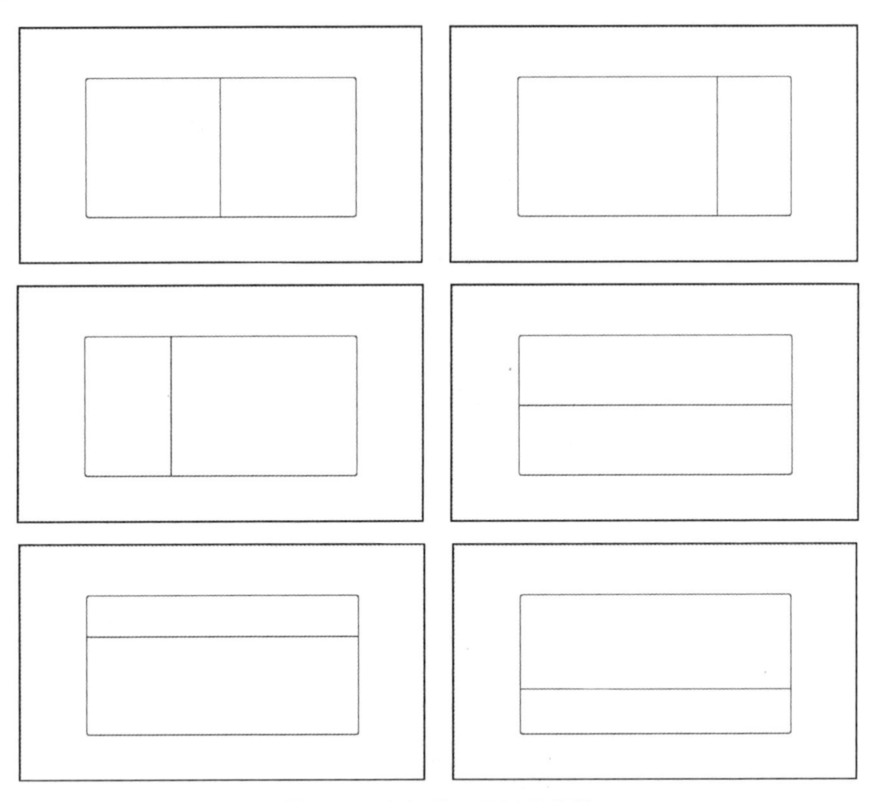

图 7-29　幻灯片二分区示意图

图 7-29 所示的示意图简单呈现了六种中规中矩的二分区，读者可以随意进行分隔，如斜着分割等。下面展示一组幻灯片二分区版式设计实例，如图 7-30 所示。

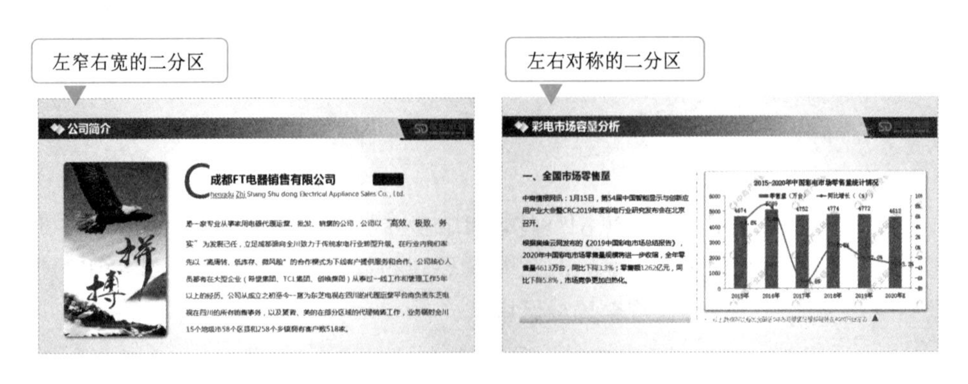

图 7-30　幻灯片二分区版式设计实例

图 7-30　幻灯片二分区版式设计实例（续）

补充：区域分割方式。

在示意图中为了将区域分割方式更加直观地展示给读者，特意用直线分割划分，在实际应用中可用间隔、填充、衬线、形状等方式进行分割划分，如果技术或创意允许，也可以用不规则的样式进行区域分割。

2. 三分区

三分区是指将幻灯片横着、竖着等分或不等分为三个区域，每个区域都放置文字、图形和图像元素，示意图如图 7-31 所示。

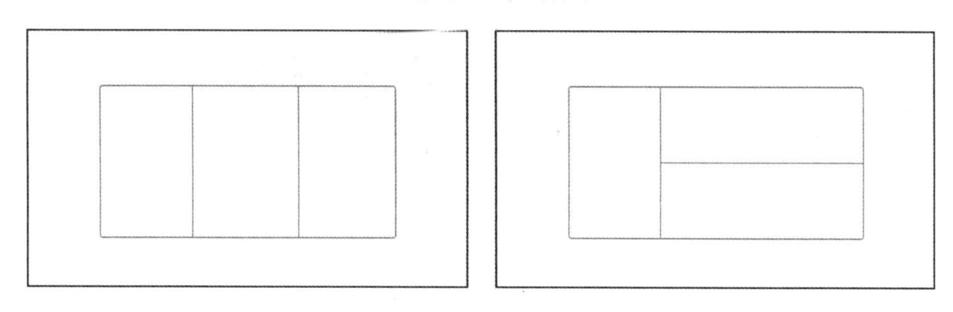

图 7-31　幻灯片三分区示意图

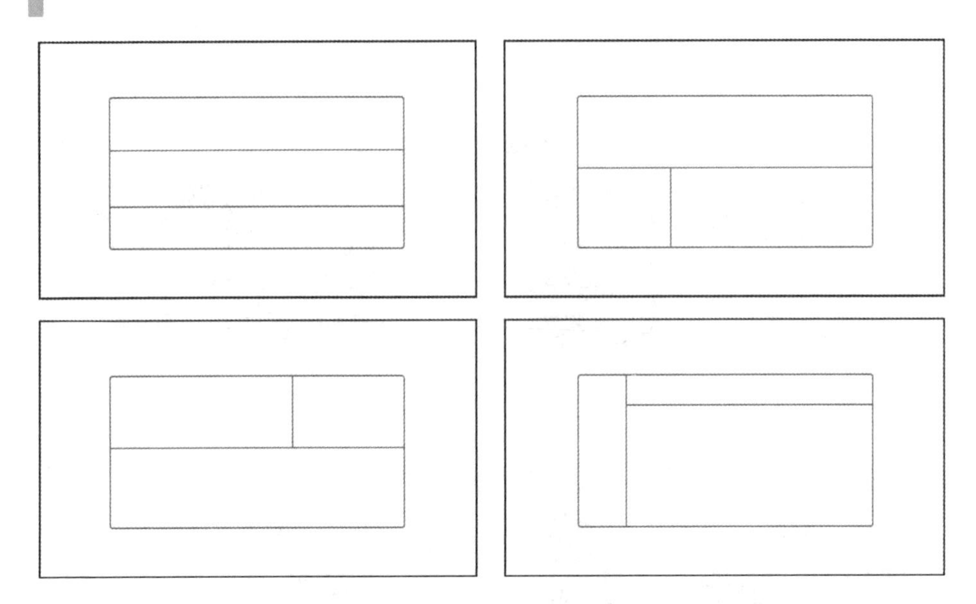

图 7-31　幻灯片三分区示意图（续）

下面展示一组幻灯片三分区版式设计实例，如图 7-32 所示。

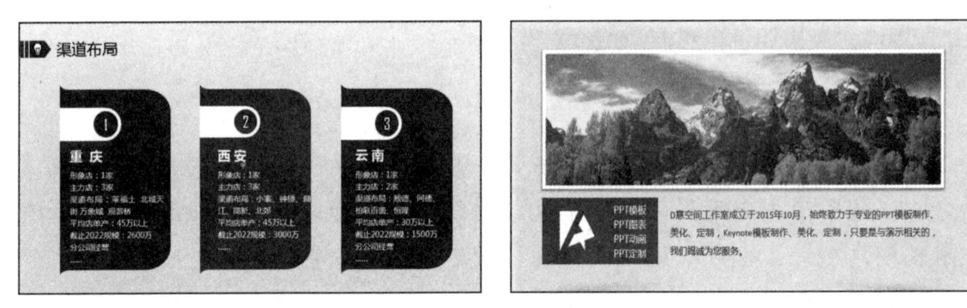

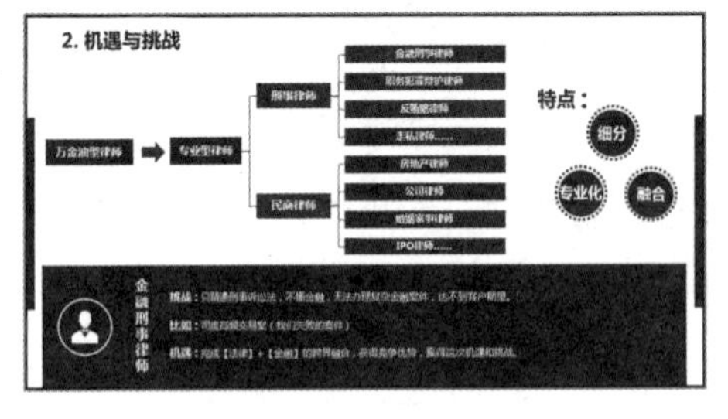

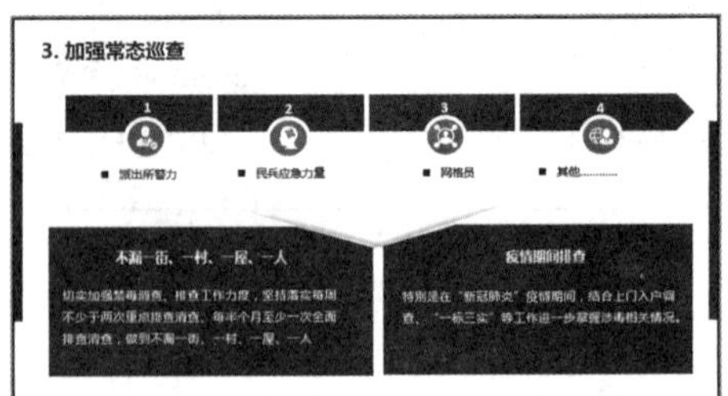

图 7-32　幻灯片三分区版式设计实例

3. 四分区

四分区是指将幻灯片横着、竖着等分或不等分为四个区域，每个区域都放置文字、图形和图像元素，示意图如图 7-33 所示。

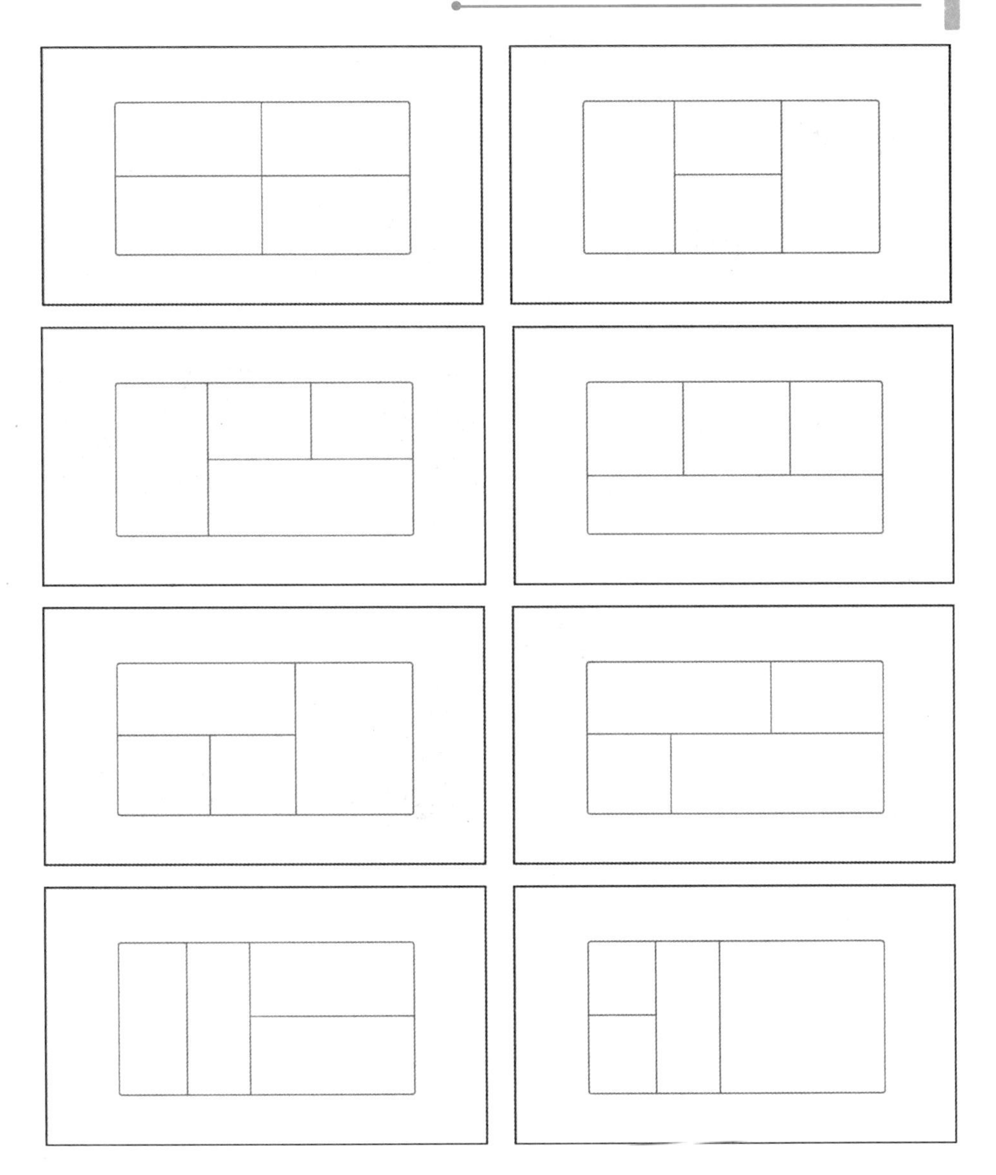

图 7-33　幻灯片四分区示意图

补充：分区的拓展和延伸。

分区总共有 3 种：二分区、三分区和四分区，读者朋友在实际设计过程中可以在每一分区内进行再次分区或进行更多区域的分割（如五分区、六分区等）。具体安排多少分区，在 PPT 设计中没有固定的上限，只要恰当、美观即可。

下面展示一组幻灯片四分区版式设计实例，如图 7-34 所示。

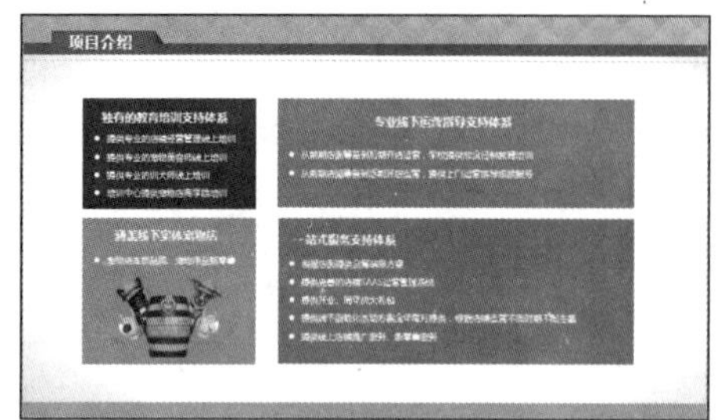

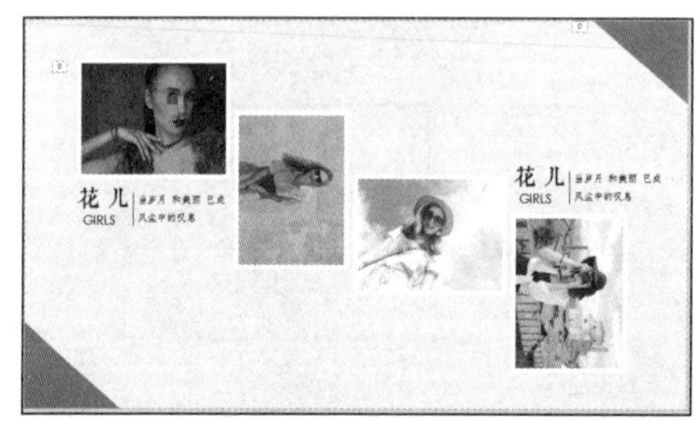

图 7-34　幻灯片四分区版式设计实例

第 8 章

页面细节设计的 14 个技巧

优秀和精美的 PPT 不仅要有良好的风格布局版式和贴合的元素，还要在细节处理上胜人一筹。

在本章中，将分享 14 个快速提高 PPT 质量的页面细节设计技巧。

技巧 1　外 形 整 齐

怎样让 PPT 看起来舒服、协调和统一，其中较为重要的原则是让同一幻灯片中的对象外形整齐，因为外形整齐是视觉平衡的基本要求。

不过，在实际工作中，幻灯片里的对象元素并不一定都是外形相同或相似的，可能各种外形都有，如合作伙伴或客户的 LOGO 等。为了让外形统一，我们不能强行更改对象元素原有的设计外形，这时可以通过两种方式来使它们整齐划一：一是添加框线；二是添加底纹。图 8-1 所示是一组合作伙伴的幻灯片，由于各合作伙伴的 LOGO 外形不一样，导致整张幻灯片视觉感很乱、体验感很差。

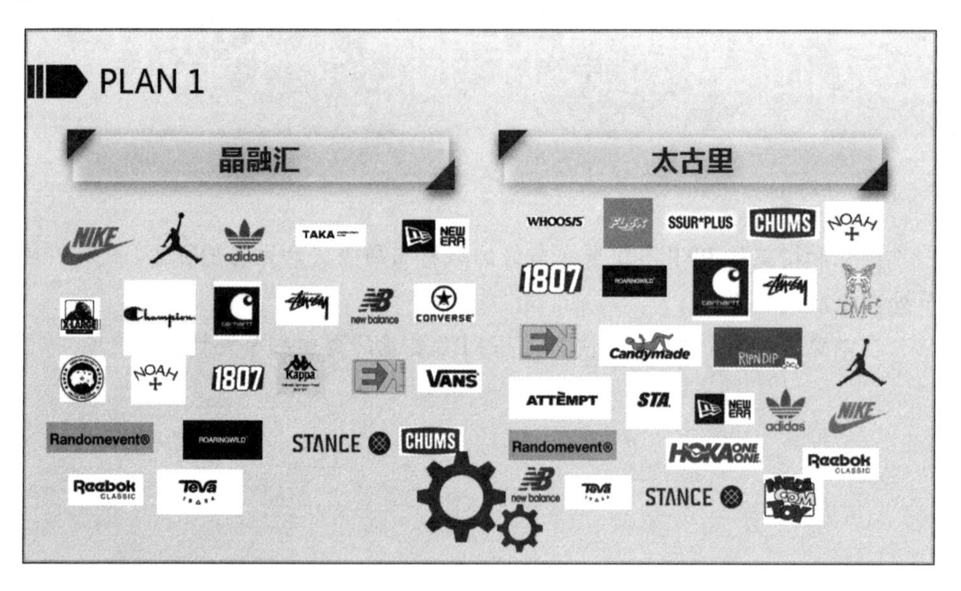

图 8-1　LOGO 外形不统一导致幻灯片视觉感很乱

此时，我们用添加框线的方式将其外形统一，效果如图 8-2 所示。

图 8-3 所示的图标形状各异，没有整齐统一的外形，缺少整体感。此时，分别为每一个图标添加大小统一的底纹，立刻呈现出视觉平衡感，且能让幻灯片整体的饱和度提高，如图 8-4 所示。

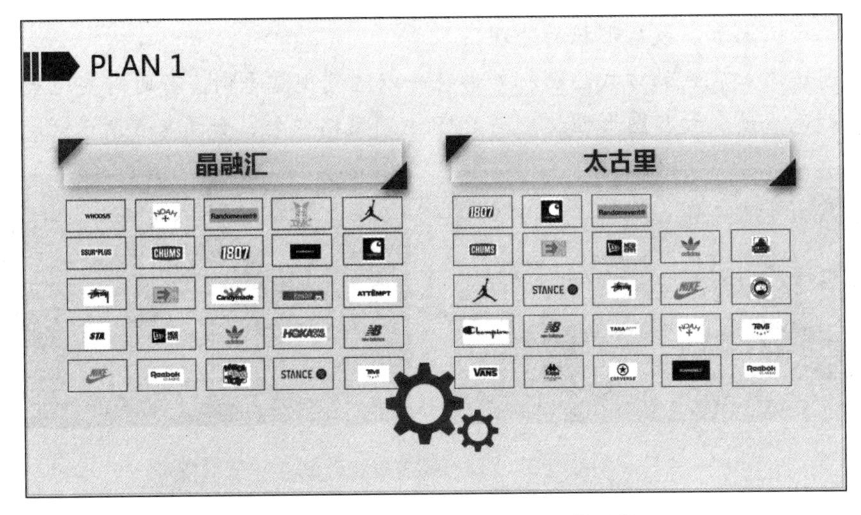

图 8-2　用添加框线的方式将 Logo 外形统一

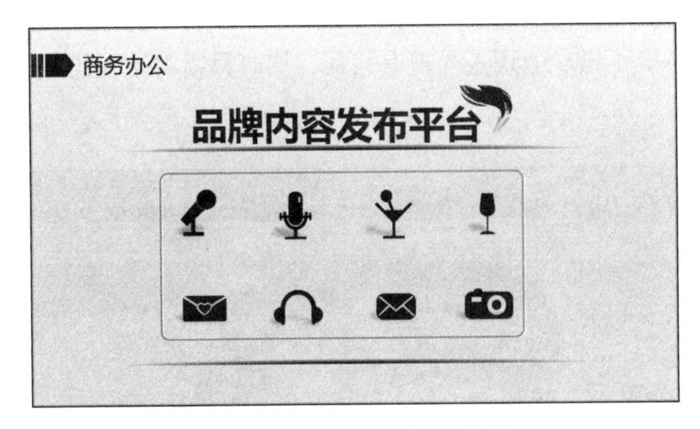

图 8-3　图形外形不统一效果

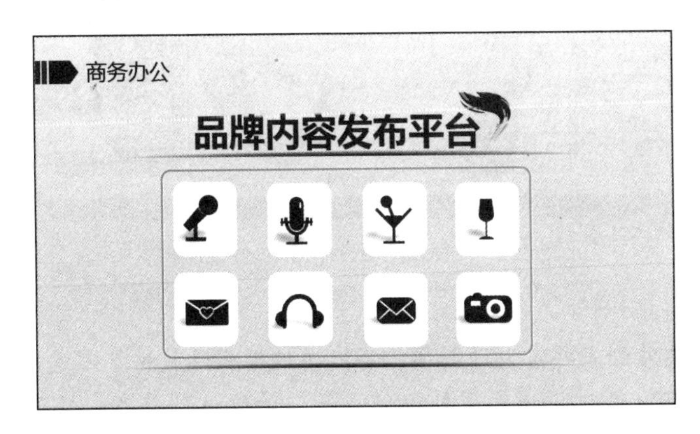

图 8-4　图形外形统一效果

提示：添加底纹后形状的处理。

通过添加底纹的方式让图标外形统一以达到视觉平衡，有时需要适当调整底纹颜色，使底纹与图形匹配、与 PPT 主题风格匹配，如图 8-5 所示。

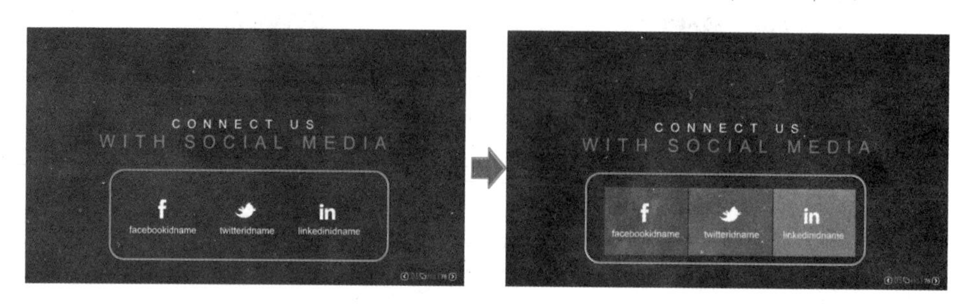

图 8-5　对底纹颜色进行调整以符合 PPT 主题风格

特别强调一下，对于手动绘制的图形或允许更改外形的图形来说，可以直接统一外形达到整齐划一的效果。图 8-6 所示有 5 种不同外形的图片，虽然图形和图片风格挺不错，但还是显得有些乱。这时只需将绘制的图形统一成矩形即可，如图 8-7 所示。

图 8-6　一张幻灯片中有 5 种不同的图形

补充：拼接。

对于一些外形差异较大的图形，不能通过框线或底纹等方式将其改成相同的外形时，可以通过拼接实现外形的统一，最终达到整齐、规范的效果，如图 8-8 所示。

图 8-7　一张幻灯片中圆形外形整齐划一

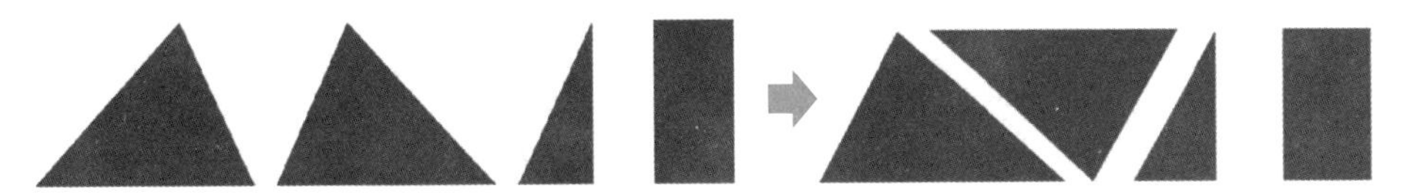

图 8-8　外形差异较大的图形采用拼接的方法实现外形的统一

技巧 2　视 觉 整 齐

对象元素对齐是幻灯片视觉整齐的通用方法之一，也是最简洁的设计之一。这种方法操作较为简单，只需将幻灯片中的对象元素或模块区域元素进行边界对齐。

对象元素的对齐方式主要有 4 种：左对齐、右对齐、顶端对齐和底端对齐，如图 8-9 所示。

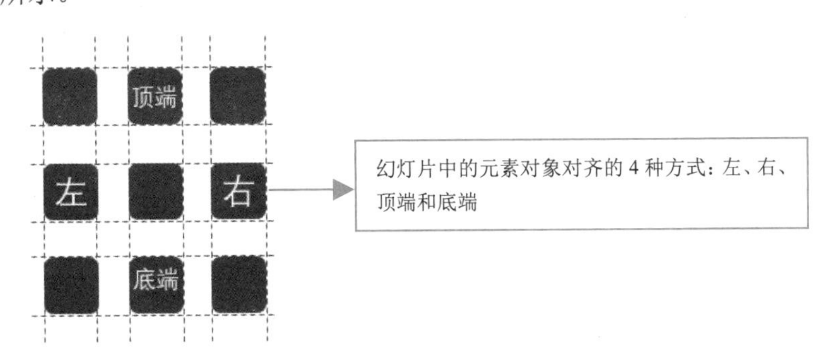

图 8-9　幻灯片中对象元素对齐的 4 种方式

幻灯片中元素对象对齐实例如图 8-10 所示。

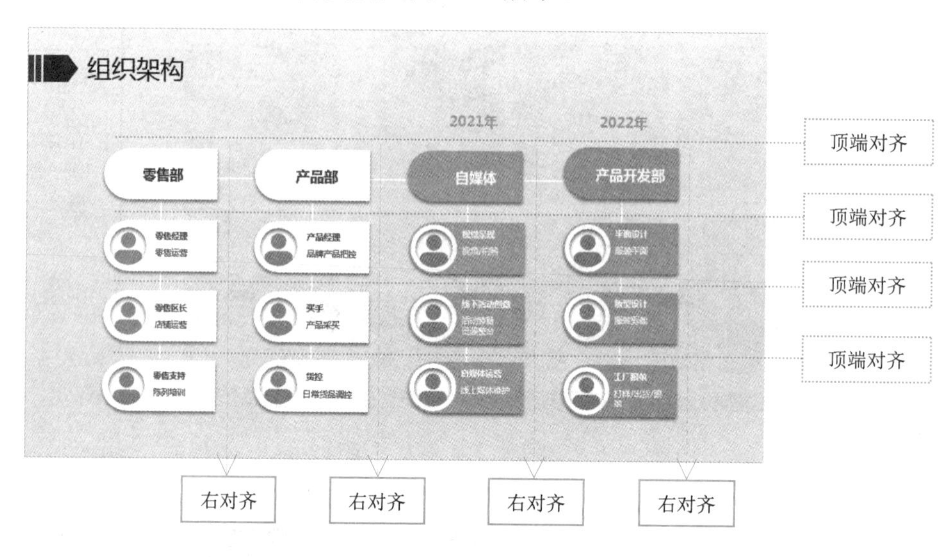

图 8-10　幻灯片中元素对象对齐实例

一些读者可能会问：居中对齐为什么不属于视觉整齐的方式？根据笔者所学到的设计知识和多年的设计经验认为，居中对齐属于对称对齐，在文字较少（每一视觉模块中文字段落数量不大于三段，呈现三角或倒三角效果，如图 8-11 所示）或镜像对齐（在本章的技巧 6 中会详细讲解）中应用。

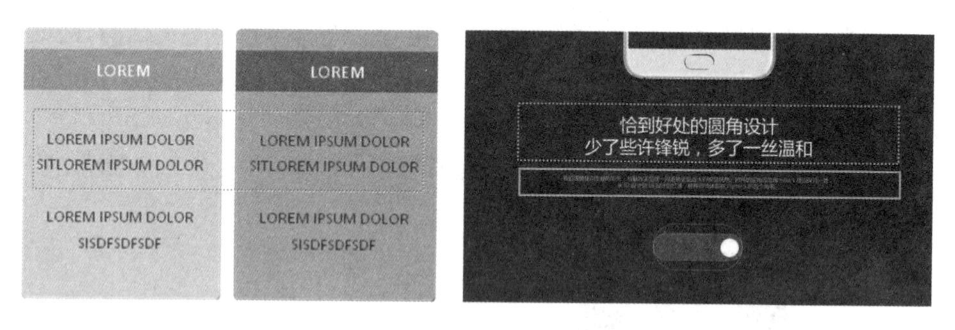

图 8-11　居中对齐（每一视觉模块垂直居中对齐）

技巧 3　模块元素间隔相同

模块元素间隔相同是指幻灯片中同一模块中的元素对象间距相同（它也是视觉分区的一个做法），简单的示意图如图 8-12 所示。

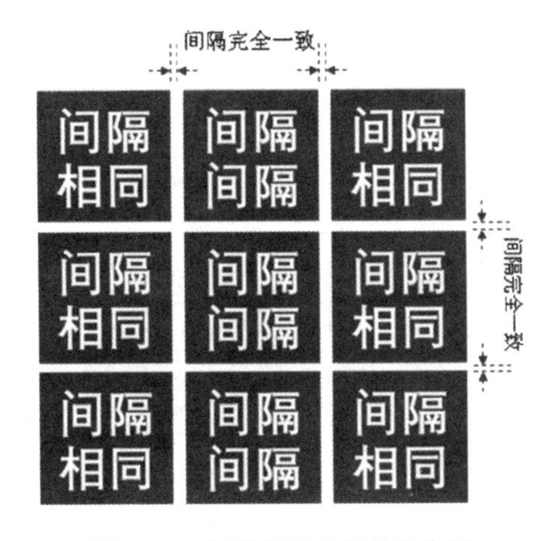

图 8-12　间隔相同的简单示意图

图 8-13 所示的幻灯片中可以看出模块之间的间距完全相同。

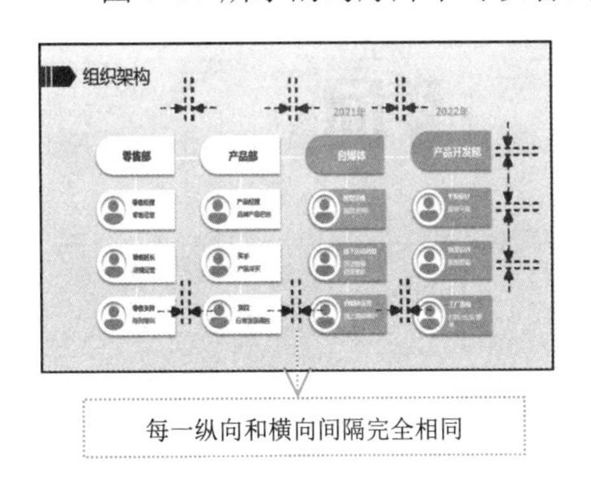

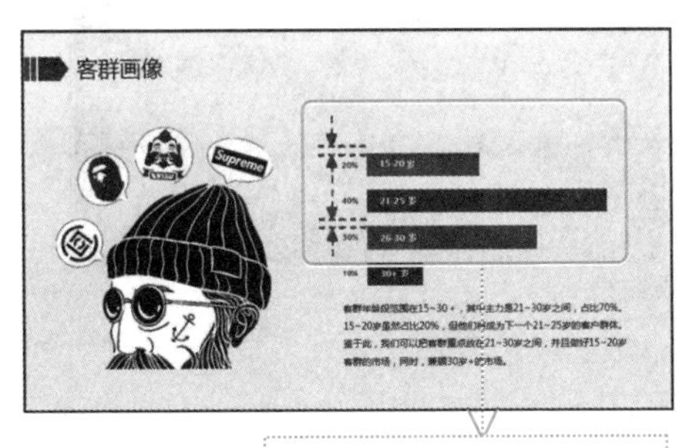

图 8-13　模块间隔相同的幻灯片

技巧 4　裁剪冗余元素

裁剪冗余元素是指将 PPT 中不必要的多余设计去除，使整个 PPT 清爽简洁。很多初级 PPT 制作者单方面认为多添加元素能显示出自己的设计水平或显得自己用心，其实恰恰相反，如此设计会让受众觉得没有设计感。工作型 PPT 的设计一定要简洁大方，这就要求 PPT 设计不能添加过多不必要的设计元素，遵循“能不要就不要、能统一就统一”的原则，裁剪 PPT 中冗余的元素。

1．裁剪过多字体

字体的设计是一种非常美好的包装艺术，不同的字体能让文字有不同的艺术感，很多优秀的 PPT 都使用了不同的字体，让 PPT 产生强烈的视觉冲击力，如图 8-14 所示。

图 8-14　带有视觉冲击力字体的应用实例

目前字体的种类非常多，而且不断有新的字体产生，对于 PPT 设计高手而言是非常有利的，但对于初学者而言，往往是一种陷阱。一般的 PPT 设计者经常会犯两个错误：字体使用过多和对字体加工太多（添加字体颜色、加粗、倾斜、投影等），这样会呈现出非常不好的效果，如图 8-15 所示。

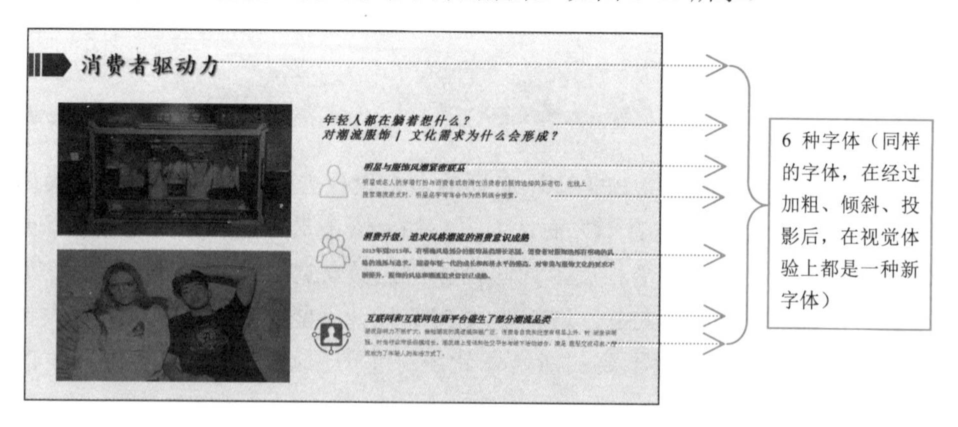

图 8-15　幻灯片中应用字体过多

在同一幻灯片中字体一般不多于 4 种，多出的字体进行统一处理，以保证视觉轻松。遵循这个原则，将图 8-15 所示的字体优化为图 8-16 的样式（轻松简洁很多）。

图 8-16　幻灯片中多余字体优化后的效果

2．裁剪 PPT 内置的项目符号

PPT 内置的项目符号会随着段落和字体格式的变化而变化，且会发生占位的变化，如字体加粗，项目符号的占位也会增加，导致项目符号残缺不全，应用越多幻灯片视觉感越乱，如图 8-17 所示。

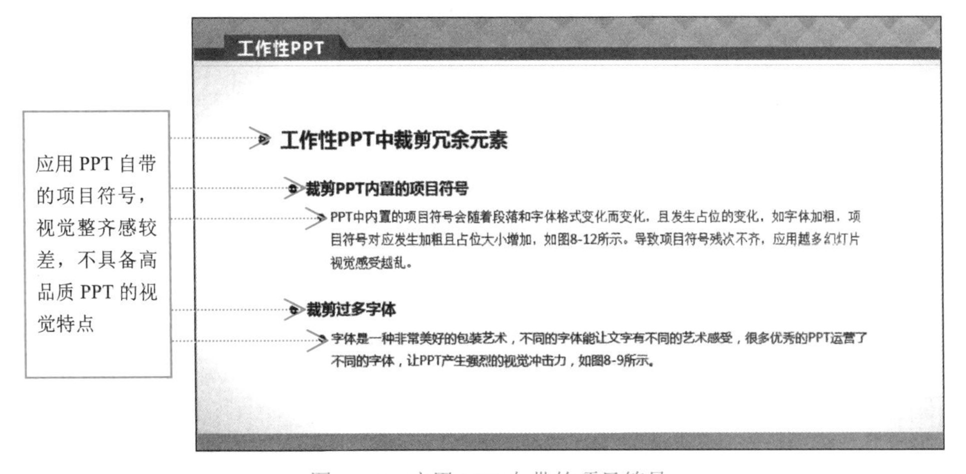

图 8-17　应用 PPT 自带的项目符号

补充：删除冒号和首行缩进。

一些标题文字后会带有冒号，在 PPT 设计中建议将其删除。对于多行文字首行是否缩进的问题，建议读者不要使用，除非客户要求保留。

因此，在设计、修改、优化 PPT 时，项目符号最好不用，因为难以驾驭且效果不理想，不利于视觉平衡，建议读者，特别是 PPT 设计新手将其删除，使用段落层级效果会更佳，视觉会更轻松、简洁，如图 8-18 所示。

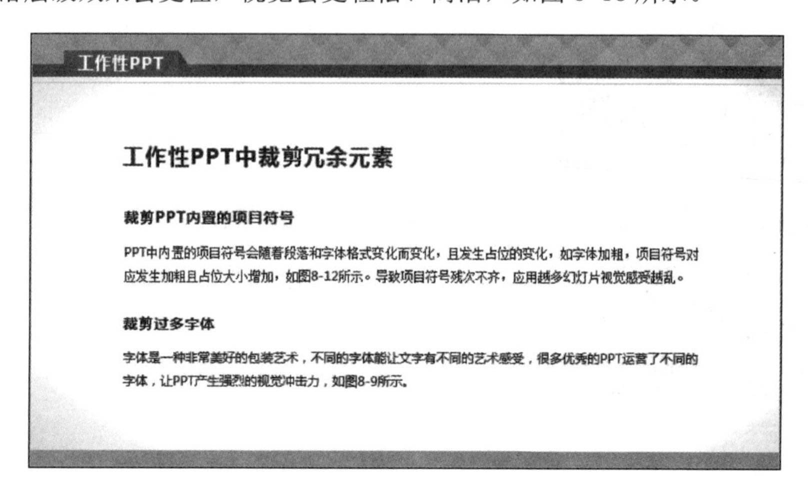

图 8-18　裁剪幻灯片中的项目符号

3. 裁剪图片多余样式

把图片插入 PPT 中，如果没有任何格式设计会显得比较单调，但为图片进行过多的设计也会产生不合适的图片效果，会让图片“独立”于幻灯片而成为“突兀”的元素，如图 8-19 所示。

图 8-19　为图片进行过多的设计会产生不合适的图片效果

此时，需要将图片多余的设计格式去除：去除倒影、去除投影、去除发光，让左边的图片以合适的样式融入整张幻灯片中，如图 8-20 所示。

图 8-20　去除多余图片格式的效果

4．裁剪表格多余线条

对于包含数据的幻灯片，通常会将数据制作成表格以直观展示。不过，很多 PPT 制作者只会对表格的线条颜色或粗细进行设置，没有裁剪多余线条的意识，所以做出的表格不够美观，如图 8-21 所示。

教研部		品牌部		商贸部	
课程运营	13000	新媒体运营	11000	SEM竞价专员	8000
编导	6000	平面设计	19000	SEO优化专员	5000
视频剪辑	12000	电商运营	6000	AE专员	14000
运营督导	7000	活动策划	6000	用户运营	7500
全职讲师	8000	室内设计师	7000	客服专员	5500

项目收支

7月目标	
渠道	目标产出
一中心抖音	700000
二中心小红书	170000
三中心安居客	470000
合计	1340000

奋斗吧青春
将来的你会感谢
现在拼命的自己

图 8-21　幻灯片中没有进行优化处理的表格

幻灯片中的表格通常将其处理成专业的会计表格样式：把竖线条去除、中间数据行线条设置成弱一点的虚线（或灰色较细的线条）、表头和底端线条加粗（与会计表格样式非常相似），图 8-22 所示的是将图 8-21 左图的表格线条处理后的效果。

图 8-22 幻灯片中裁剪表格多余线条和虚化线条后的效果

技巧 5 遵循视觉走势

如果幻灯片中的图片已经定了，且图片的视觉顺序比较有个性或特殊，如图 8-23 所示，此时如果仍然按常规的方式对文字进行布局，则会大大降低 PPT 的设计感。

图 8-23 具有个性版式和图形的 PPT

此时只能让文字内容融入版式布局中或放在特定的区域中。这种操作可简单理解为：文字的方向、摆放样式顺着原有版式的安排和设计，图 8-23 所示的左图的文字只需朝着东北方向倾斜放置，图 8-23 所示的右图将文字沿着圆形边缘摆放，具体效果如图 8-24 所示。

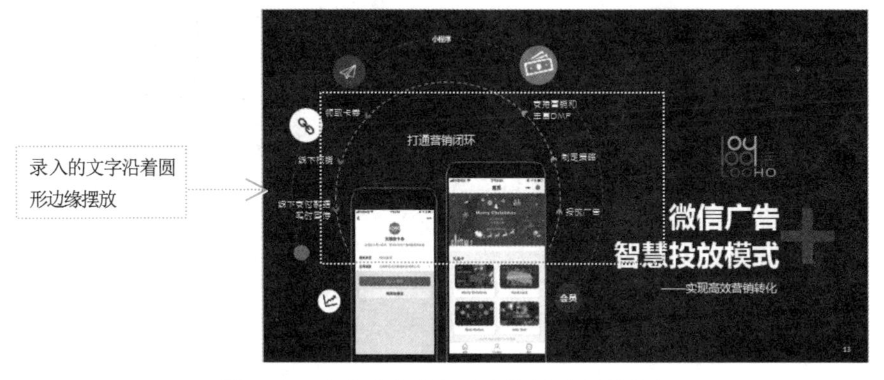

图 8-24　文字内容融入已有的版式和图形中

下面展示一组遵循视觉走势设计的 PPT，以帮助读者打开思维，如图 8-25 所示。

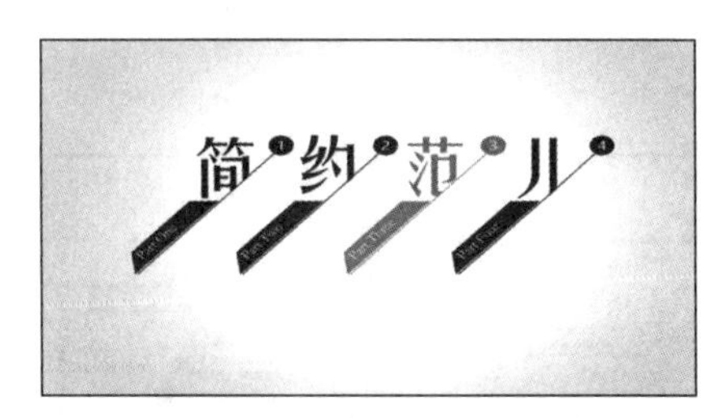

图 8-25　遵循视觉走势设计的 PPT

技巧 6　绝对与相对的对称

绝对对称又称为镜像，是指两个对象围绕某一轴（可以是看得见的轴，也可以是看不见的轴）对称。图 8-26 所示是按垂直中轴绝对对称的 PPT，对称轴两边的图形完全相同。

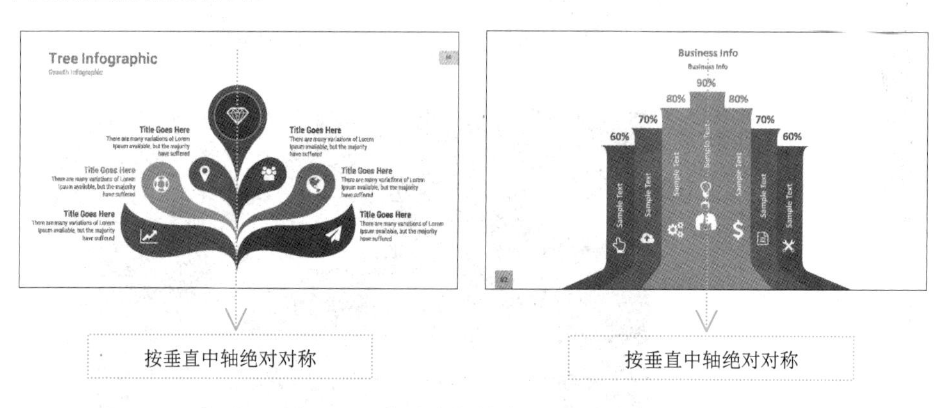

图 8-26　按垂直中轴绝对对称的 PPT

相对对称又称为绕轴对称，中心轴两边的对象以一定的间隔隔开，示意图如图 8-27 所示。

对于非常严肃和正式的 PPT，建议选用绝对对称的方式。如果是较为轻松活泼的 PPT，建议使用相对对称方式。下面展示一组相对对称的 PPT，如图 8-28 所示。

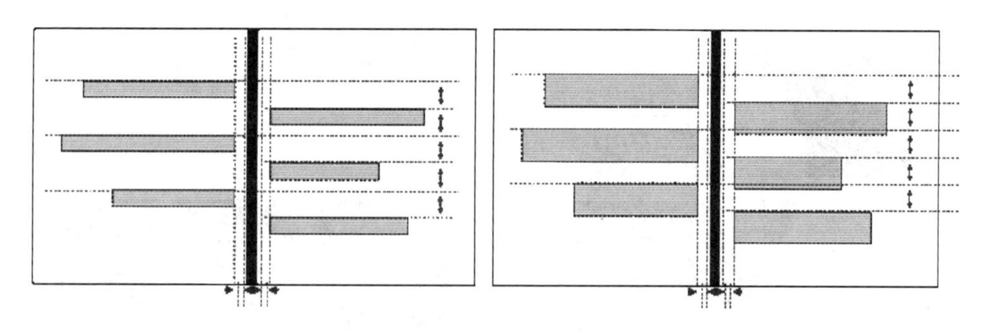

图 8-27　相对对称示意图

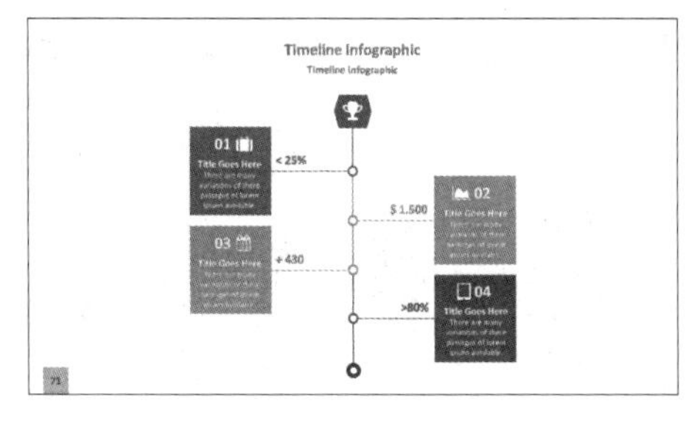

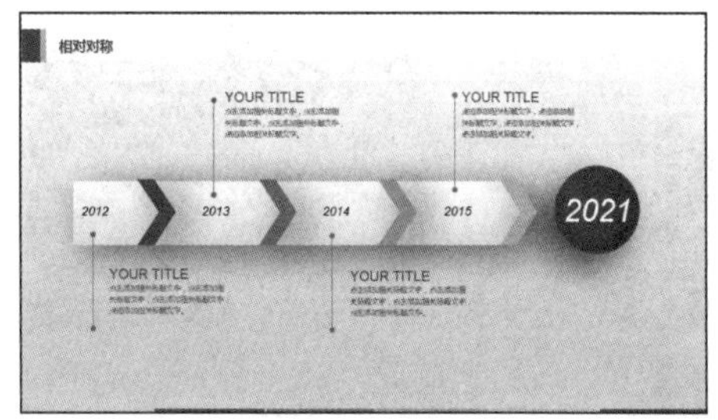

图 8-28　相对对称的 PPT

技巧 7　适度留白增加舒适度

留白是艺术作品创作中常用的一种手法，是指书画艺术创作中为使整个作品画面各部分更为协调，视觉更舒适而有意留下的空白部分，给观众留有想象的空间。在 PPT 设计中，留白主要集中在幻灯片的边距和内容模块之间，给受众一些想象空间和视觉“休息空间”。

图 8-29 所示的左图中的图片和文字铺满整张幻灯片，同时，图片上面添加了带底纹的文字，幻灯片底部文字的宽度更是占满整个幻灯片的宽度，因为缺少边距留白和内容之间的留白，使整个 PPT 没有设计感，更谈不上视觉舒适。经过留白处理后的设计如图 8-29 右图所示（上、下、左、右都进行了留白处理），整个幻灯片的设计感和视觉舒适感大大提升。

图 8-29　留白处理前后对比

补充：全屏与留白不冲突。

一些读者朋友可能会认为幻灯片的全屏设计就是欧美风设计，不需要留白，只需将对象/元素铺满整张幻灯片即可，如图 8-30 左图所示。其实不然，欧美风设计在一定程度上更需要留白，因为它特意要为受众打造轻松、简洁和清爽的视觉体验，如图 8-30 右图所示。

图 8-30　欧美风留白处理前后对比

另外，内容太挤的幻灯片也需要留白——空间留白，也就是幻灯片中的相关元素太多了，导致幻灯片内容看起来太挤。这时，只需将不需要的、相似的或重复的元素删除，给幻灯片腾出留白空间。图 8-31 左图所示，因为元素过多、空间留白太少导致幻灯片视觉体验感不好，将多余元素删除后，整个幻灯片视觉体验轻松很多，如图 8-31 右图所示。

图 8-31　删除多余元素后的空间留白前后对比效果

注意：留白与画面太空的区别及弥补方法。

画面太空和留白是两个概念，根本的区别是：留白让幻灯片看起来舒服，画面太空会给受众留下缺少内容的感觉，图 8-32 左图所示左下角画面太空，导致幻灯片显得缺少内容，所以，我们用表现市场金额规模的摇钱树作为装饰进行弥补。

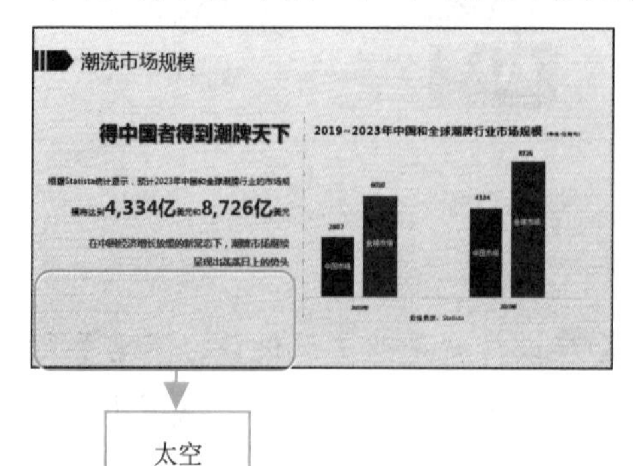

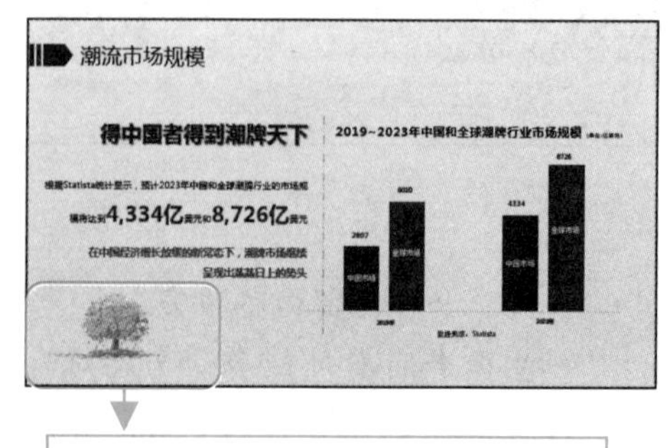

图 8-32　太空与留白的区别及弥补方式

技巧 8　视 觉 关 联

视觉关联是指 PPT 中各要素在视觉上的关系和相关性，让受众一眼就能看出各要素是一个整体或具有关联性。常用的表现方法有 3 种：一是聚拢；二是使用连接物；三是对应。

- **聚拢**：是将某一整体或区域的内容对象放在一起，在视觉上自然形成视觉关联。图 8-33 所示为将每一项目的文字聚集在一起形成视觉关联，受众可默认对应识别，不会张冠李戴。

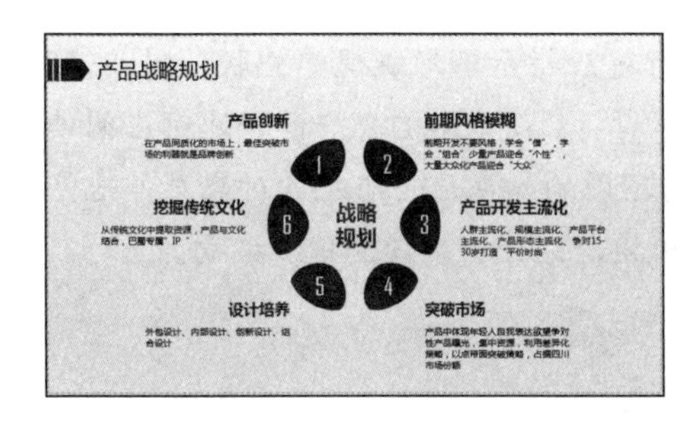

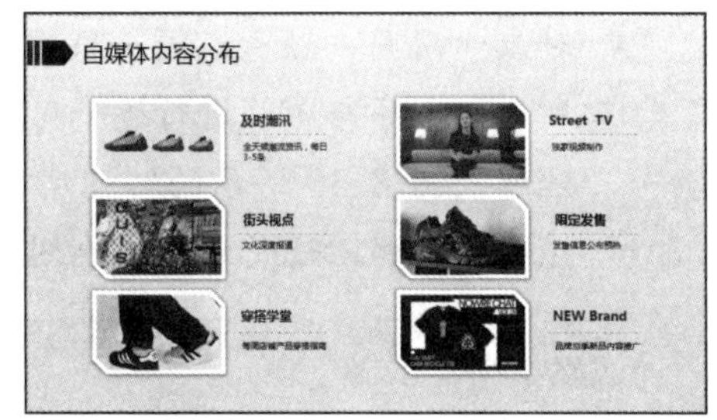

图 8-33　将元素对象聚拢产生视觉关联

- **连接物**：直接用连接物，如直线、虚线、方向箭头等元素将相关联的元素对象“连”在一起以产生视觉关联的效果，如图 8-34 所示。

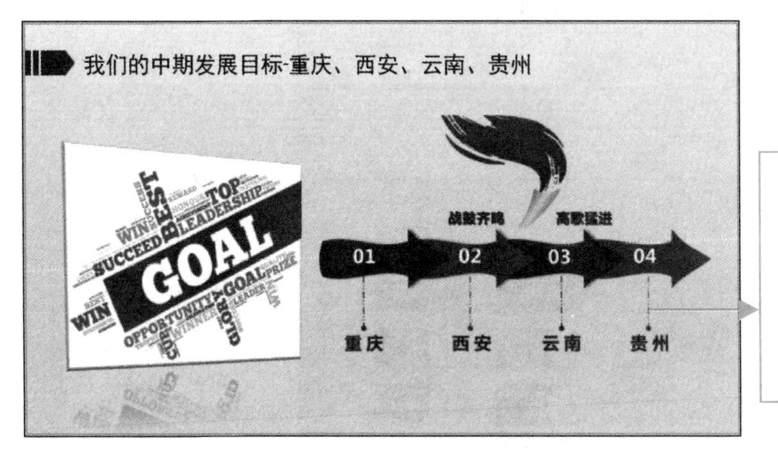

分别使用虚线将编号步骤与发展目标进行视觉关联：目光看到数字时自然会向下“流”到目标名称上

图 8-34　使用连接物让元素对象产生视觉关联

使用符号将说明文本内容与图片对应形成视觉关联，让受众清楚该图片对应的说明文本内容

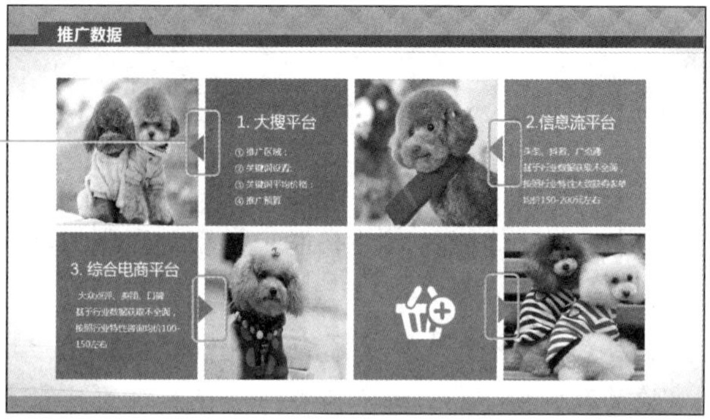

图 8-34　使用连接物让元素对象产生视觉关联（续）

- **对应**：用同一颜色或同一数字进行对应指示，形成视觉关联。图 8-35 所示用数字与图片进行逐一对应解释，让受众能自然、逐一地对应阅读理解。图 8-36 所示的幻灯片中用不同的颜色让一组元素对象自然地产生视觉关联，让受众自然地划分出组，划分出阅读的视觉方向。

数字与图片的自然对应，形成视觉关联

图 8-35　利用数字让元素对象产生视觉关联

组织架构中各组形状因为填充不同的颜色，受众会自然产生视觉关联和视觉方向

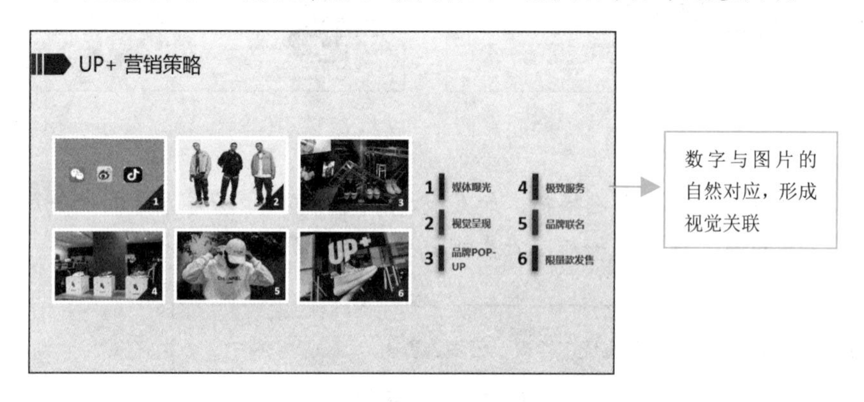

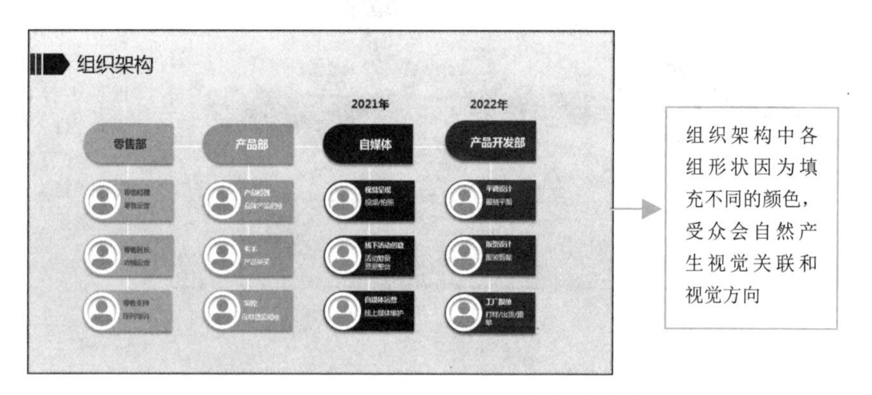

图 8-36　利用颜色让元素对象产生视觉关联

技巧 9　颜色配置的冲突与协调

PPT 设计无法回避颜色配置的问题，很多高质量的 PPT 都有非常漂亮的配色。笔者为很多企业做过商业 PPT，在配色方面总结了两个经验：一是直接根据企业的 Logo 颜色确定；二是利用相近色或对比色实现设计中的协调与冲突。

前者只需将 Logo 图片复制粘贴到 PPT 中，然后用取色器吸取填充即可（PPT 2010 以上的版本都具有该功能），如图 8-37 所示。

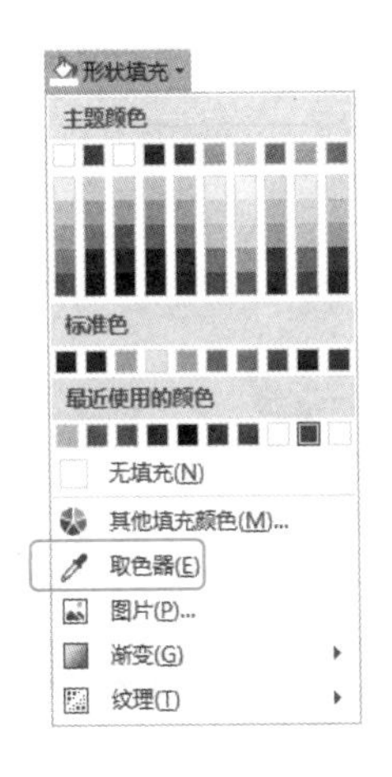

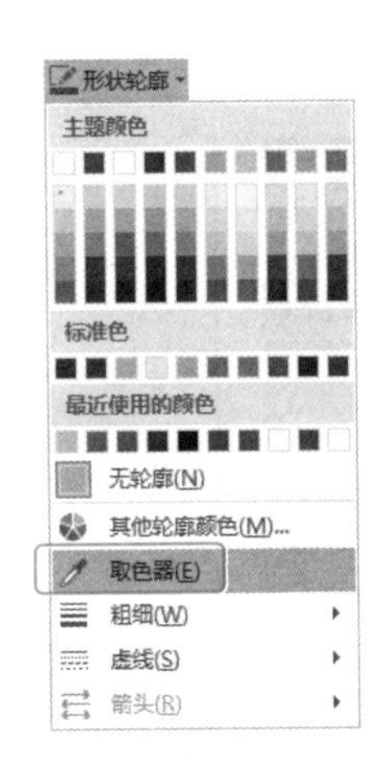

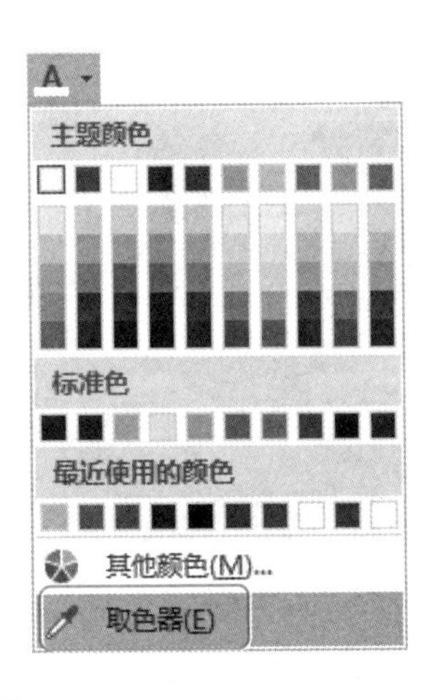

图 8-37　在 PPT 中吸取 Logo 颜色

后者可以在颜色选择器中选用相反色或相近色，相反色用于制造冲突或强调的效果，相近色则往往是起到协调的作用。

1. 颜色冲突配置

颜色冲突配置通常是指使用对比色，两组颜色运用在同一张幻灯片中会出现强有力的视觉冲突，两种颜色都是主角，能直接营造出突出、醒目、具有冲击力的视觉效果。其中典型的对比色是：红与绿。对比色通常是色环上任意 180° 夹角范围内的颜色，如图 8-38 所示。读者朋友可以在色环的 180° 夹角范围内选择至少两组颜色进行 PPT 颜色的配置，就能形成视觉冲突。

为了帮助读者打开设计思路，下面展示一组选用对比色配置的 PPT 设计效果，如图 8-39 所示。

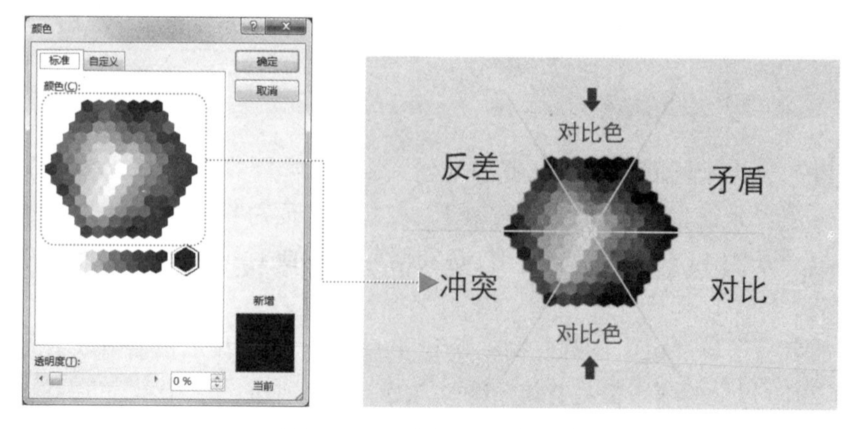

图 8-38　色环中的对比色范围

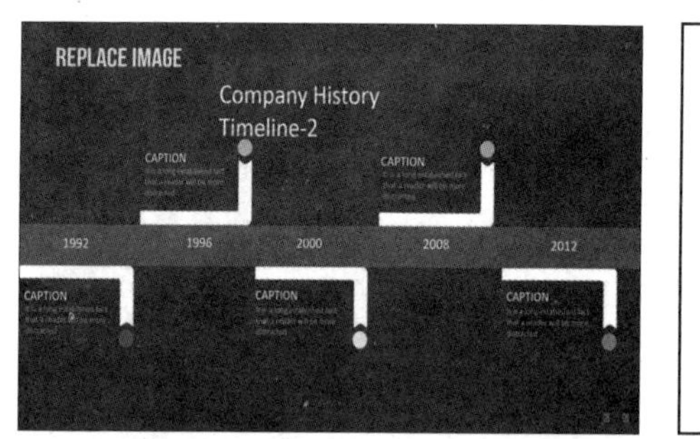

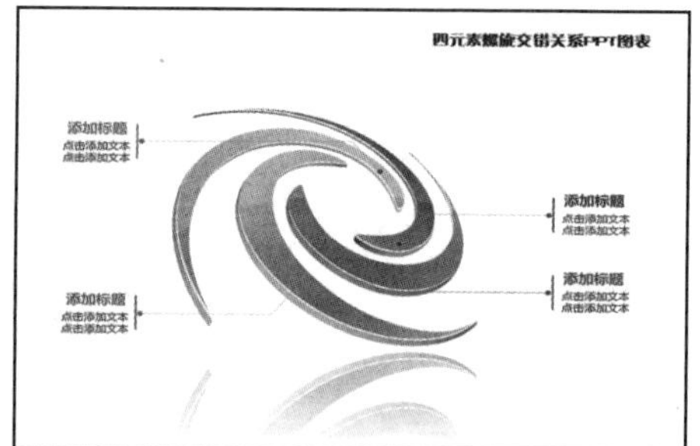

图 8-39　对比色配置的 PPT 设计效果

2．颜色协调配置

颜色协调配置通常是指相近或相似的颜色（统称为相邻色）的配置。它们被用于同一张幻灯片中时，会给人以统一协调的视觉感受。相邻色通常是色环上任意相近或相似的颜色，这些颜色都可以被称为相邻色，如图 8-40 所示。

下面展示一组相邻色的 PPT 设计示例，如图 8-41 所示。

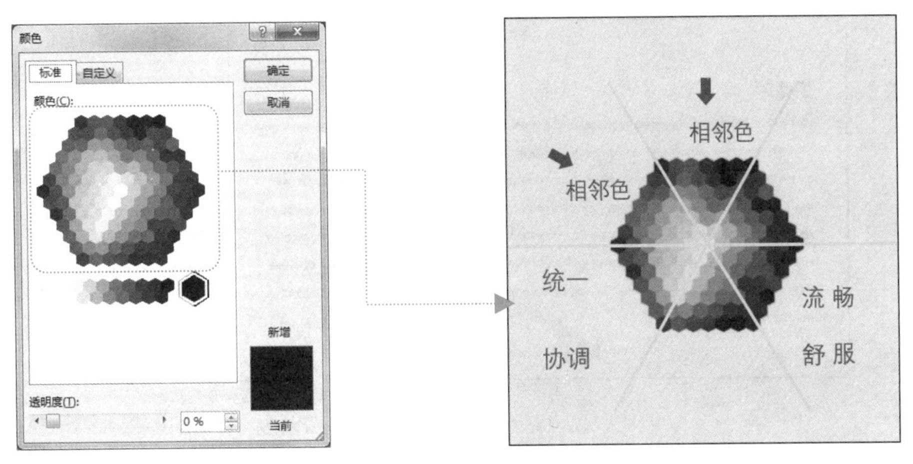

图 8-40　色环中的相邻色范围

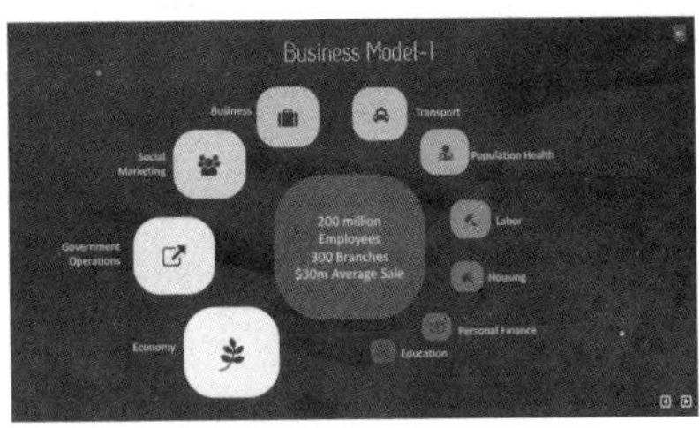

图 8-41　相邻色 PPT 设计示例

技巧 10　描述文本图形化

描述文本图形化是将大段文字用简洁明了的图示或简笔画表达，让表达的核心内容能直观、明白地展示在受众面前，如大气环境的循环过程、寓言故事等。

图 8-42 所示的是纯文字的氮循环原理幻灯片——全文字表达，基本上是“文字沙漠”，受众对内容可能会兴趣不大，且不容易理解。

氮循环

氮在自然界中的循环转化过程。是生物圈内基本的物质循环之一。如大气中的氮经微生物等作用而进入土壤，为动植物所利用，最终又在微生物的参与下返回大气中，如此反复循环，以至无穷。构成陆地生态系统氮循环的主要环节是:生物体内有机氮的合成、氨化作用、硝化作用、反硝化作用和固氮作用。植物吸收土壤中的铵盐和硝酸盐，进而将这些无机氮同化成植物体内的蛋白质等有机氮。动物直接或间接以植物为食物，将植物体内的有机氮同化成动物体内的有机氮。这一过程为生物体内有机氮的合成。动植物的遗体、排出物和残落物中的有机氮被微生物分解后形成氨，这一过程是氨化作用。在有氧的条件下，土壤中的氨或铵盐在硝化细菌的作用下最终氧化成硝酸盐，这一过程叫做硝化作用。氨化作用和硝化作用产生的无机氮，都能被植物吸收利用。在氧气不足的条件下，土壤中的硝酸盐被反硝化细菌等多种微生物还原成亚硝酸盐，并且进一步还原成分子态氮，分子态氮则返回到大气中，这一过程被称作反硝化作用。由此可见，由于微生物的活动，土壤已成为氮循环中最活跃的区域。

1. 文字太多形成文字沙漠。
2. 受众无法快速理解，更记不住。
3. 演讲者不容易讲清楚

图 8-42　单纯用文本描述氮循环理论

将文字的核心内容绘制成示意图，受众不仅愿意看，还容易理解，如图 8-43 所示。

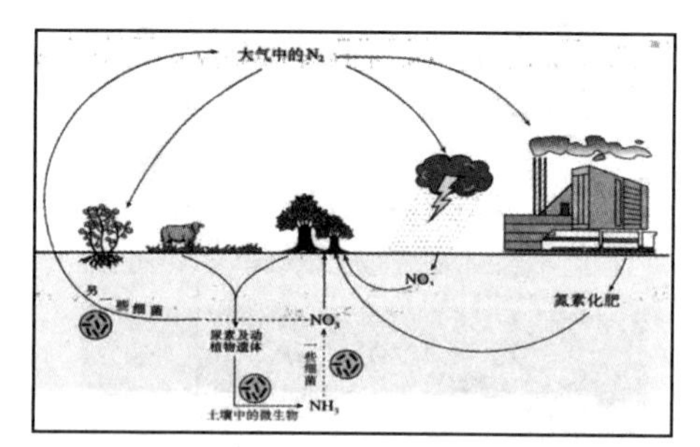

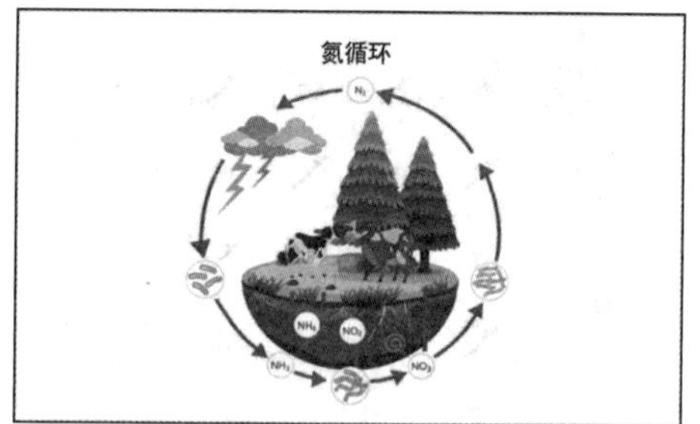

图 8-43　用示意图插画的方式直观表达氮循环原理

技巧 11　文字图示化

除了将大段文字用图示的方式展示外，还可以将具有内在逻辑关系的文字内容图示化，直观展示在幻灯片中。怎样进行转换展示呢？笔者总结了 3 词诀：厘清、提炼和图示。

厘清是指理出文字内容中的内在逻辑关系，如时间关系、并列关系、层次递进关系和循环、总分、因果、比较等关系，如图 8-44 所示。

提炼是指从大段文字中提取出关键字词（或标题等）；图示是指用对应逻辑关系的图示绘制展示或套用关键字词展示。

例如，将图 8-45 所示幻灯片的年份事件文字内容进行图示化展示，步骤如下。

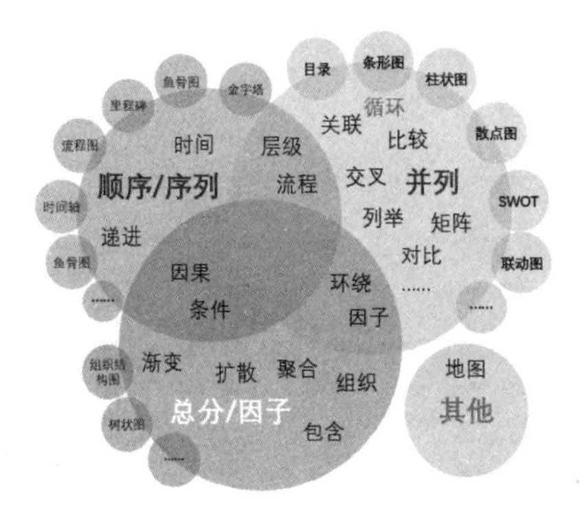

图 8-44　文字内容的内在逻辑关系示意图

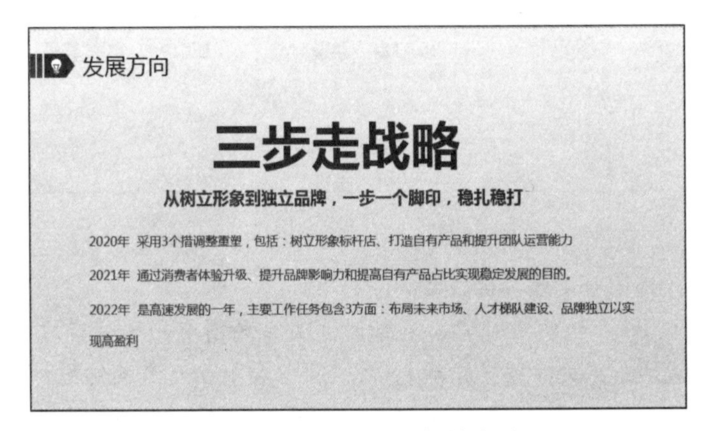

图 8-45　文字图示化原图幻灯片

第 1 步：从幻灯片文字中可清晰看出 2020 年、2021 年和 2022 年，它们之间是明显的时间逻辑关系，然后，将每一年的关键字词进行提炼（2020 年是调整重塑、2021 年是稳定发展、2022 年是高速发展），如图 8-46 所示。

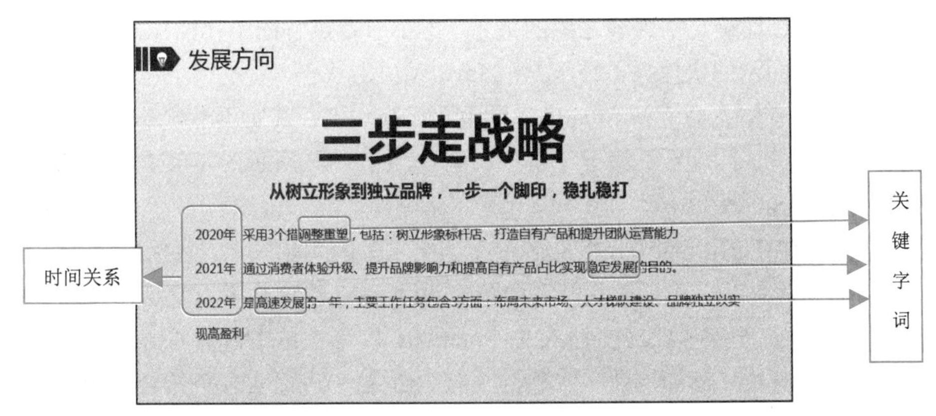

图 8-46　厘清文字内容中的内在逻辑关系并提炼关键字词

第 2 步：手动绘制表示时间进程的图并配置相应的形状，效果如图 8-47 所示。

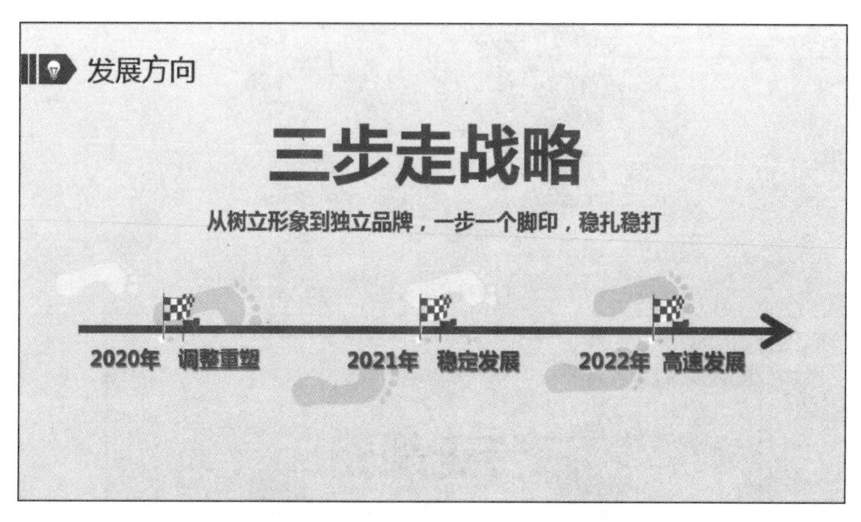

图 8-47　文字图示化效果

补充：装饰图一定要贴合主题。

在图 8-47 所示的幻灯片中，表示时间关系的图有一个带有方向的箭头和各个年份的文字（将文字图示化的核心），脚印和小旗子是装饰图。脚印表示向前的每一步的努力和付出，符合主题“一步一个脚印”，小旗子表示每一步“稳扎稳打”的状态，也符合当前幻灯片的主题。

一些读者朋友可能会觉得这只是厘清内容关系的一次图示化操作，虽然在第 3 章中没有讲解图示化操作的步骤，但感觉比较相似，不仔细区分和理解本书的意图可能会觉得重复。因此，为了帮助读者更清晰地区别两者之间的侧重点（第 3 章是理解文字内容之间的关系，本小节是讲解图示化操作的步骤），笔者分享一个图示的快捷操作技巧——SmartArt 图。

很多读者朋友会觉得 SmartArt 图不那么高大上，其实不然，SmartArt 图不仅使用方便，而且效果不输于一些创意图示，图 8-48 所示的是某企业党课 PPT 大量使用的 SmartArt 图。

另外，PPT 的 SmartArt 图能展示工作中常见的图示关系，包括层级、递进、顺序、循环、并列、因果关系等，如图 8-49 所示。建议读者反复练习使用并在其中灵活添加/删除形状（在插入的 SmartArt 图形上单击鼠标右键，在弹出的快捷菜单中选择“添加形状”/“删除形状”命令），进而实现更符合需求且“接地气”的图示操作。

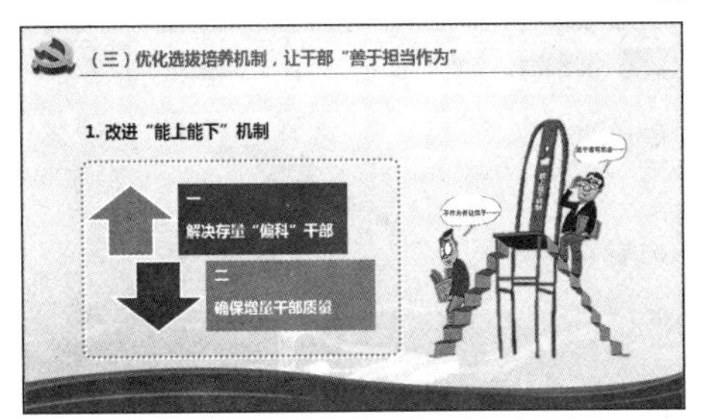

图 8-48 文字图示化效果

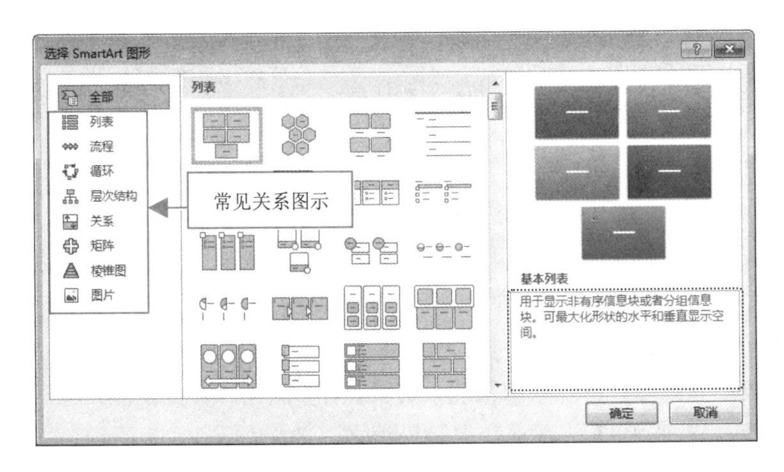

图 8-49 SmartArt 包含的常见关系图示

补充：SmartArt 图与形状的联合使用。

SmartArt 图虽然可以添加或删除形状，不过，这种操作也有一定的数量限制，最多操作 5 个。加上还有 SmartArt 图框架的限制，因此无法随意做成想要的图示。设计 PPT 时应灵活地将 SmartArt 图与形状联合使用，便能轻松创建出一些自定义图示，如图 8-50 所示。

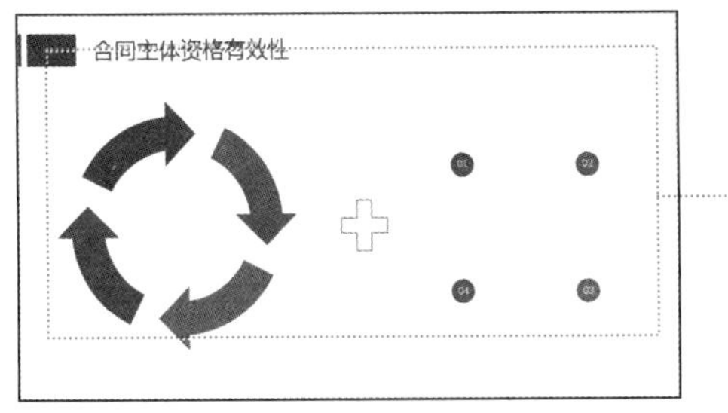

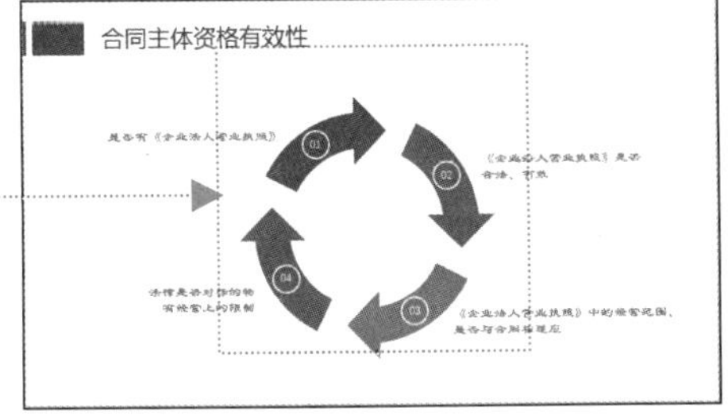

图 8-50 SmartArt 图与形状的联合使用

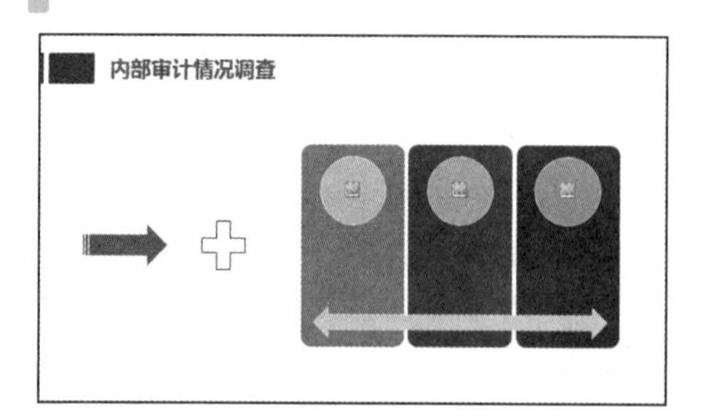

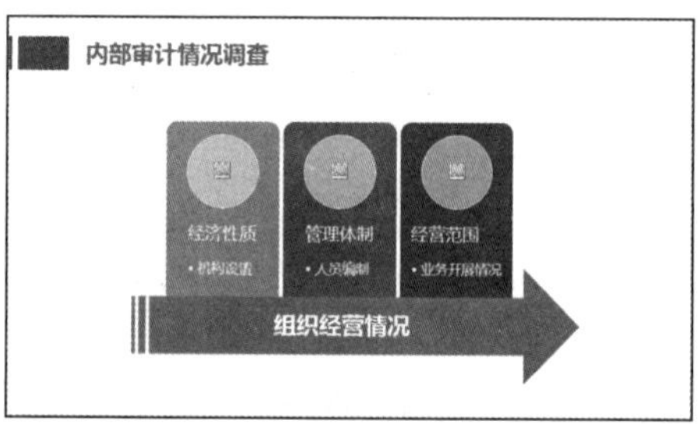

图 8-50　SmartArt 图与形状的联合使用（续）

技巧 12　增强文字的可读性

在 PPT 设计中，个性字体能产生特别强劲的视觉冲击力，特别是一些抢眼的标题和关键字、词，但对于幻灯片中的内容文字，建议多用可读性较高的安全字体。它没有固定的字体，只要是受众看起来很清晰、不需要花费精力且视觉上感觉不乱的字体即可，如宋体、仿宋、微软雅黑、楷体等。

图 8-51 所示的课件 PPT 中，因为字体使用的是方正舒体，所以整张 PPT 的文字看着“很费劲”，视觉感很差，这就是不安全字体。使用宋体替代原有的方正舒体后，整张 PPT 的视觉变得轻松很多，效果如图 8-52 所示。

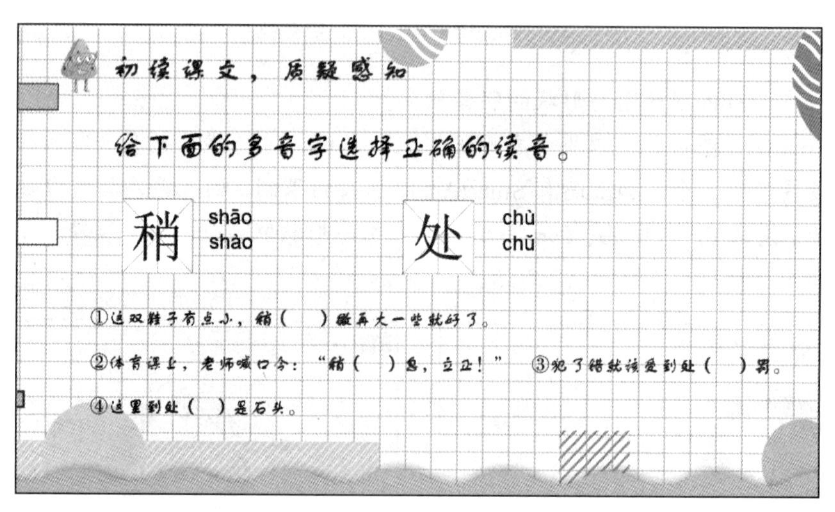

图 8-51　不安全字体导致视觉感很差

注意：无版权字体的使用。

各位 PPT 设计者，在商用 PPT 中，文字字体一定要用无版权纠纷的字体，也就是已经开源的字体，否则，将可能面临字体版权纠纷的法律风险。

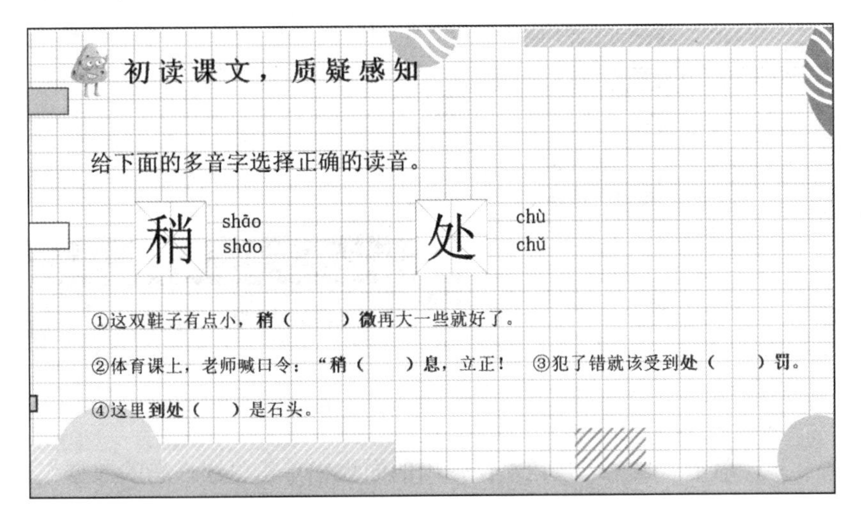

图 8-52　安全字体让视觉变得轻松

技巧 13　人气热度图的快速制作

人气热度图的快速制作

一些 PPT 中会展示某一产品或地区（如旅游景点、路线等）的人气热度，如图 8-53 所示。虽然人物剪影等形状容易手动绘制或通过网页下载，但图示与数据比例的控制以及根据数据淡化控制却很难进行。这时，最好借助 Excel 的 People Graph 功能。

300 连衣裙
2,010 百褶裙
1,601 千鸟格

4,500 奶茶
3,600 辣条
2,600 薯片
3,420 可乐

图 8-53　人气图效果

大体操作方法如下。

第 1 步：启动 Excel，在表格中输入人气数据（第一列名称，第二列人气数据），单击“插入”选项卡中的 People Graph 按钮，如图 8-54 所示。

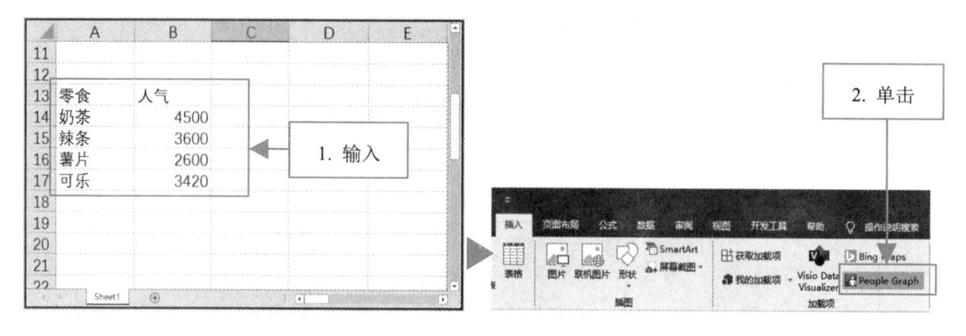

图 8-54　输入人气数据和启动 People Graph 功能

第 2 步：单击“数据”按钮，在弹出的面板中单击“选择您的数据”按钮，如图 8-55 所示。

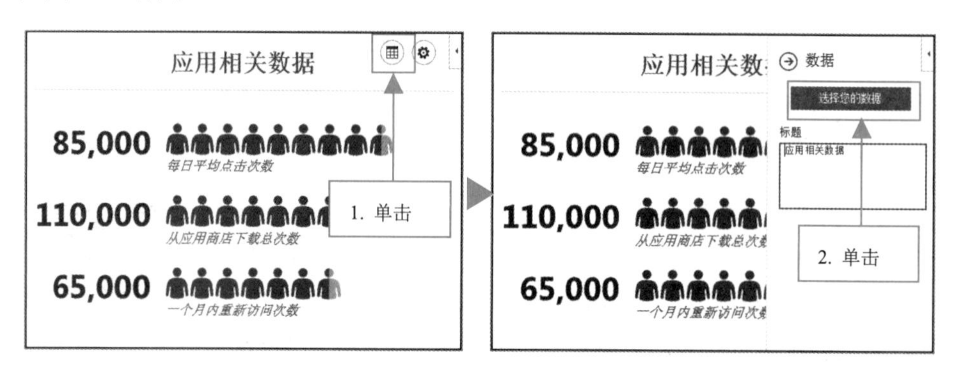

图 8-55　启用 People Graph 选择数据功能

第 3 步：选择输入的人气数据，然后在 People Graph 面板中单击“创建”按钮，如图 8-56 所示。

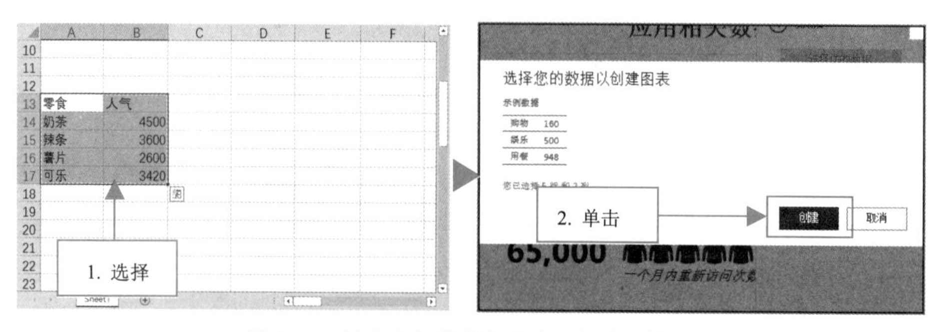

图 8-56　输入人气数据并单击“创建”按钮

第 4 步：单击“设置”按钮，在“类型”选项卡中选择人气图类型样式，如图 8-57 所示。

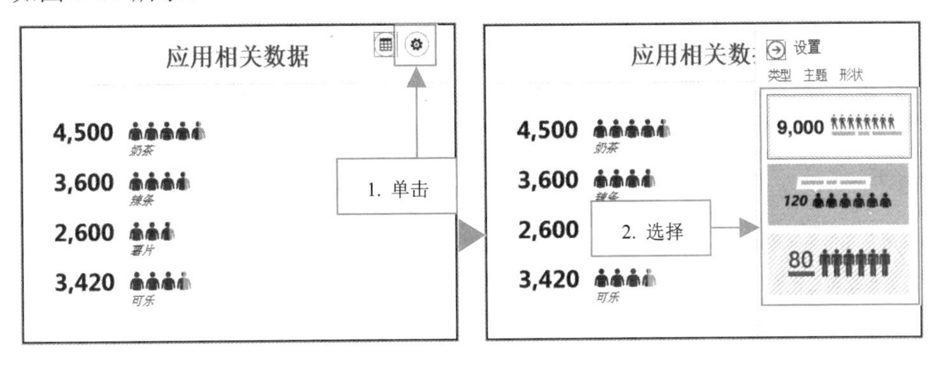

图 8-57　选择人气图的类型样式

第 5 步：分别在“主题”和“形状”选项卡中选择主题样式和形状样式，如图 8-58 所示。

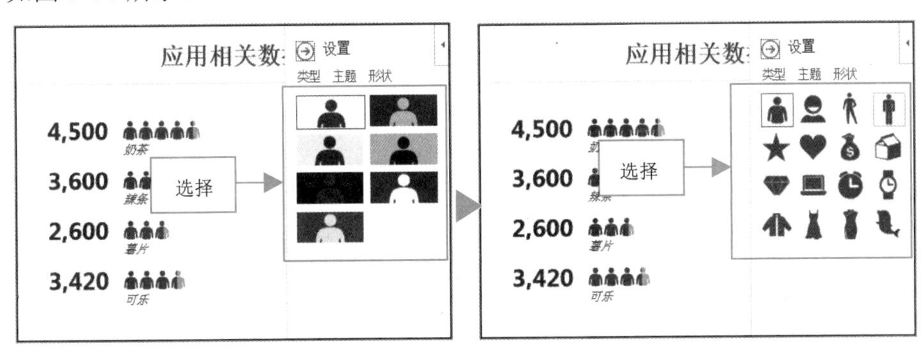

图 8-58　选择人气图的主题和形状样式

技巧 14　单图版式的通用设计

PPT 设计其实也可简单归纳为一句话：图文排版。对于图文内容较为丰富和关键字有明显内在逻辑关系的 PPT，大多数制作者都可以对其进行版式设计，但有时会遇到一页只有一张图片（如单人图像）的情况，如图 8-59 所示。对应的文字只有一句话或没有文字，面对这种情况，需要使用一个小技巧应对：分身，也就是将该图片多复制几张，然后在 PPT 中调整颜色，如图 8-60 所示。

图 8-59 单张人物图片的原始样式

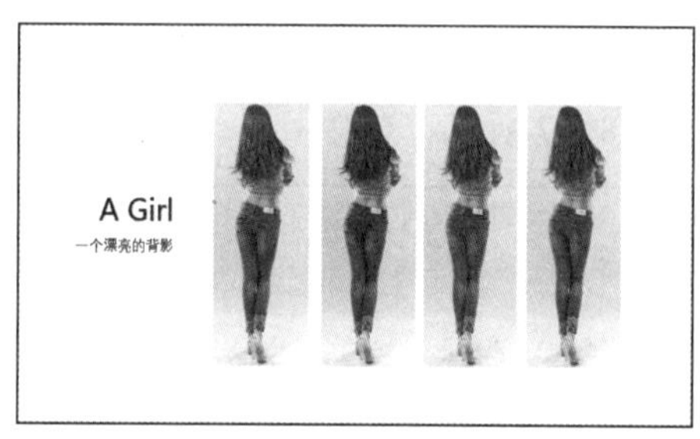

图 8-60 单张人物图片的设计布局样式

根据图 8-60 布局处理的思路，可以举一反三，将一张横向图片进行分割或分块处理（根据视觉感任意分割或分块处理，没有限制也没有固定模式），让其不再单调，同时使 PPT 更富有艺术感觉，如图 8-61 所示。

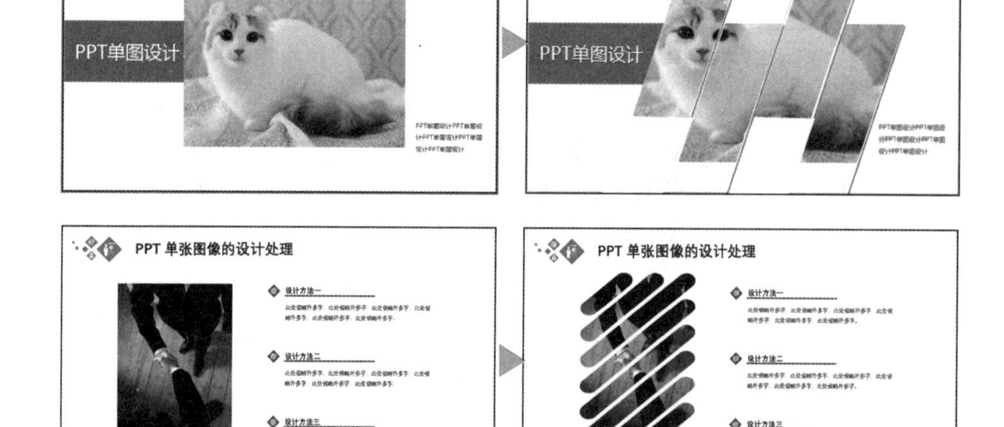

图 8-61 单张图片的分割/分块设计布局样式

一些读者也许会觉得图 8-61 的图片裁剪需要在 Photoshop 中进行处理，因为 PPT 中的裁剪功能无法直接实现。其实不然，读者可先绘制形状，然后将其组合，最后与图片相交，具体操作如下。

第 1 步：插入形状绘制图形并将其选择，然后单击“绘图工具→格式”选项卡下的“合并形状”下拉按钮，选择“组合”命令，将绘制的形状组合，如图 8-62 所示。

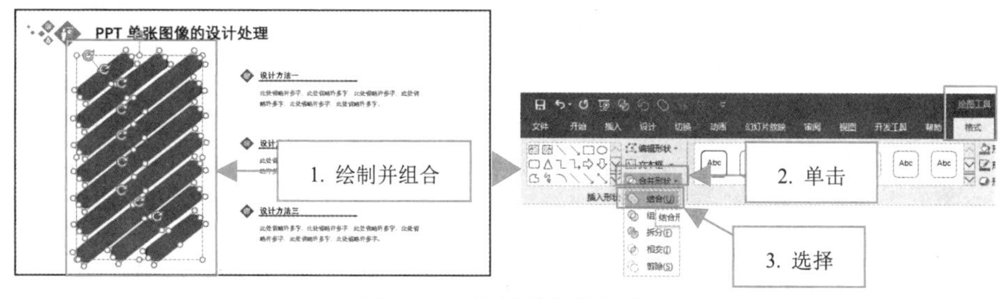

图 8-62　绘制形状并组合

第 2 步：将要裁剪的图片放置到所绘制的形状组合下面，然后将它们选择（按住〈Shift〉键选择图片，再选择形状），如图 8-63 所示。

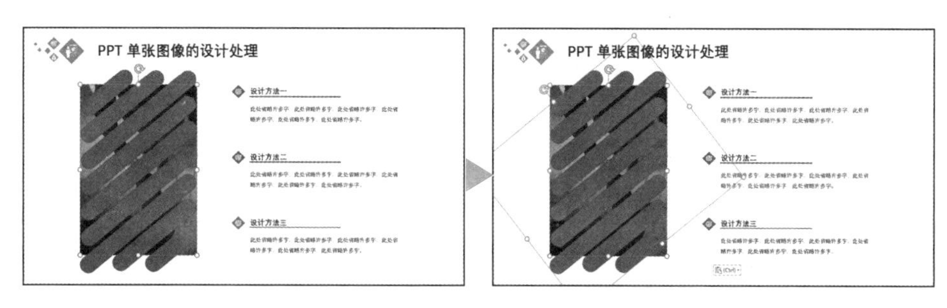

图 8-63　放置图片并选择

第 3 步：单击“绘图工具→格式”选项卡下的“合并形状”下拉按钮，选择“相交”命令，使绘制的形状组合成图片裁剪的外形样式，如图 8-64 所示。

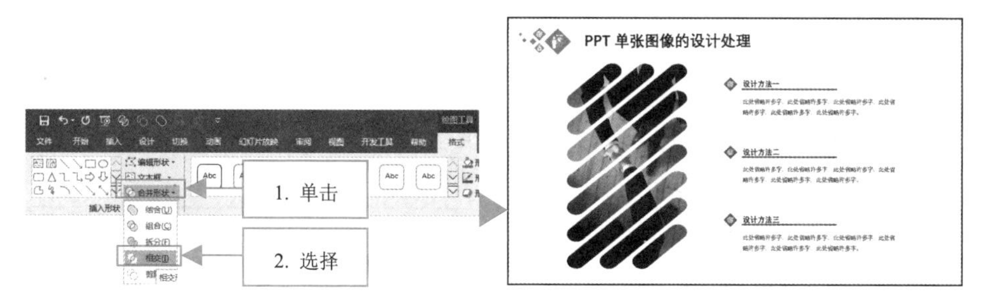

图 8-64　让图片与形状相交形成裁剪效果

补充：PPT 中的布尔运算。

布尔运算是数字符号化的逻辑推演法，包括联合、相交、相减。PPT 制作者可以在图形处理操作中引用这种逻辑运算方法以使简单的基本图形组合产生新的形体，并由二维布尔运算发展到三维图形的布尔运算。在 PPT 中具体功能演变为 5 种：结合、组合、拆分、相交和剪除，示意图如图 8-65 所示。

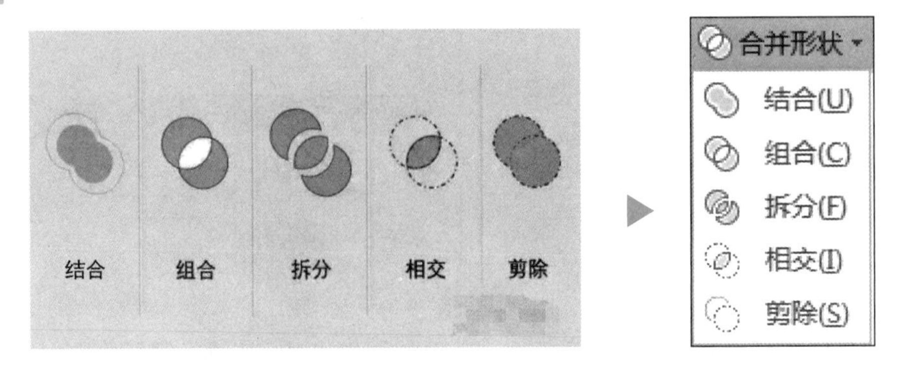

图 8-65　布尔运算在 PPT 中的应用

由于 PPT 中的个性裁剪基本上都会用到布尔运算，因此，现分别介绍这 5 种布尔运算方式。

- **结合**：将选择的两个或多个图形结合成一个整体，示意图如图 8-66 所示。

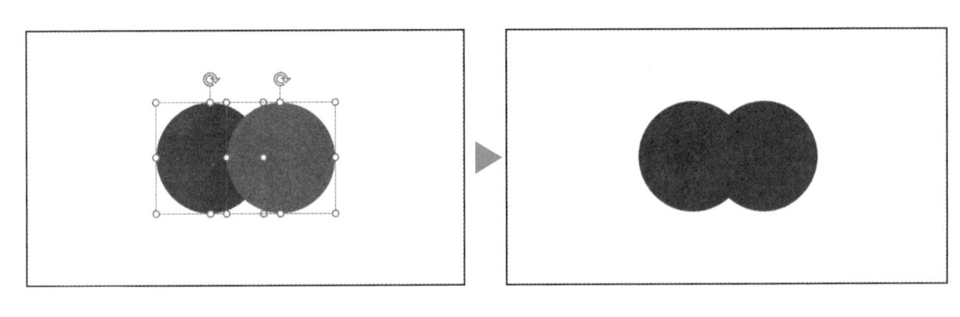

图 8-66　结合

- **组合**：将选择的两个或多个图形组合成一个整体并将相交部分去除，示意图如图 8-67 所示。

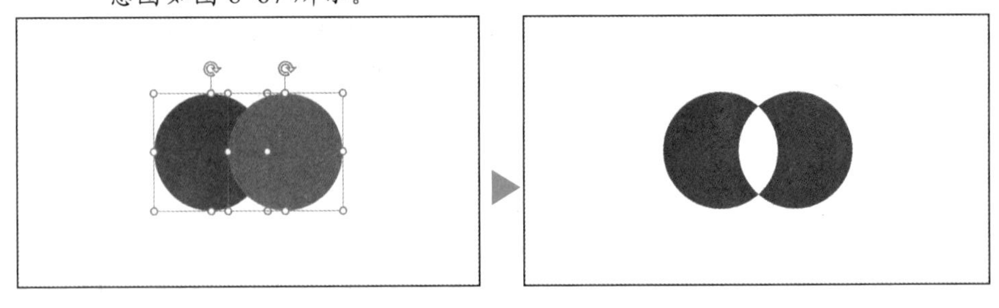

图 8-67　组合

- **拆分**：将选择的有重叠部分的两个或多个图形进行拆分（在制作个性图

示时非常有用），如图 8-68 所示。

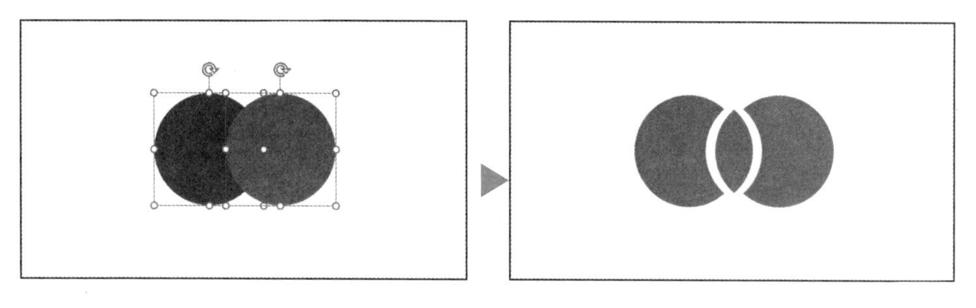

图 8-68　拆分

- **相交**：将选择的两个或多个图形重叠以外的部分裁剪，只保留相交的部分，如图 8-69 所示。

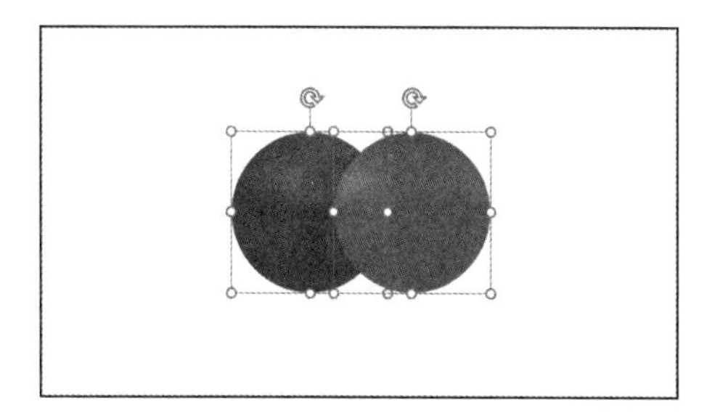
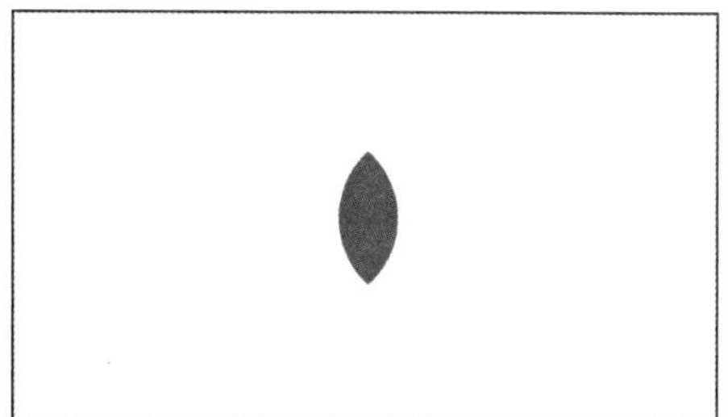

图 8-69　相交

- **剪除**：用一个图形减去它与另一个图形的相交部分（也就是多个图形重叠的部分），先选择的图形用作被剪除图形，后选择的图形用作剪除图形，如图 8-70 所示（先选择蓝色图形用作被剪除图形，后选择橙色图形用作剪除图形，蓝色图形与橙色图形相交的部分被剪除）。

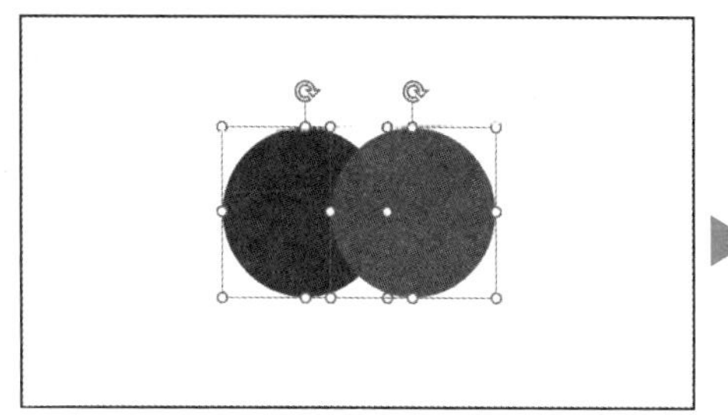

图 8-70　剪除